普通高等教育新工科计算机类课改系列教材

ITE 基础实践案例

主　编　王凤领　刘胜达

副主编　胡元闯　谭晓东　李　玲

西安电子科技大学出版社

内 容 简 介

信息技术基础(ITE)指有关计算机的硬件、软件和操作应用方面的基础知识。本书将ITE相关知识贯穿于37个案例中，对每个案例给出具体的实施步骤，引导读者进行模仿实践和创新实践，以便其更好地掌握所学内容。

全书共8章，内容包括认识计算机、认识与选购计算机配件、组装计算机、操作系统及常用软件的安装、计算机网络的配置、计算机维护、Word 2010文字处理、Excel 2010表格处理。

本书内容丰富，语言精练，结构清晰，图文并茂，具有很强的实用性和可操作性。

本书可作为高等学校、高等职业院校计算机、网络工程、软件工程等相关专业的教材，也可作为广大计算机用户的自学参考书。

图书在版编目(CIP)数据

ITE基础实践案例 / 王凤领，刘胜达主编. —西安：西安电子科技大学出版社，2021.1
ISBN 978-7-5606-5934-3

Ⅰ. ①I…　Ⅱ. ①王…　②刘…　Ⅲ. ①电子计算机—高等学校—教材　Ⅳ. ①TP3

中国版本图书馆CIP数据核字(2020)第228967号

策划编辑　毛红兵
责任编辑　贾春兰　毛红兵
出版发行　西安电子科技大学出版社(西安市太白南路2号)
电　　话　(029)88242885　88201467　　邮　　编　710071
网　　址　www.xduph.com　　电子邮箱　xdupfxb001@163.com
经　　销　新华书店
印刷单位　陕西天意印务有限责任公司
版　　次　2021年1月第1版　2021年1月第1次印刷
开　　本　787毫米×1092毫米　1/16　印张14.5
字　　数　341千字
印　　数　1～2000册
定　　价　37.00元
ISBN　978-7-5606-5934-3 / TP
XDUP 6236001-1

前　言

随着计算机技术的不断发展和广泛应用，计算机已经成为人们日常生活和工作中不可缺少的工具。然而在使用过程中计算机日常维护、基本故障处理、办公软件使用等方面的问题日益突出，本书正是为了帮助初学者快速掌握电脑组装、维护与故障排除以及办公软件使用等方面的知识，以便其在日常的学习和工作中学以致用而编写的。

本书的编写思路是：基于工作过程拟定章节和选取案例，各章在涵盖本章案例所需掌握的知识、技能的同时，重点强调实用，注重实例操作，采用由浅入深、由易到难的方式展开知识点。

全书主要包括以下内容：

第 1 章认识计算机，包括计算机的定义、分类、发展、特点和应用，以及计算机系统的组成和工作原理等基础知识。

第 2 章认识与选购计算机配件，包括 CPU、主板、内存及外存、显卡及显示器、常见的输入及输出设备等相关选购常识。

第 3 章组装计算机，包括组装前的准备工作，组装计算机的基本硬件，连接机箱内部的电源线、数据线和机箱信号线，连接外部设备，以及 BIOS 设置等操作案例。

第 4 章操作系统及常用软件的安装，包括启动优盘的制作，硬盘的分区及格式化，Windows 10 操作系统的安装，驱动程序的安装，常用软件的安装，以及系统的备份与还原等操作案例。

第 5 章计算机网络的配置，包括 IP 地址、子网掩码、网关及 DNS 服务器的设置，双绞线的制作，Internet 的接入，以及无线路由的配置等操作案例。

第 6 章计算机维护，包括计算机故障的分析和计算机故障的排除等相关方法。

第 7 章 Word 2010 文字处理，包括文档简单排版、图文混排、表格制作、邮件合并和长文档排版等操作案例。

第 8 章 Excel 2010 表格处理，包括制作产品销售表、格式化员工工资统计表、制作学生成绩表、学生成绩表的排序和筛选、对销售数据分类汇总以及工作表的综合处理等操作案例。

贺州学院王凤领、黑龙江财经学院刘胜达担任本书主编，贺州学院胡元闯、谭晓东、李玲担任副主编。各章编写分工如下：第 1 章由胡元闯编写，第 2 章由谭晓东编写，第 3 章由李玲编写，第 4、5 章由刘胜达编写，第 6～8 章由王凤领编写。梁海英、张波、于海霞、刘凯和侯庆宇等参加了部分编写工作。王凤领和刘胜达负责统稿。本书的编写得到了贺州学院、黑龙江财经学院和西安电子科技大学出版社各级领导的关心和支持，在此一并表示深深的感谢。

由于计算机技术发展迅速，加上作者水平有限，书中难免有不妥之处，恳请同行和读者批评指正，以便我们修订和补充。

编　者

2020 年 8 月

目 录

第 1 章　认识计算机

【学习目标】

随着“大智移云”(大数据、智能化、移动互联网、云计算)技术的不断发展，计算机已成为不可或缺的信息处理工具，并且渗透到了人们的生活、学习和工作等各个领域。为了更好地利用网络资源进行专业知识的学习，更好地利用计算机进行信息处理，以及更好地丰富自己的生活，大学生应为自己配置一台能够满足自身学习需要的计算机。要想选购一台满足自身需要的计算机，首先应了解与计算机相关的基础知识。

(1) 了解计算机的定义、分类、发展、特点及应用。

(2) 掌握计算机系统的组成及工作原理。

1.1　案例一：了解计算机的定义、分类、发展、特点及应用

1.1.1　计算机的定义

计算机(Computer)俗称电脑，是由一系列电子元件组成，具有数值计算和信息处理能力，能够实现信息的输入和存储，并按照人们事先编制好的程序对信息进行加工处理，最后输出人们所需要的结果的自动高速运行的电子设备。

1.1.2　计算机的分类

1. 按处理的对象分类

计算机按所处理数据的表示方法可分为模拟计算机、数字计算机和混合计算机三大类。

1) 模拟计算机

模拟计算机又称模拟式电子计算机，问世较早，是一种以连续变化的电流或电压来表示数据的电子计算机，即各个主要部件的输入和输出都是连续变化的电压、电流等物理量。其优点是速度快，适合于解高阶微分方程或进行自动控制系统中的模拟计算；其缺点是处理问题的精度低，电路结构复杂，抗外界干扰能力极差，通用性差。目前模拟计算机已很少见到。

2) 数字计算机

数字计算机是目前电子计算机行业中的主流，其处理的数据是断续的电信号，即用离散的电位高低来表示数据。在数字计算机中，程序和数据都用“0”和“1”两个数字组成的二进制编码来表示，通过算术逻辑部件对这些数据进行算术运算和逻辑运算。这种处理方式使得它的组成结构和性能优于模拟式电子计算机。其运算精度高，存储量大，通用性强，适合于科学计算、信息处理、自动控制、办公自动化和人工智能等方面的应用。

3) 混合计算机

混合计算机兼有模拟计算机和数字计算机两种计算机的优点，既能处理模拟物理量，又能处理数字信息。混合计算机一般由模拟计算机、数字计算机和混合接口三部分组成。其中，模拟计算机部分承担快速计算的工作，而数字计算机部分则承担高精度运算和数据处理等工作。其优点是运算速度快，计算精度高，逻辑运算能力强，存储能力强，仿真能力强，主要应用于航空航天、导弹系统等实时性复杂系统中。这类计算机往往结构复杂，设计困难，价格昂贵。

2. 按用途分类

按计算机的用途可将计算机分为专用机和通用机两类。

1) 专用机

专用机是针对一个或一类特定的问题而设计的计算机，它的硬件和软件是为解决某问题的需要而专门设计的。专用机具有有效、高速、可靠地解决某问题的特性，但适应性差，一般应用于过程控制，如导弹、火箭、飞机和车载导航专用机等。

2) 通用机

通用机适应能力强，应用面广，是为了解决各种类型的问题而设计的计算机。它具有一定的性能，可连接多种外设，可安装多种系统软件和应用软件，功能齐全，通用性强。一般的计算机多属此类。

3. 按规模分类

计算机按规模可分为巨型机、大型机、中型机、小型机、微型机和嵌入式计算机。

1) 巨型机

巨型机又称超级计算机，是所有计算机中运算速度最快、存储容量最大、功能最强、价格最贵的一类计算机，其浮点运算速度已达每秒万亿次。巨型机主要用在国家高科技领域和国防尖端技术中，如天气预报、航天航空飞行器设计和原子能研究等。

巨型机代表了一个国家的科学技术发展水平。美国、日本是生产巨型机的主要国家，俄罗斯、英国、法国、德国次之。我国在 1983 年、1992 年、1997 年分别推出了“银河Ⅰ”“银河Ⅱ”和“银河Ⅲ”，进入了巨型机生产行列。2004 年 6 月 21 日，据美国能源部劳伦斯·伯克利国家实验室当日公布的最新全球超级计算机 500 强名单，“曙光 4000A”以每秒 11 万亿次的峰值速度和 80 610 亿次 Linpack 计算值位列全球第十，这是中国高性能计算产品首次跻身世界超级计算机 10 强。高性能计算机的成功研制使中国成为继美国、日本之后第三个能制造和应用十万亿次商用高性能计算机的国家。目前，我国自主研发的“天河三号”巨型机的运算速度已经达到每秒百亿亿次，已为中国科学院、中国空气动力研究与发展中心、北京临近空间飞行器系统工程研究所等 30 余家合作单位完成了大规模并行应用测试，涉及大飞机、航天器、新型发动机、新型反应堆、电磁仿真、生物医药等领域50 余款大型应用软件。

2) 大型机

大型机即大型主机，又称大型电脑或主干机，其速度没有巨型机那样快，通常由许多中央处理器协同工作，有超大的内存，有海量的存储器，使用专用的操作系统和应用软件。大型机一般应用在网络环境中，是信息系统的核心，承担主服务器的功能，比如提供 FTP 服务、邮件服务和 WWW 服务等。

3) 中型机

中型机的速度没有大型机的快，功能类似于大型机，价格比大型机便宜。

4) 小型机

小型机是指运行原理类似于微机和服务器，但体系结构、性能和用途又与它们截然不同的一种高性能计算机。与大、中型机相比，小型机有规模小、结构简单、设计周期短、价格便宜、便于维修和使用方便等特点。不同品牌的小型机其架构大不相同，其中还有各制造厂自己的专利技术，有的还采用小型机专用处理器，因此，小型机是封闭专用的计算机系统。小型机主要应用在科学计算、信息处理、银行和制造业等领域。

5) 微型机

微型机简称微机、微电脑或 PC，是由大规模集成电路组成的、以微处理器为核心的、体积较小的电子计算机。它比小型机体积更小，价格更低，使用更方便。微型机问世虽晚，却是发展非常迅速和应用非常广泛的计算机。由微机、与其相应的外设及足够的软件构成的系统叫作微型计算机系统，就是我们通常说的电脑。

另外，有一类高档微机称为工作站。这类计算机通常有强大的显示输出系统和强大的存储系统，具备强大的图形与图像处理能力和较强的数据运算能力，一般应用于计算机辅助设计及制造(CAD/CAM)、动画设计、地理信息系统(GIS)、平面图像处理及模拟仿真等商业和军事领域。需要说明的是，与此不同，在网络系统中也有工作站的概念，泛指客户机。

6) 嵌入式计算机

嵌入式计算机是指集软件和硬件为一体，以计算机技术为基础，以特定应用为中心，其软硬件可裁减，符合某应用系统对功能、可靠性、体积、成本、功耗等综合性要求的专用计算机系统。此计算机具有软件代码小、响应速度快和高度自动化等特点，特别适合要求实时和多任务的体系。嵌入式计算机主要由嵌入式处理器、相关支撑硬件、嵌入式操作系统和应用软件系统等组成，它是可以独立工作的设备。

嵌入式计算机在应用数量上远远超过了其他计算机。一台计算机的内、外部设备中就包含了多个嵌入式微处理器，如声卡、显卡、显示器、键盘、鼠标、硬盘、Modem、网卡、打印机、扫描仪和 USB 集线器等均是由嵌入式处理器控制的。

嵌入式计算机几乎包括了生活中的所有电器设备，如 PDA、MP3、MP4、手机、移动计算设备、数字电视、电视机顶盒、汽车、多媒体、广告牌、微波炉、电饭煲、数码相机、冰箱、家庭自动化系统、电梯、空调、安全系统、POS 机、蜂窝式电话、ATM、智能仪表和医疗仪器等。

4. 按工作模式分类

按工作模式可将计算机分为客户机和服务器。

1) 客户机

客户机又称工作站，指连入网络的用户计算机，PC 即可胜任。客户机可以使用服务器提供的各种资源和服务，且仅为使用该客户机的用户提供服务。客户机是用户和网络的接口。

2) 服务器

服务器是指对其他计算机提供各种服务的高性能的计算机，是整个网络的核心。它为客户机提供文件服务、打印服务、通信服务、数据库服务、应用服务和电子邮件服务等。服务器也可由微机来充当，只是速度要比高性能的服务器慢。比如，一台 PC 在网络上为其他计算机提供 FTP 服务时，它就是一台服务器，但其速度要比高性能的服务器慢。

目前，高性能的微型机已达到几十年前巨型机的速度，它与工作站、小型机、中型机乃至大型机之间的界限越来越不明显。大、中和小型机逐渐趋向于融合到服务器中，有演变为不同档次的服务器的趋势。

5. 按字长分类

字长即计算机一次所能传输和处理的二进制位数。按不同字长可将计算机分为 8 位机、16 位机、32 位机和 64 位机等。

1.1.3　计算机的发展

1. 计算工具的发展

在人类文明发展的历史长河中，通过人类不断的发明和改进，计算工具经历了从简单到复杂、从低级到高级的发展过程。

英语中的 Calculus 一词来源于拉丁语，既有“运算”的含义，也有人体内的“结石”的意思。古人用小石子计算捕获的猎物，当时小石子就是他们的计算工具。中国数学发展的历史表明，在新石器时代早期已普遍采用结绳计数，人们使用的“计算机”是结绳，即用结绳来计数和记事。在今天的某些原始地区，人们还在使用这种方法。

在 5000 多年前，美索不达米亚的苏美尔人发明了楔形文字，并在石头和泥板上刻下了人类最早的数字符号。

春秋时期，我国普遍采用的算筹是世界上最古老的计算工具，它是一种用来计数并最早使用四则运算的计算工具。算筹又称为筹、策、算子等，是指同样粗细、同样长短的小竹棍儿。使用算筹进行计算就叫作筹算。算筹分为红和黑两种，有纵式和横式两种不同的摆法，不仅可以进行正、负整数与分数的四则运算和开方运算，还包含着一些特定的演算。可以说，若算筹属于硬件，则摆法和演算就是“算筹计算机”的软件。

1500 多年前，中国南北朝时期的数学家祖冲之以算筹作为计算工具，成功地算出圆周率的值在 3.141 592 6 和 3.141 592 7 之间，精确到小数后的第 7 位，成为当时世界上最精确的圆周率值。这一纪录保持了近一千年，直到 15 世纪才由阿拉伯数学家卡西打破。

珠算是中国古代在计算工具领域的又一项发明，直到今天，它仍然是许多人钟爱的“计算机”。早在汉代的《数术记遗》一书中，就曾记载了 14 种算法，其中有一种便是珠算。珠算大约在宋元时期开始流行，到了明代彻底取代了筹算。

明代的珠算盘已经与现代算盘无异，通过口诀即算法进行拨珠运算。由于在珠算盘上随手拨珠便出结果，因此珠算风靡海内，并逐渐传入日本、朝鲜、越南、泰国等国家，以后又经一些欧洲的商人和旅行家传播到了西方，对世界数学的发展产生了重要的影响。

17 世纪，在西方有两项计算工具的重大发明：一种是对数计算尺，它是 18—19 世纪工程师们最喜爱的“计算机”；另一种是机械计算机。1623 年，德国科学家 W. 席卡德在给天文学家 J. 开普勒的信中描述了他发明的四则计算机(是否被制造、现存于何处不得而知)。1642 年成功创造第一台能算加、减法的计算机的是法国科学家 B. 帕斯卡(现在还保存有几台原型机和复制品)。1674 年，G. W. 莱布尼茨在巴黎聘请到一些著名机械专家和能工巧匠协助其工作，终于造出了一台更完美的能算加、减、乘、除四则运算的机械计算机。它是长约一米的大盒子，基本原理继承于帕斯卡，不过它可以连续重复地做加法运算。自此以后，许多专家在这方面做了大量的工作。机械计算机经过 L. H. 托马斯、W. 奥德内尔等人的改良之后，出现了多种多样的手摇台式计算机，在当时风行于全世界。

2. 电子计算机的诞生

19 世纪初，法国的 J. 雅卡尔用穿孔卡片来控制纺织机。受此启发，英国的 C. 巴贝奇于 1822 年制造了一台差分机，在 1834 年又设计了一台分析机。在分析机的设计过程中，他曾设想根据穿孔卡上的指令实现进行任何数学运算的可能性，并设想到了现代计算机所具有的大多数其他特性，可惜由于机械技术等困难最后没有造成。世界计算机先驱中的第一位女性专家爱达在帮助巴贝奇研究分析机时，曾建议用二进制数代替原来的十进制数。

19 世纪末，美国的 H. 霍列瑞斯发明了电动穿孔卡片计算机，使数据处理机械化，并应用于人口调查，获得了极大的成功。他还开办了制表公司，后来制表公司被 CTR 公司收购，最后发展成为制造电子计算机的垄断企业——国际商业机器公司，简称 IBM。

1936 年，图灵发表了一篇开创性的论文，提出了一种抽象的计算模型——“图灵机”的设想，论证了通用计算机产生的可能。

德国的 K. 楚泽和美国的 H. H. 艾肯分别在 1941 年、1944 年采用继电器造出了自动程控计算机。在巴贝奇分析机中原定由蒸汽驱动的齿轮被继电器取代，这基本上实现了 100 多年前巴贝奇的理想。

二战期间，由于军事上的迫切需要，美国军方要求宾夕法尼亚大学研制一台能进行更大量、更复杂、更快速和更精确计算的计算机。目前，国内公认的世界上第一台电子计算机 ENIAC(Electronic Numerical Integrator And Computer，电子数字积分仪与计算机)于 1945

年底在美国宾夕法尼亚大学竣工，并于 1946 年 2 月正式投入使用。ENIAC 的主要设计者是 J. W. 莫克利和 J. P. 埃克特等，冯·诺依曼也曾参与改进其设计的工作。ENIAC 是一屋子机器，占地约 170 平方米，约使用了 18 000 个电子管，功耗约 150 千瓦，重达 30 吨。它每秒能进行 5000 次加法，比当时的继电器计算机快 1000 倍，是人的最快运算速度的 1000 倍。但是，这台计算机尚未完全具备现代计算机的主要特征，仍然采取外加式程序，没有存储程序，这也是它的主要缺陷。

存储程序和程序控制结合并采用二进制的原理是冯·诺依曼于 1945 年针对 ENIAC 的设计缺陷提出的。直到 1951 年，由冯·诺依曼主持的 EDVAC(离散变量自动电子计算机)才正式投入运行。在此之前，英国科学家 M. V. 威尔克斯根据冯·诺依曼的思想，于 1949 年率先制成世界上第一台存储程序式计算机 EDSAC(电子延迟存储自动计算机)。

3. **计算机发展的几个阶段**

近 70 年来，电子器件的发展推动了电子计算机高速的发展，所使用的元件已经历了四代的变化。第一代使用电子管，第二代使用晶体管，第三代使用集成电路，第四代使用大规模集成电路。

1) 第一代计算机

1946—1957 年，电子管计算机时代。

这一阶段的计算机主要特点如下：

主要电子器件为真空电子管，以汞延迟线、磁芯等为主存，以纸带、卡片、磁鼓、磁带等为辅存，因此体积庞大，造价高，耗电量大，存储空间小，可靠性差且寿命短；没有系统软件，编制程序只能采用机器语言和汇编语言，不便使用；运算速度低，每秒只能运算几千至几万次，主要用来进行军事和科研中的科学计算。

2) 第二代计算机

1958—1964 年，晶体管计算机时代。

这一阶段的计算机主要特点如下：

主要电子元件为晶体管，以磁芯为主存，以磁带、磁带库和磁盘等为外存，因此较电子管计算机体积减小了许多，造价低，功耗小，存储空间大，可靠性高，寿命长且输入/输出方式有所改进；开始出现了用于科学计算的 FORTRAN 和用于商业事务处理的 COBOL 等高级程序设计语言及批处理系统，编制程序和操作方便了许多；软件业诞生，出现了程序员等新的职业；运算速度提高到每秒几百万次，通用性也有所增强，应用领域扩展到数据处理和过程控制中。

3) 第三代计算机

1965—1971 年，集成电路计算机时代。

这一阶段的计算机主要特点如下：

主要电子元件为中、小规模集成电路，以半导体存储器为主存，以磁带、磁带库和磁盘等为辅存，因此较电子管计算机体积进一步减小，造价更低，功耗更小，存储空间更大，可靠性更高，寿命更长且外设也有所增加；出现了 BASIC 和 PASCAL 等高级语言，操作系统和编译系统得到了进一步完善，且出现了结构化的程序设计方法，使编制程序和操作更为方便；运算速度提高到每秒近千万次，功能进一步增强，应用领域全面扩展到工商业和科学界。

4) 第四代计算机

1971年至今，大、超大规模集成电路计算机时代。

这一阶段的计算机主要特点如下：

主要电子元件为大、超大规模集成电路，以集成度很高的半导体存储器为主存，以磁盘和光盘等为辅存，因此体积越来越小，造价越来越低，功耗越来越小，存储空间越来越大，寿命越来越长且外设越来越多；出现了更多高级程序语言，系统软件和应用软件发展迅速，编制程序和操作更加方便；运算速度达每秒上亿次至百万亿次，功能越来越丰富，随着计算机网络的空前发展，应用领域扩展到人类社会生活的各个领域。

4. 计算机的发展趋势

基于大、超大规模集成电路的电子计算机在短期内还不会退出历史舞台。那么未来的计算机是什么样子的呢？有人说未来的计算机就是“手机”，也有人说未来的计算机就是“隐形眼镜”，但愿这些梦想都早日成为现实。目前，计算机的发展趋势是巨型化、微型化、网络化、智能化和多元化。

(1) 巨型化是指追求高速运算、海量存储和高性能。

(2) 微型化是指追求体积小、功耗低和价格低廉。

(3) 网络化是指通过计算机网络，将分布在世界各地的计算机互联起来，实现信息交换、资源共享和分布式处理。

(4) 智能化是指要求计算机能模拟人的思维能力和操作更简单。

(5) 多元化是指计算机技术发展的多元化，如计算机语言的多元化、计算机产品的多元化和计算机应用的多元化等。

5. 未来的计算机

目前，处于研制中的计算机有光计算机、DNA生物计算机、量子计算机、纳米计算机和超导计算机等。

1) 光计算机

光计算机又称光脑。与传统的电子计算机不同，光计算机主要采用光运算器件，用光束代替电子或电流进行运算和存储，实现高速运算和大容量存储，有传递信息快、运算速度极高、耗电极低、容易实现并行处理和无发热问题等优点。

1990年，贝尔实验室成功研制出第一台由激光器、透镜和反射棱镜等组成的光计算机。尽管它的装置很粗糙，且只能用来计算，但它是光计算机领域的一大突破。

目前，短期内要想使光计算机实用化还很困难，但光脑的许多关键技术，如光存储技术、光互连技术和光电子集成电路等都已获突破。将来，光脑的应用将使信息技术产生飞跃。

2) DNA生物计算机

DNA生物计算机是一种生物形式的计算机，是计算机科学和分子生物学相结合的产物。DNA生物计算机根据生物和数学的相似性，利用DNA串表示信息，用酶进行模拟运算，具有超大规模并行运算能力、处理速度极快、存储能力巨大、能量消耗极低和总体能模拟人脑等优点。

1994 年，美国计算机科学家 L. 阿德勒曼提出了分子计算机的设想，并成功地运用 DNA 分子计算机解决了一个有向哈密尔顿路径问题。

2001 年 11 月，以色列科学家成功研制出了世界上第一台可编程 DNA 生物计算机。

2004 年，上海交通大学研制出我国第一台 DNA 生物计算机。

目前，DNA 生物计算机还没有具备较高的商用价值，仍是“试管中的玩物”，离实际应用还有相当长的距离。

3) 量子计算机

量子计算机又称量脑。量子计算机是遵循量子力学规律进行运算和存储的物理装置。量子计算机采用处于量子状态的原子作为主要元件，利用原子的量子特性进行计算，具有运算速度快、功耗低和体积小等优点。量子计算机利用量子的叠加性和相干性，可以进行量子并行计算和量子模拟计算，这也是量子计算机的主要优越性所在。

目前，还没有真正意义上的量子计算机诞生，有科学家预言，量子计算机有望在 10 年内诞生。

4) 纳米计算机

纳米计算机的核心技术是纳米技术，未来纳米计算机可能基于机械式纳米计算机、电子式纳米计算机、生物纳米计算机或量子纳米计算机等四种不同的工作原理，具有运算速度快、体积小、存储量大和耗费能量小等优点。

5) 超导计算机

超导计算机又称超导电脑。超导计算机采用超导体为主要元件，主要特点是比用半导体器件制造的电脑速度快，耗电低。

1999 年，日本研制出超导集成电路芯片。

2004 年，日本科学家研制出世界首个超导电脑微处理器。

目前，超导计算机一定要在低温下工作，人们正在积极探索高温甚至室温超导材料。

1.1.4 计算机的特点

计算机主要具有运算速度快、计算精度高、“记忆”能力强、具有逻辑判断能力、按程序自动执行、可靠性越来越高和应用领域越来越广等特点。

1. 运算速度快

计算机的一个突出特点是具有相当快的运算速度，计算机的运算速度已由早期的每秒几千次发展到现在的每秒几万亿次，是人工计算无法比拟的。计算机的出现极大地提高了工作效率，有许多计算量大的工作若采用人工计算可能需几年才能完成，而用计算机瞬间即可轻而易举地完成。

2. 计算精度高

尖端科学研究和工程设计往往需要高精度的计算。计算机具有一般的计算工具无法比拟的高精度，计算精度可达到十几位、几十位有效数字，也可以根据需要达到任意精度，比如可以精确到小数点后上亿位甚至更高。

3.“记忆”能力强

计算机的存储系统可以存储大量数据，这使计算机具有了“记忆”能力，并且这种“记忆”能力仍在不断增强。目前的计算机存储容量越来越大，存储时间也越来越长，这也是传统计算工具无法比拟的。

4. 具有逻辑判断能力

计算机除了能够完成基本的加、减、乘、除等算术运算外，还具有进行与、或、非和异或等逻辑运算的能力。因此，计算机具备逻辑判断能力，能够处理逻辑推理等问题，这是传统的计算工具所不具备的。

5. 按程序自动执行

计算机的工作方式是先将程序和数据存放在存储器中，工作时自动依次从存储器中取出指令、分析指令并执行指令，一步一步地进行下去，无须人工干预，这一特点是其他计算工具所不具备的。

6. 可靠性越来越高

计算机系统的可靠性可从硬件可靠性和软件可靠性两个方面来看。由于采用大、超大规模集成电路，且容错技术越来越高，因此计算机的平均无故障时间越来越长，计算机系统的硬件可靠性越来越高。软件可靠性可从操作系统的发展来看，现在我们使用的操作系统要比过去的更可靠，可以说计算机系统的软件可靠性越来越高。因此，计算机系统的可靠性越来越高。

7. 应用领域越来越广

随着计算机功能的不断增强和价格的不断降低，计算机的应用领域越来越广。

1.1.5 计算机的应用

目前，计算机的主要应用领域有科学计算、信息处理、过程控制、网络与通信、办公自动化、计算机辅助领域、多媒体、虚拟现实和人工智能。

1. 科学计算

科学计算即数值计算，是指依据算法和计算机功能上的等价性应用计算机处理科学与工程中所遇到的数学计算。世界上第一台计算机就是为此而设计的。在现代科学研究和工程技术中，经常会遇到一些有算法但运算复杂的数学计算问题，这些问题用一般的计算工具来解决需要相当长的时间，用计算机来处理却很方便。比如天气预报，如果人工计算，等算出来可能已是“马后炮”，而利用计算机则可以较准确地预测几天、几周，甚至几个月的天气情况。

2. 信息处理

科学计算主要是计算数值数据，数值数据被赋予一定的意义，就变成了非数值数据，即信息。信息处理也称数据处理，指利用计算机对大量数据进行采集、存储、整理、统计、分析、检索、加工和传输，这些数据可以是数字、文字、图形、声音或视频。信息处理往往算法相对简单而处理的数据量较大，其目的是管理大量的、杂乱无章的甚至难以理解的数据，并根据一些算法利用这些数据得出人们需要的信息，如银行账务管理、股票交易管理、企业进销存管理、人事档案管理、图书资料检索、情报检索、飞机订票、列车查询和企业资源计划等。信息处理已成为计算机应用的一个主要领域。

3. 过程控制

过程控制又称实时控制，是指利用计算机及时地采集和检测数据，并按某种标准状态或最佳值进行自动控制。过程控制广泛地应用在航天、军事、社会科学、农业、冶金、石油、化工、水电、纺织、机械、医药、现代管理和工业生产中，可以将人类从复杂和危险的环境中解放出来，可以代替人进行繁杂的和重复的劳动，从而改善劳动条件，减轻劳动强度，提高生产率，提高质量，节省劳动力，节省原材料，节省能源和降低成本。

4. 网络与通信

计算机网络是计算机技术和通信技术结合的产物，它把全球大多数国家联系在一起。信息通信是计算机网络最基本的功能之一，我们可以利用信息高速公路传递信息。资源共享是网络的核心，它包括数据共享、软件共享和硬件共享。分布式处理是网络提供的基本功能之一，包括分布式输入、分布式计算和分布式输出。计算机网络在网络通信、信息检索、电子商务、过程控制、辅助决策、远程医疗、远程教育、数字图书馆、电视会议、视频点播及娱乐等方面都具有广阔的应用前景。

5. 办公自动化

办公自动化(OA，Office Automation)是指以计算机为中心，利用计算机网络和一系列现代化办公设备，使办公人员方便快捷地共享信息和高效地协同工作，从而提高办公效率，实现现代化的科学管理。办公自动化系统包括事务型办公自动化系统、信息管理办公自动化系统和决策支持办公自动化系统。

6. 计算机辅助领域

(1) 计算机辅助设计(CAD)是指用计算机辅助人进行各类产品设计，从而减轻设计人员的劳动强度，缩短设计周期和提高质量。随着计算机性能的提高、价格的降低、计算机辅助设计软件的发展和图形设备的发展，计算机辅助设计技术已广泛地应用到科学研究、软件开发、土木建筑、服装、汽车、船舶、机械、电子、电气、地质和计算机艺术等领域。

(2) 计算机辅助制造(CAM)是指用计算机辅助人进行生产管理、过程控制和产品加工等操作，从而改善工作人员的工作条件，提高生产自动化水平，提高加工速度，缩短生产周期，提高劳动生产率，提高产品质量和降低生产成本。计算机辅助制造已广泛应用于飞机、汽车、机械、家用电器和电子产品等制造业。

(3) 计算机集成制造系统(CIMS)是计算机辅助设计系统、计算机辅助制造系统和管理信息系统相结合的产物，具有集成化、计算机化、网络化、信息化和智能化等优点。它可以提高劳动生产率，优化产业结构，提高员工素质，提高企业竞争力，节约资源和促进技术进步，从而为企业和社会带来更多的效益。

计算机辅助技术的应用领域还有很多，如计算机辅助教学(CAI)、计算机辅助计算

(CAC)、计算机辅助测试(CAT)、计算机辅助分析(CAA)、计算机辅助工程(CAE)、计算机辅助工艺过程设计(CAPP)、计算机辅助研究(CAR)、计算机辅助订货(CAO)和计算机辅助翻译(CAT)等。

7. 多媒体

多媒体(Multimedia)是指两种以上媒体的综合，包括文本、图形、图像、动画、音频和视频等多种形式。多媒体技术是利用计算机综合处理各种信息媒体，并能进行人机交互的一种信息技术。多媒体技术的发展使计算机更实用化，使计算机由科研院所、办公室和实验室中的专用工具变成了信息社会的普通工具，广泛应用于工业生产管理、军事指挥与训练、股票债券、金融交易、信息咨询、建筑设计、学校教育、商业广告、旅游、医疗、艺术、家庭生活和影视娱乐等领域。

8. 虚拟现实

虚拟现实(Virtual Reality)又称灵境，是利用计算机模拟现实世界产生的一个具有三维图像和声音的逼真的虚拟世界。用户通过使用交互设备，可获得视觉、听觉、触觉和嗅觉等感觉。近年来，虚拟现实已逐渐应用在城市规划、道路桥梁、建筑设计、室内设计、工业仿真、军事模拟、航天航空、文物古迹、地理信息系统、医学生物、商业、教育、游戏和影视娱乐等领域。

9. 人工智能

人工智能(AI，Artificial Intelligence)是指人工制造的模拟人的智能，是计算机科学的一个重要且处于研究最前沿的分支，它研究智能的实质，旨在生产出一种能像人一样进行感知、判断、理解、学习、问题求解等思考活动的智能机器。

人工智能是涉及自然科学和社会科学的一门交叉学科，包括计算机科学、数学、信息论、控制论、心理学、仿生学、不定性论、哲学和认知科学等诸多学科。该领域的研究包括机器人、语音识别、图像识别、自然语言处理和专家系统等。其实际应用有智能控制、机器人、语言和图像理解、遗传编程、机器视觉、指纹识别、人脸识别、视网膜识别、虹膜识别、掌纹识别、专家系统、医疗诊断、智能搜索、定理证明、博弈和自动程序设计等。

1.2 案例二：掌握计算机系统的组成及工作原理

1.2.1 计算机系统的组成

一个完整的计算机系统是计算机硬件系统和计算机软件系统的有机结合。计算机硬件系统是指看得见、摸得着的构成计算机的所有实体设备的集合。计算机软件系统指为计算机的运行、管理和使用而编制的程序的集合。目前流行的微型计算机的基本结构从外观上看都是由主机、显示器、键盘、鼠标等组成的。主机是微型计算机的核心，主要由系统主板、CPU、内存、硬盘、光盘驱动器(光驱)、显示器适配器(显卡)、电源等构成。微型计算机的主要部件如图1-1所示。

图 1-1　微型计算机的主要部件

1.2.2　计算机的硬件系统

美籍匈牙利数学家冯·诺依曼在 1945 年提出了关于计算机组成和工作方式的设想。迄今为止，尽管现代计算机制造技术已有极大发展，但是就其系统结构而言，大多数计算机仍然遵循他的设计思想，这样的计算机称为冯·诺依曼型计算机。

冯·诺依曼设计思想可以概括为以下三点：

(1) 采用存储程序控制方式。将事先编制好的程序存储在存储器中，然后启动计算机工作，运行程序后的计算机无须操作人员干预，能自动逐条取出指令、分析指令和执行指令，直到程序结束或关机，即由程序来控制计算机自动运行。

(2) 计算机内部采用二进制的形式表示指令和数据。根据电子元件双稳工作的特点，在电子计算机中采用二进制，且采用二进制将大大简化计算机的逻辑线路。

(3) 计算机硬件系统分为运算器、控制器、存储器、输入设备和输出设备五大部分。

冯·诺依曼设计思想标志着自动运算的实现，为计算机的设计提供了基本原则，被誉为计算机发展史上的里程碑。

1. 运算器

运算器(Arithmetic Unit)是计算机中进行各种算术运算和逻辑运算的部件，由执行部件、寄存器和控制电路三部分组成。

1) 执行部件

执行部件是运算器的核心，称为算术逻辑单元(ALU，Arithmetic and Logic Unit)。由于它能进行加、减、乘、除等算术运算和与、或、非、异或等逻辑运算(这些正是运算器的功能)，因此经常有人用 ALU 代表运算器。

2) 寄存器

运算器中的寄存器是用来寄存被处理的数据、中间结果和最终结果的，主要有累加寄存器、数据缓冲寄存器和状态条件寄存器。

3) 控制电路

控制电路用于控制 ALU 进行哪种运算。

2. 控制器

控制器(Controller)是指挥和协调运算器及整个计算机所有部件完成各种操作的部件，是计算机指令的发出部件。它主要由程序计数器、指令寄存器、指令译码器、时序产生器和操作控制器等组成。控制器通过这些部件，从内存中取出某程序的第一条指令，并指出下一条指令在内存中的位置，对取出的指令进行译码分析，产生控制信号，准备执行下一条指令，直至程序结束。

计算机中最重要的部分就是由控制器和运算器组成的中央处理器(CPU，Central Processing Unit)。

3. 存储器

存储器是计算机的记忆部件，用来存放程序和数据等计算机的全部信息。存储器的分类如下：

(1) 按存储介质，存储器分为半导体存储器、磁表面存储器和光盘存储器。

(2) 按存储方式，存储器分为可任意存取数据的随机存储器和只能按顺序存取数据的顺序存储器。

(3) 按读写功能，存储器分为随机读写存储器(RAM，Random-Access Memory)和只读存储器(ROM，Read-Only Memory)。RAM 指既能读出又能写入的存储器，ROM 指一般情况下只能读出不能写入的存储器。写入 ROM 中的程序称为固化的软件，即固件。

计算机的存储系统由外存储器(外存，也称辅存)、内存储器(内存，也称主存)和高速缓存(CACHE)三级构成。

1) 外存

外存指用来存放暂时不运行的程序和数据的存储器，一般采用磁性存储介质或光存储介质，一般通过输入/输出接口连接到计算机上。外存的优点是成本低、容量大和存储时间长；其缺点是存取速度慢，且 CPU 不能直接执行存放在外存中的程序，需将想要运行的程序调入内存才能运行。

常见的外存有硬盘、软盘、光盘和优盘等，如图 1-2～图 1-4 所示。

图 1-2　机械硬盘与固态硬盘

图 1-3　光盘

(a) 优盘　　　　　　(b) 移动硬盘　　　　　　(c) 存储卡

图 1-4　移动外存储器

2) 内存

内存指用来存放正在运行的程序和数据的存储器，一般采用半导体存储介质。内存的优点是速度比外存快，CPU 能直接执行存放在内存中的程序；其缺点是成本高，且断电时所存储的信息将消失。

由 CPU 和内存构成的处理系统称为冯·诺依曼型计算机的主机。

3) CACHE

由于 CPU 的速度越来越快，内存的速度无法跟上 CPU 的速度，因此形成了“瓶颈”，从而影响计算机的工作效率。如果在 CPU 与内存之间增加几级与 CPU 速度匹配的高速缓存，则将提高计算机的工作效率。

在 CPU 中集成了 CACHE，用于存放当前运行程序中最活跃的部分。其优点是速度快，缺点是成本高和容量小。

4. 输入设备

输入设备是指向计算机输入程序和数据等信息的设备。它包括键盘、鼠标、扫描仪、摄像头、光笔、语音输入器和手写输入板等，如图 1-5～图 1-8 所示。

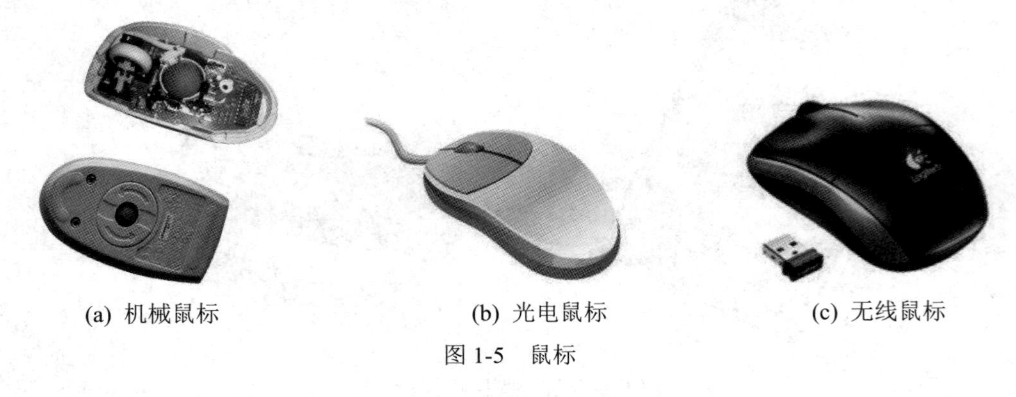

(a) 机械鼠标　　　　　　(b) 光电鼠标　　　　　　(c) 无线鼠标

图 1-5　鼠标

图 1-6 扫描仪

图 1-7 麦克风

图 1-8 摄像头

5. 输出设备

输出设备指计算机向外输出中间过程和处理结果等信息的设备。它包括显示器、投影仪、打印机、绘图仪和语音输出设备等，如图 1-9 和图 1-10 所示。

图 1-9 CRT 显示器和 LCD 显示器

图 1-10 打印机与绘图仪

有些设备既是输入设备，又是输出设备，如触摸屏、打印扫描一体机和通信设备等。

输入设备、输出设备和外存都属于外部设备，简称外设。

1.2.3 计算机的软件系统

只有硬件系统的计算机称为裸机，想要它完成某些功能，就必须为它安装必要的软件。软件(Software)泛指程序和文档的集合。一般将软件划分为系统软件和应用软件。由系统软件和应用软件就构成了计算机的软件系统。

1. 系统软件

系统软件是指协调管理计算机软件和硬件资源，为用户提供友好的交互界面，并支持应用软件开发和运行的软件。它主要包括操作系统、语言处理程序、数据库管理系统、网络及通信协议处理软件和设备驱动程序等。

1) 操作系统

操作系统(OS，Operating System)是负责分配管理计算机软件和硬件资源、控制程序运行、提供人机交互界面的一大组程序的集合，是典型的系统软件。它的功能主要有进程管理、存储管理、作业管理、设备管理和文件管理等。常见的操作系统有 DOS、Windows、

Mac OS、Linux 和 UNIX 等。

制造计算机硬件系统的厂家众多，生产的设备也是品种繁多，为了有效地管理和控制这些设备，人们在硬件的基础上加载了一层操作系统，用它通过设备的驱动程序来跟计算机硬件打交道，使人们有了一个友好的交互窗口。可以说，操作系统是计算机硬件的管理员，是用户的服务员。

2) 语言处理程序

计算机语言一般分为机器语言、汇编语言和高级语言等。

计算机只能识别和执行机器语言。机器语言是一种由二进制码“0”和“1”组成的语言。不同型号的计算机的机器语言也不一样。由机器语言编写的程序称为机器语言程序，它是由“0”和“1”组成的数字序列，很难理解和记忆，且检查和调试都比较困难。

由于机器语言不好记忆和输入，因此人们通过助记符的方式把机器语言抽象成汇编语言。汇编语言是符号化了的机器语言。用汇编语言编写的程序叫汇编语言源程序。计算机无法执行汇编语言源程序，必须将汇编源程序翻译成机器语言程序才能由机器执行，这个翻译的过程称为汇编，完成翻译的计算机软件称为汇编程序。

机器语言和汇编语言是低级语言，都是面向机器的。高级语言是面向用户的，比如 Ada、Fortran、Pascal、Cobol、Basic、C、C++、VB、VC、Java、C#、Lisp、Haskell、ML、Scheme、Prolog、Smalltalk 和各种脚本语言等。用高级语言书写的程序称为源程序，需要以解释方式或编译方式执行。解释方式是指由解释程序解释一句高级语言后立即执行该语句。编译方式是指将源程序通过编译程序翻译成机器语言形式的目标程序后再执行。

汇编程序、解释程序和编译程序等都属于语言处理程序。

3) 数据库管理系统

数据库管理系统(DBMS，DataBase Management System)是位于用户与操作系统之间的一层操纵和管理数据库的大型软件。用户对数据库的建立、使用和维护都是在 DBMS 管理下进行的。应用程序只有通过 DBMS 才能对数据库进行查询、读取和写入等操作。

常见的数据库管理程序有 Oracle、SQL Server、MYSQL、DB2 和 Visral FoxPro 等。

4) 网络及通信协议处理软件

网络通信协议是指网络上通信设备之间的通信规则。在将计算机连入网络时，必须安装正确的网络协议，这样才能保证各通信设备和计算机之间能正常通信。常用的网络协议有 TCP/IP 协议、UDP 协议、HTTP 协议和 FTP 协议等。

5) 设备驱动程序

设备驱动程序简称驱动程序，是一种可以使计算机和设备正常通信的特殊程序。可以把它理解为给操作系统看的“说明书”，有了它，操作系统才能认识、使用和控制相应的设备。如果想使用某个设备，就必须正确地安装该设备的驱动程序。不同厂家、不同产品和不同型号的设备的驱动程序一般都不一样。

2. 应用软件

应用软件是为用户解决各类问题而制作的软件。它拓宽了计算机的应用领域，使计算机更加实用化。比如，Microsoft Office 就是用于信息化办公的软件，它加快了计算机在信息化办公领域应用的步伐。

应用软件种类繁多，如压缩软件、信息化办公软件、图形图像浏览软件、图像处理软件、动画编辑软件、影像编辑软件、多媒体软件、信息管理系统、教育软件、游戏软件、仿真软件、控制软件、网络应用软件、安全加密软件、防杀病毒软件、网络监控系统、审计软件、通信计费软件、安全分析软件、财务软件、数据分析处理软件、备份软件和翻译软件等。

以下是一些常用的应用软件：

(1) 信息化办公软件有 Microsoft Office 和 WPS 等。

(2) 压缩软件有 WinZip 和 WinRAR 等。

(3) 图片浏览软件有 ACDSee 和美图看看等。

(4) 平面设计软件有 Adobe Photoshop、Illustrator、Corel DRAW 和 CAD 等。

(5) 3D 制作软件有 3DS MAX、Maya 和 3D CAD 等。

(6) 视频编辑软件有 Premiere、After Effects、绘声绘影和 MOVIE MAKER 等。

(7) 媒体播放器有 PowerDVD、迅雷影音、Windows Media Player、暴风影音和酷我音乐等。

(8) 阅读器有 CajViewer 和 Adobe Reader 等。

(9) 网络电视有 PPlive 和 QQlive 等。

(10) 输入法有搜狗拼音输入法和极品五笔输入法等。

(11) 杀毒软件有瑞星和金山毒霸等。

1.2.4 计算机的工作原理

迄今为止，尽管计算机多次更新换代，但其基本工作原理仍是存储程序控制。存储程序控制就是事先把指挥计算机如何进行操作的程序存入存储器中，程序运行时只需给出程序的首地址，计算机就会自动逐条取出指令、分析指令和执行指令，通过完成程序规定的所有操作来实现程序的功能。

1. 指令和指令系统

指令就是命令，是能被计算机识别并执行的二进制编码，它规定了计算机该进行哪些具体操作。一条指令通常由操作码和地址码两部分构成。操作码指出计算机进行什么操作。如果该操作需要对象，则由地址码指出该对象所在的存储单元地址。

要想计算机完成某一功能，一般需要很多条指令配合来实现，因此一台计算机要有很多条功能各异的指令，如算术运算指令、逻辑运算指令、数据传送指令、输入和输出指令等。一台计算机所有能执行的指令的集合称为这台机器的指令系统。不同类型的计算机的指令系统各不相同。

2. 程序

在日常生活中，程序指事情进行的先后次序。在计算机中，程序指按解决问题的步骤指挥计算机进行操作的一系列语句和指令的集合。简单地说，程序就是指令的有序集合。通俗地说，程序就是一连串的命令。按一定的功能和结构要求排列指令就是编制程序，简称编程。

3. 计算机的工作过程

计算机的工作过程就是执行指令的过程，这一过程都在控制器的指挥下进行。计算机的工作过程如下：

(1) 由输入设备输入程序和数据到内存，如果想要长期保存程序及数据，则需将其保存到外存中。

(2) 运行程序时，将程序和数据从外存调入内存。

(3) 从内存中取出程序的第一条指令并将其送往控制器。

(4) 通过控制器分析指令的要求，然后根据指令的要求从内存取出数据并送到运算器进行运算。

(5) 将运算的结果送至内存，如需输出，再由内存送至输出设备。

(6) 从内存中取出下一条指令并送往控制器。

(7) 重复(4)、(5)和(6)，直到程序结束。

在计算机的工作过程中，有两种信息流在流动：一种是数据流，即各种程序和数据；另一种是控制流，即由控制器发出的控制信号。

习　　题

1. 单项选择题

(1) 主要电子器件为电子管的计算机是______。

A. 第一代计算机

B. 第二代计算机

C. 第三代计算机

D. 第四代计算机

(2) 主要电子器件为大、超大规模集成电路的计算机是______。

A. 第一代计算机

B. 第二代计算机

C. 第三代计算机

D. 第四代计算机

(3) 计算机最早的应用领域是______。

A. 科学计算

B. 信息处理

C. 过程控制

D. 人工智能

(4) 一个完整的计算机系统是______的有机结合。

A. 运算器和控制器

B. CPU 和内存

C. 主机和外设

D. 计算机硬件系统和计算机软件系统

(5) 存储程序和________结合并采用二进制的原理是冯·诺依曼于1945年针对ENIAC的设计缺陷提出的。

A. 绝对控制

B. 远程控制

C. 程序控制

D. 视频控制

2. 填空题

(1) 按计算机的规模可分为________、________、中型机、小型机、微型机和嵌入式计算机。

(2) 近70年来，电子器件的发展推动电子计算机高速的发展，所使用的元件已经历了四代的变化。第一代计算机是________计算机，第二代计算机是________计算机，第三代计算机是集成电路计算机，第四代计算机是________计算机。

(3) 计算机的发展趋势是________、________、________、________和多元化。

(4) 计算机硬件系统包括________和________两部分。

(5) 计算机软件分为________和________，操作系统属于________。

参考答案

1. (1) A；(2) D；(3) A；(4) D；(5) C。

2. (1) 巨型机，大型机；(2) 电子管，晶体管，大规模集成电路；(3) 巨型化，微型化，网络化，智能化；(4) 主机，外设；(5) 系统软件，应用软件，系统软件。

第 2 章　认识与选购计算机配件

【学习目标】

通过对第 1 章内容的学习，大家对计算机有了一个初步的认识，了解了计算机的定义、分类、发展、特点及应用，掌握了计算机系统的组成及工作原理。为了能够根据自身需要选购一台适合自己的计算机，首先必须掌握以下知识：

(1) 了解 CPU。

(2) 了解主板。

(3) 了解内存及外存。

(4) 了解显卡及显示器。

(5) 了解常见的输入及输出设备。

2.1　案例一：CPU

中央处理器(CPU)又称微处理器，是计算机的大脑。传统的 CPU 芯片中一般集成有运算器、控制器和 Cache。目前，有些高档的 CPU 芯片除集成了运算器、控制器和 Cache 外，还集成有内存控制器，这是 CPU 的一个发展方向。常见 CPU 的正、反面如图 2-1 所示。

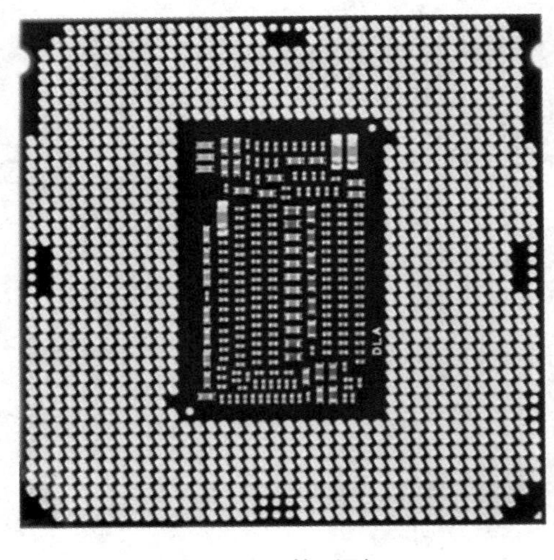

(a) CPU 的正面

(b) CPU 的反面

图 2-1　常见 CPU 的正、反面

CPU 主要有以下性能指标。

1. CPU 的类型、架构、系列型号和核心类型

目前，CPU 通常分为台式机 CPU 和笔记本 CPU。CPU 的构架通常为 Intel 系列或 AMD 系列。

CPU 厂商会给属于同一系列的 CPU 产品定一个系列型号，可以用它来区分 CPU 性能的高低。Intel 公司的 CPU 系列型号主要有 4004、8008、8080、8086、80286、80386、80486、Pentium(奔腾)、Pentium Ⅱ、Pentium Ⅲ、Pentium 4、Pentium M、Core Solo(酷睿单核)、Core 2 Solo、Celeron(赛扬)、Celeron Ⅱ、Celeron Ⅲ、Celeron 4、Celeron D、Celeron M、Pentium D、Pentium EE、Celeron E、Core Duo(酷睿双核)、Core 2 Duo、Core 2 Extrem、Core 2 Quad、酷睿 i3、酷睿 i5、酷睿 i7、酷睿 i9 和 Xeon(至强)等。而 AMD 公司的 CPU 则有 K5、K6、K6-2、Duron(毒龙)、Athlon XP(速龙 XP)、Sempron (闪龙)、Athlon 64(速龙 64)、Opteron(皓龙)、Athlon64 X2、Opteron、Phenom(羿龙)、推土机 FX、APU、Ryzen3、Ryzen5、Ryzen7、Ryzen9 和 Ryzen Threadripper 等。

CPU 的核心即 CPU 的内核，就是 CPU 中心隆起的芯片。CPU 制造商为了便于 CPU 的设计、生产和销售管理，通常对先后推出的 CPU 核心给出相应的代号，即 CPU 核心类型。市场上常见 Intel 系列的 CPU 核心类型有 Northwood、Prescott、Smithfield、Cedar Mill、Presler、Yonah、Conroe、Allendale、Coffee Lake Refresh 和 Cascade Lake 等。AMD 系列的 CPU 核心类型有 Troy、Venice、SanDiego、Orleans、Paris、Palermo、Manila、Manchester、Toledo、Windsor 和 Trinity 等。

2. 主频、外频、倍频和超频

主频也称时钟频率，即 CPU 的理论工作频率，单位是 MHz(现在常用 GHz，一般简写为 G)。如 Intel Celeron D 2.66 G(盒)表示该 CPU 是带原装风扇的英特尔公司的主频为 2.66 GHz 的赛扬 D 处理器。对于系列型号相同的 CPU，一般主频越高，性能越强。主频一般等于外频和倍频的乘积。

外频也称系统时钟频率，是系统总线的工作频率，即 CPU 与外界传输数据的基准频率，单位是 MHz。CPU 与外界传输数据的频率可以为外频乘以一定的倍数，这个倍数可以小于 1、等于 1 或大于 1。系统总线就是连接各个设备的连线，是信息的通道。

倍频也称倍频系数，是指 CPU 工作频率和系统总线工作频率之间的相对比例关系。

所谓超频，就是指通过增加外频来加快 CPU 的工作频率。超频可能会导致 CPU 过热，甚至引起 CPU 损坏。

3. 二级缓存容量

二级缓存也称 L2Cache。最初 CPU 中仅集成了一级高速缓存，随着 CPU 速度的不断提升，一级缓存(L1)不够用了，于是又集成了二级缓存。二级缓存比一级缓存速度慢，但比内存速度快，主要存储一些一级缓存和内存之间交换的临时数据。目前，很多处理器已集成了三级缓存，它的容量更大，速度介于二级缓存和内存之间。CPU 在读取数据时，先在一级缓存中寻找，若没有找到，再从二级缓存寻找，若没有找到且还有三级缓存，则再从三级缓存中找，然后从内存中找，最后到外存中找。对于不同的 CPU，其一级缓存的容量一般为 4～64 KB，二级缓存的容量为 128 KB、256 KB、512 KB、1 MB 或 2 MB 等。

由于不同的 CPU 所集成的一级缓存差别不大，因此二级缓存对 CPU 性能的提升至关重要，一般越大越好。

4. 前端总线

前端总线(FSB，Front Side Bus)的速度指的是 CPU 和北桥芯片间总线的速度，即 CPU 和外界数据传输的速度，它可以是外频的 1 倍、2 倍、4 倍，甚至更高。从提升性能角度来说，增加前端总线要比增加缓存更有效，一般越高越好。

5. 制造工艺

制造工艺指在硅材料上生产的 CPU 的内部各元件的连接线宽度，过去一般用多少微米(μm, $\times 10^{-6}$ m)表示，现在一般用多少纳米(nm, 10^{-9} m)表示。CPU 的制造工艺主要有 7 nm、12 nm、14 nm、28 nm、65 nm 和 90 nm 等。工艺越小，则成本越低，功耗越低，发热量越低，稳定性越好。

6. 工作电压

一般地，CPU 的工艺越小，工作电压越小。CPU 的工作电压一般为 1～5 V。工作电压越小，功耗就越低，发热量就越少。

7. 针脚数和接口类型

目前，CPU 都采用针脚式接口与主板上的 CPU 插座相连。CPU 的接口类型一般用针脚数来表示，如 Intel 系列的 CPU 接口类型有 socket 370、socket 423、socket 478、socket 775、socket 603、socket 604、LGA 2066、LGA 2011-v3、LGA 2011、LGA 1151、LGA 1150、LGA 1155、LGA 1170、LGA 775 和 BGA 等，AMD 系列的 CPU 接口类型有 socket 754、socket 939、socket 940、Socket TR4、Socket sTRX4、Socket AM4、Socket AM3+、Socket AM3、Socket FM2+、Socket FM2 和 Socket FM1 等。随着 CPU 的发展，一般需要越来越多的 CPU 针脚来实现更多的功能和更高的性能，但不是所有的针脚都起作用，部分闲置的针脚为以后扩充做准备。

8. 多媒体指令集

CPU 用指令来控制计算机系统，每款 CPU 都具有一系列的指令系统，即指令集。指令集分为精简指令集(RISC)和复杂指令集(CISC)。RISC 指令集是以后高性能 CPU 的发展方向。不同系列的 CPU 在基本功能上差别不大，其基本指令集也相差不多。厂家为了提升 CPU 对多媒体、图形图像和 Internet 等的处理能力又开发了扩展指令集，一般称为多媒体指令集。目前，多媒体指令集有 MMX(多媒体扩展指令集)、SSE(单指令多数据流扩展)、SSE2(数据流单指令多数据扩展指令集 2)、SSE3(数据流单指令多数据扩展指令集 3)、SSSE3(Sup-SSE3)、SSE4、SSE5、XD-Bit(eXecute Disable Bit)、EM64T(Extended Memory 64 Technology)、x86-64(AMD64)、3DNow！(AMD 公司开发的“3D No Waiting!”的缩写)和 AVX2.0 等。

9. 超线程技术

超线程技术(HT，Hyper-Threading)是指充分利用 CPU 的执行单元，让一颗 CPU 同时执行多个程序，像两颗 CPU 同时执行一样，进而减少 CPU 的闲置时间、提高 CPU 的工作效率和提升 CPU 的性能。

10. 内存控制器

内存控制器是控制 CPU 与内存进行数据交换的装置，传统的内存控制器一般集成在主板上的北桥芯片中，现阶段内存控制器一般均直接集成在 CPU 中。内存控制器决定了 CPU 所能支持的内存类型、最大容量、BANK 数及数据宽度等重要指标。因此，内存控制器在一定程度上影响了计算机的整体性能。

11. 虚拟化技术

虚拟化(Virtualization)是一种资源管理技术，可以将计算机实体资源虚拟化，从而突破现有资源的架设方式、地域或物理组态的限制。例如，CPU 的虚拟化技术可以实现将单个 CPU 虚拟化为多个 CPU，并能够实现在同一台计算机硬件设备上同时运行多个不同的操作系统。

2.2　案例二：主板

主板(Mainboard)又称主机板，主板相当于计算机的骨架、神经和头部血管，它是计算机各个设备连接的载体，是整个计算机系统的信息高速公路，并为 CPU、CPU 风扇、内存、显卡、声卡、网卡和一些 USB 外设等供电，如图 2-2 所示。

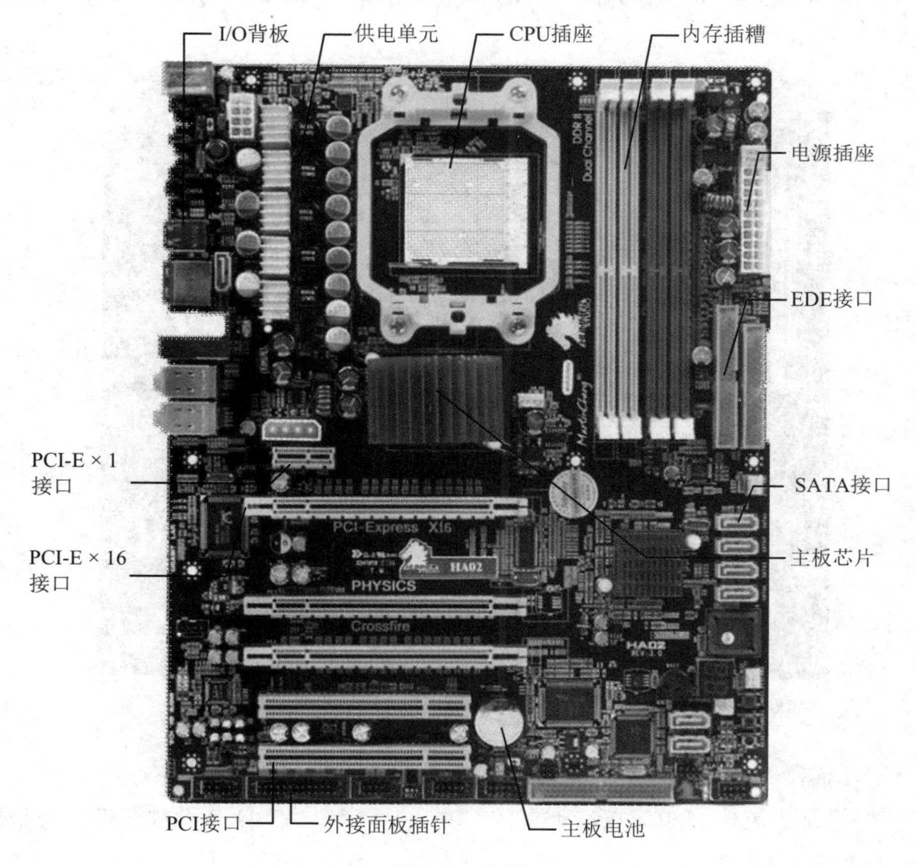

图 2-2　主板

主板的性能指标主要有以下几点：

1. 芯片组

芯片组是主板的核心，通常包含北桥芯片(North Bridge)和南桥芯片(South Bridge)，相当于计算机的“颈椎”和“腰椎”，它决定了主板的规格、对硬件的支持、系统的性能、大致的功能和级别的高低。

北桥芯片又称为主桥(Host Bridge)，它负责 CPU、内存和显卡之间的数据交换。它决定了主板所支持的 CPU 类型、内存类型和显卡类型。现在大多数主板上，靠近 CPU 的那个芯片是北桥芯片，它是主板上最大的芯片。由于北桥芯片的数据处理量非常大，因而发热量也比较大，往往覆盖有散热片或者风扇。

南桥芯片负责 I/O 设备、接口及其他芯片与北桥芯片之间的信息交换。如 USB 设备、PCI 声卡、PCI 网卡、硬盘、光驱、集成声卡和集成网卡等都由南桥芯片控制。它决定了主板所具有的功能。现在大多数主板上，远离 CPU 而靠近 PCI 插槽的芯片是南桥芯片，它比北桥芯片小，但比其他芯片要大。由于南桥芯片处理的数据相对北桥芯片要少，因而发热量不是很大，往往无须覆盖散热片或者风扇。

南桥芯片不直接与 CPU 相连，它通过南北桥总线与北桥芯片相连。南北桥总线相当于计算机的脊柱，越宽则数据传输越便捷。不同的厂商都为各自的南北桥总线起了名字，如 Intel 的 Hub-link、AMD 的 HyperTransport、VIA 的 V-Link 和 SIS 的 MuTIOL 等，如图 2-3 所示。

图 2-3　南北桥芯片

2. CPU 插槽、内存插槽和扩展槽

CPU 插槽是用来安装相应接口类型的 CPU 的插座，与 CPU 针脚数和接口类型相适应，如图 2-4 所示。

(a) 触点式 CPU 插座

(b) 针脚式 CPU 插座

图 2-4　CPU 插座类型

内存插槽是用来安装相应接口类型的内存的插座，与内存接口类型相匹配，如图 2-5 所示。

图 2-5　DDR SDRAM 内存插槽

扩展槽也称扩展插槽，是用于安装各种扩展卡的插座。如 AGP、PCI Express 和 PCI 插槽。前些年经常使用棕色的 AGP 插槽来安装独立显卡，目前，主流用 PCI Express 插槽来支持独立显卡，白色的 PCI 插槽可插网卡、声卡、视频卡和内置 Modem 等。以上三种插槽的颜色和结构一般都不同，容易区分，如图 2-6 所示为扩展插槽实物照片。

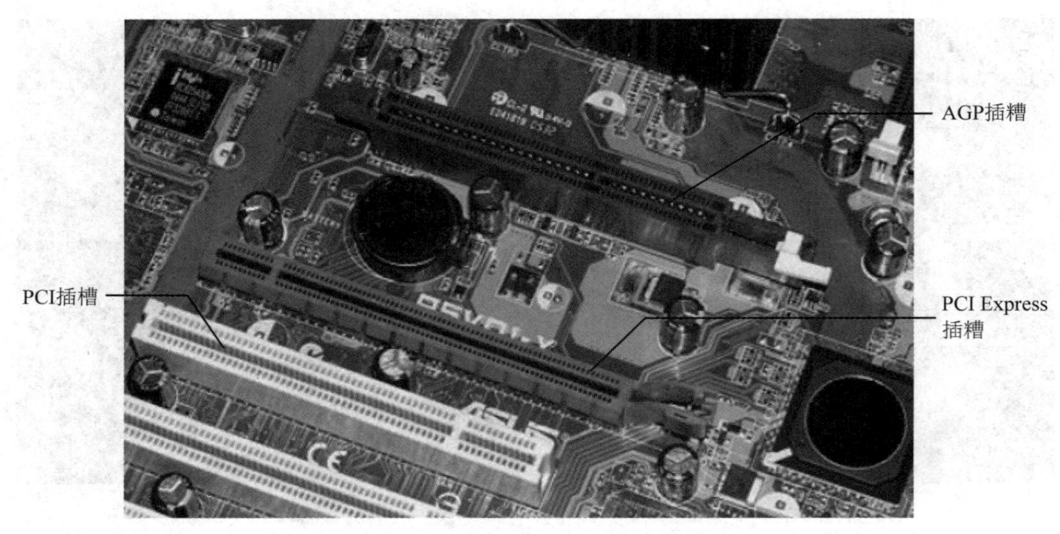

图 2-6　扩展插槽

3. 外设接口

主板上用于连接外设的接口主要有键盘及鼠标接口、打印机接口、USB 接口、IDE 接口、SATA 接口、IEEE 1394 火线接口、串行口、网线接口(集成网卡)、音频输入/输出接口(集成声卡)和显示器数据线接口(集成显卡)等，如图 2-7～图 2-14 所示。

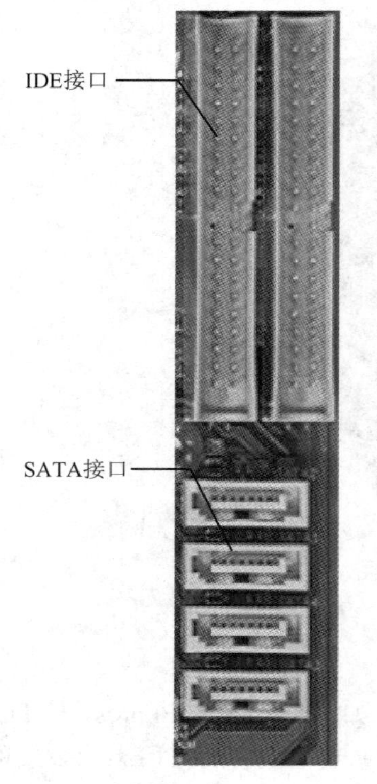

(a) IDE 与 SATA 接口

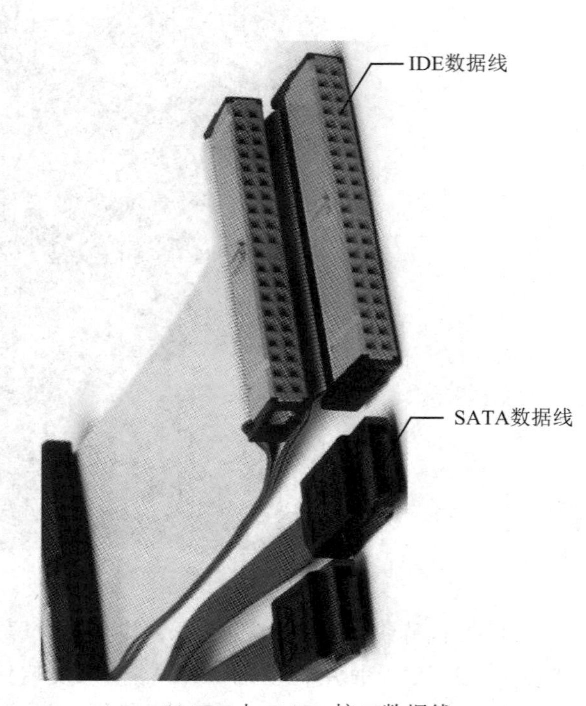

(b) IDE 与 SATA 接口数据线

图 2-7　IDE 与 SATA 接口

图 2-8　主板 I/O 接口

图 2-9　键盘及鼠标接口

图 2-10　USB 3.0 接口

图 2-11　网线接口与插头

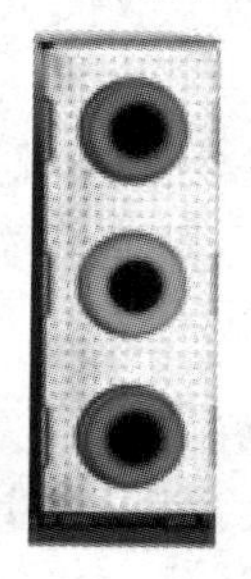

图 2-12　音频接口

图 2-13　VGA 显示器接口

(a) DVI-D 接口

(b) DVI-I 接口

图 2-14　DVI 显示器接口

HDMI 接口：高清晰度多媒体接口(High Definition Multimedia Interface)的简写，它是一种全数位化影像和声音传送接口。HDMI 接口外观如图 2-15 所示。

图 2-15　HDMI 接口

4. 是否集成显卡、声卡和网卡

集成显卡是指将显示芯片集成在主板北桥芯片上，形成与主板融为一体的显卡。集成显示芯片的芯片组称为整合芯片，具有整合芯片的主板称为整合主板，它可以满足一般应用，并为用户节省购买独立显卡的开支。集成显卡分为独立显存集成显卡、内存划分集成显卡和混合式集成显卡。通常只有少量集成显卡具有独立显存，多数没有独立显存，需划分系统内存的一部分作为显存使用，且视频处理均靠 CPU 来运算实现。因此集成显卡一般没有独立显卡性能高。目前，随着科技发展，大多数集成显卡已经集成至 CPU 中，因此集成显卡的主板越来越少。

集成声卡即板载声卡，现在的主板都集成了声卡，比较常见的是 AC’97 标准和 HD Audio 标准的声卡。其中，HD Audio 是为了取代 AC’97 而制定的音频规范。如果无特殊要求，一般不用添置独立声卡。

集成网卡(Integrated LAN)是指在主板上集成了以太网控制器。它可满足一般用户需求，除非损坏或者用户需要多块网卡，否则无须添置独立网卡。

5. 驱动程序

主板驱动程序是为了让操作系统更好的识别和使用该主板的一种驱动程序，一般在主板包装盒内附的驱动光盘中。如果有集成显卡、集成声卡和集成网卡，那么它们的相应驱动也会在驱动光盘中找到。安装操作系统后应先安装主板驱动程序再安装其他驱动程序。

6. BIOS和CMOS

BIOS(Basic Input Output System)即基本输入输出系统，它是一组固化到主板上一个ROM芯片上的直接跟硬件打交道的程序，是连接计算机软件和硬件的桥梁。在按下计算机电源时，主板会根据BIOS来识别和检测硬件，并引导操作系统启动。BIOS升级就是将新版本的BIOS写入ROM，升级能带来一些新的功能、更好的稳定性和更高的性能等好处，比如有些主板进行BIOS升级后可以支持新类型的CPU。但是这种升级存在一定的危险性，且有些BIOS升级后性能提升并不明显，而一旦升级发生错误，补救起来相当麻烦。如果不是为了更换成原来主板不支持的新类型的CPU或更高工作频率的内存，一般无须升级BIOS。常见的BIOS芯片如图2-16所示。

图2-16 BIOS芯片

按下计算机电源后，可以根据屏幕提示按下键盘上的DEL键进入BIOS设置界面。在这里，我们可以设置BIOS密码、系统日期、主从盘、优先启动、屏蔽软驱、屏蔽光驱、CPU温度保护、缓存管理、电源管理、即插即用和PCI资源管理等参数。这些参数就存储在CMOS(Complementary Metal Oxide Semiconductor)中。

CMOS是主板上的一块RAM，只有保存BIOS设置参数的功能，可由主板电池供电。因此即使关机，信息也不消失。我们一旦忘记BIOS密码，就可以采用取下主板电池，过一会儿再安装上的方法来清空密码，即还原BIOS的默认设置，这种方法称为“主板放电”或“CMOS放电”。其实，在主板电池旁边有一个CMOS放电跳线，该跳线一般有三根针，平时上面的跳线帽插在其中两根针上。想给CMOS放电时，只需将跳线帽拔下并插到另外两根针上，然后拔下并插回原来所在的两根针上即可。有些主板还为用户提供了外置的一键清空CMOS按钮，免去了开机箱的繁琐操作，当然我们也可以自己制作外置CMOS放电跳线开关。另外，通过DEBUG命令也可以清空CMOS保存的参数。

7. EFI与UEFI

EFI(Extensible Firmware Interface)称为可扩展固件接口，是用模块化、高级语言构建的一个小型化系统，与BIOS类似主要在启动过程中完成硬件初始化。但EFI完全是32位或64位，比16位的BIOS速度要快。EFI在2.0版本后改称为UEFI(Unified EFI)，称为统一的可扩展固件接口，图形能力及安全能力比EFI强很多。

2.3　案例三：内存及外存

1. 内存

内存又称内存条，用于存储正在运行的程序和该程序所处理的数据。我们用 Word 写文章时，通过键盘输入的文字就被存入内存中，此时一旦断电，你所输入的文字就会丢失，因此需要点击保存按钮，把这些文字保存在硬盘上，以便以后使用。内存实物照片如图 2-17 所示，它需要插在主板的内存插槽上。

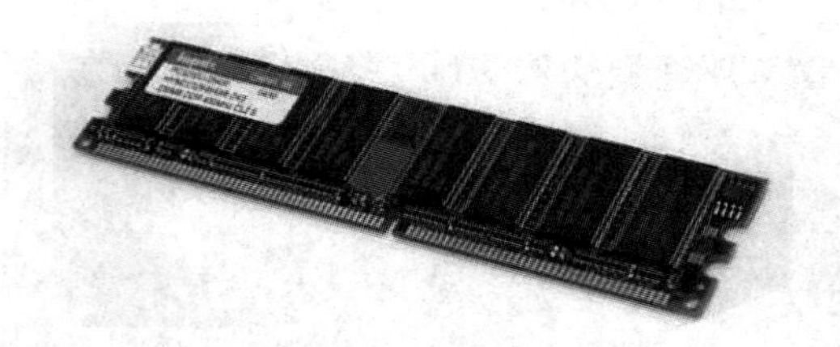

图 2-17　内存条

内存主要有以下参数：

1) 适用类型和传输类型

内存的适用类型有台式机、笔记本和服务器等。

内存的传输类型有 SDRAM、DDR、DDR2、DDR3、DDR4 和 RDRAM 等。

SDRAM(Synchronous DRAM)即同步动态随机存储器。所谓同步，也就是与系统时钟同步，在系统时钟脉冲上升沿传输数据，这样可避免不必要的等待时间。

DDR 是 Double Data Rate SDRAM 的缩写，即双倍速率同步动态随机存储器。它在系统时钟脉冲上升沿和下降沿都传输数据，即在一个系统时钟脉冲内传送两次数据，因此称为双倍速率同步动态随机存储器。DDR2 即 Double Data Rate 2 SDRAM，它的预读取能力是 DDR 的 2 倍。DDR3 即 Double Data Rate 3 SDRAM，它的预读取能力是 DDR2 的 2 倍。DDR4 速度更快，目前 DDR3 和 DDR4 是市场主流，而 DDR5 和 DDR6 一般用于高档显卡中。

2) 主频

内存的主频以兆赫兹(MHz)为单位，例如 DDR2 的主频一般为 533 MHz、667 MHz 和 800 MHz，DDR3 的主频一般为 1333 MHz、1600 MHz 和 1866 MHz 等，DDR4 的主频一般为 2133 MHz、2400 MHz、3200 MHz、3400 MHz 和 4000 MHz 等。

3) 容量

一位二进制位，即一位“0”或“1”称为位(b，bit)，8 位二进制位称为一个字节(B，Byte)，1 KB = 2^{10} B = 1024 B，1 MB = 2^{20} B = 1024 KB，1 GB = 2^{30} B = 1024 MB。

内存容量一般以字节为单位。现在 PC 的内存容量通常为 4 GB、8 GB 等。

4) 接口类型和工作电压

内存条的接口类型通常用内存条上金手指的针脚数(Pin)来表示。金手指由很多排列类似手指的金黄色导电触片组成，这些导电触片的数目即针脚数。

对于台式机内存条来说，SDRAM 的接口类型一般是 168Pin，DDR 的接口类型一般是 184Pin，DDR2 的接口类型一般是 240Pin，DDR3 的接口类型一般是 240Pin，DDR4 的接口类型一般是 288pin。

对于笔记本内存条来说，SDRAM 的接口类型一般是 144Pin，DDR 的接口类型一般是 200Pin，DDR2 的接口类型一般是 200Pin，DDR3 的接口类型一般是 204Pin，DDR4 的接口类型一般是 260Pin。

SDRAM 的核心工作电压一般为 3.3 V，DDR 的核心工作电压一般为 2.5 V，DDR2 的核心工作电压一般为 1.8 V，DDR3 的核心工作电压一般为 1.5 V，DDR4 的核心工作电压一般为 1.2 V。

2. 外存

内存主要是存储正在运行的程序和数据，它容量有限且断电信息消失，因此就必须由外存来长期保存程序和数据。常见的外存主要有软盘、硬盘、光盘和优盘等。

1) 软盘

软盘(Floppy Disk)是过去常用的可移动磁盘，当时常见的一般是容量为 1.44 MB 的 3.5 英寸软盘。这种软盘经过格式化后，磁盘两面各被分成 80 个称为磁道的同心圆，在每个同心圆上又划分 18 个称为扇区的弧段，每个扇区的容量都是 512 B。因此，其总存储容量计算如下：

2(双面) × 80(磁道) × 18(扇区) × 512 B(一个扇区容量) = 1440 KB = 1.44 MB

要读取软盘内容时，只要把软盘插入软盘驱动器(软驱)，通过“我的电脑”即可浏览软盘内容。要向软盘进行写入操作时，须把软盘的写保护关闭，就是用软盘上一个可移动的黑色方块挡住透亮的窗口，然后再插入软驱。

目前，由于软盘容量小且容易损坏，已被优盘取代。

2) 硬盘

硬盘是计算机主要的存储设备之一，由一个或多个表面覆有磁性材料的合金或玻璃盘片、马达、磁头和缓存等组成，一般被固定密封在硬盘驱动器(HDD，Hard Disk Driver)中。安装在机箱里的硬盘称为固定硬盘，便携式的硬盘称为移动硬盘。移动硬盘具有即插即用的特性，使用时，可以通过 USB 接口或 IEEE1394 接口连接到计算机上，不用时可以拔下。台式机机械硬盘如图 2-18 所示。

图 2-18　机械硬盘

固定硬盘的电源线一般连接到机箱电源上，数据线一般连接到主板上。机械硬盘开启后，马达带动磁盘转动，在达到一定转速后，磁头就可以进行读写工作了。现在家用电脑硬盘的转速一般为 5400 r/m(转/分)和 7200 r/m。另外，固态硬盘没有马达和盘片，没有转速参数，是由固态电子存储芯片阵列而制成的硬盘，由控制单元和存储单元组成，采用闪存(Flash 芯片)或 DRAM 作为存储介质。通常所说的 SSD 是指采用 Flash 芯片作为存储介质的固态硬盘。

硬盘的数据传输率又称吞吐率，通常有内部传输速率和外部传输速率两种。内部传输速率指从硬盘到缓冲区的传输速率，外部传输速率指从缓冲区到电脑系统的传输速率。现在家用电脑硬盘的缓存一般为 2 MB、8 MB 或更高。

硬盘的速度没有内存快，但容量比内存大。随着计算机、物理、化学和电子技术的发展，硬盘的容量越来越大，目前家用电脑配备的硬盘大小一般为 500 GB、1 TB(1 TB = 2^{40} B = 1024 MB)和 2 TB 等。

3) 光盘

光盘由基板、记录层、反射层、保护层和印刷层构成。基板是韧性好的聚碳酸酯板，就是光盘最光滑的那一面的表面。在基板上涂抹上专用的有机燃料，就形成了存储信息的记录层，可重复擦写的光盘记录层则是一种炭性物质。常用的光盘多是一次性记录信息的光盘，在对这种光盘进行刻录时，激光会在记录层烧出一个个不能复原的“坑”，通过有坑和无坑组成的序列记录信息。反射层是光盘的第三层，它是反射激光光束用的，材料一般是金属铜、银、金或铝等。保护层的作用是防止反射层和记录层被破坏。印刷层是光盘上印有图案和文字等信息的那一面，可用来标记光盘内容。光驱及光盘如图 2-19 所示。

图 2-19　光驱及光盘

光盘的种类有 CD、CD-R、CD-RW、VCD、DVD、DVD-R 和 DVD-RW 等。一张普通 CD 一般可以存储 650 MB 至 750 MB 左右的信息，一张普通单面单层 DVD(D5)一般可以存储 4.7 GB 的信息，单面双层 DVD(D9)一般可以存储 8.5 GB 信息，双面单层 DVD(D10)一般可以存储 9.4 GB 信息，双面双层 DVD(D18)一般可以存储 17 GB 信息。

4) 优盘

优盘是 U 盘的谐音，U 盘是 USB 盘的简称。USB 盘可以通过机箱上的 USB 接口连接到主板上，系统一般会自动识别，是即插即用的便携式移动存储设备。优盘具有体积小、容量大、价格便宜和便于携带等优点。目前，优盘的容量一般有 32 MB、64 MB、128 MB、256 MB、512 MB、1 GB、2 GB、4 GB、16 GB、32 GB、64 GB、128 GB、

250 GB、500 GB 和 1 TB 等。

首次将优盘插入机箱上的 USB 接口时，操作系统会提示发现新硬件，过一会儿又提示新硬件已经安装并可以使用了，这时也许还会自动弹出一个对话框让你选择一个打开方式，当然此时我们也可以通过“我的电脑”访问优盘，进行读写操作。在使用完毕后，单击屏幕右下角的安全删除硬件图标，在弹出菜单中选择“安全删除 USB……”，然后等到出现安全地移除硬件提示后，再将优盘从机箱上拔下。

2.4　案例四：显卡及显示器

1. 显卡

显卡是用于处理图形并显示输出的设备，又称显示适配器，是计算机最基本的配置、最重要的配件之一。其主要参数有显示芯片类型、核心频率、显存类型、显存容量、显存位宽、显存频率、接口类型、输出端口、像素填充率和散热方式等，如图 2-20 所示。

图 2-20　显卡

显示芯片又称图形处理器(GPU，Graphic Processing Unit)，它是显卡的大脑，决定了显卡的性能和档次，它的工作频率即核心频率。制造显示芯片的厂家主要有 nVIDIA 和 ATI 两大厂商，多年前 ATI 已被 AMD 收购。

显存是显卡上的又一核心部件，它的类型、容量、位宽和频率直接影响显卡的性能。目前，市场上的显存主要以 DDR4、DDR5 和 DDR6 为主流，容量一般为 1 GB、2 GB、4 GB、6 GB 或 8 GB 等，位宽一般为 32 bit、64 bit、128 bit、256 bit 或 512 bit 等。

显卡的接口类型指的是与主板连接的接口类型。显卡一般有集成显卡和独立显卡之分。以前的独立显卡一般通过 AGP 插槽连接到主板上，现在的显卡一般通过 PCI-E 插槽连接到主板上。

显卡的输出端口指的是与显示器等外设的连接端口，一般有模拟 D-Sub(VGA)接口、数字 DVI-D 接口、模拟数字混合 DVI-I 接口、输出到电视 TV-OUT、有线电视信号输入 RF 射频端子、复合视频 RCA 接口、类 AV 视频接口 S 端子、扩展 S 端子 VIVO 接口和 HDMI 接口等。

显卡的像素填充率是指显卡每秒钟在显示器上画出的点数，一般等于核心频率乘以渲染管线数。

显卡的散热方式一般是散热片、风冷、热管、水冷或混合方式等。其中，在显示芯片上覆盖散热片的散热方式属于被动式散热，采用散热片加风扇的风冷方式属于主动式散热，风冷又分为轴流式散热和风道导流式散热两种方式。

2. 显示器

显示器又称监视器，它是电脑的主要输出设备之一，通常有阴极射线管显示器(CRT，Cathode Ray Tube)、液晶显示器(LCD，Liquid Crystal Display)、LED 显示器和等离子显示器几种。CRT 显示器具有高亮度、可视角大、无坏点、色彩还原度高、色度均匀、可调节的多分辨率模式、响应时间极短等液晶显示器难以超过的优点。但目前电脑大都采用彩色高分辨率的 LCD 或 LED 显示器。另外，4K 分辨率是一种新兴的数字电影及数字内容的解析度标准。随着高清时代的到来，采用 4K 显示器的用户逐渐增多。常见的显示器如图 2-21～图 2-23 所示。

图 2-21　CRT 显示器

图 2-22　LCD 显示器

图 2-23　LED 显示器

显示器的主要参数有接口类型、屏幕尺寸(英寸)、分辨率、点距、亮度和对比度等。此外，CRT 显示器还有带宽等参数，液晶显示器还有响应时间等参数。

2.5　案例五：常见的输入及输出设备

1. 键盘和鼠标

键盘和鼠标是计算机主要的输入设备，通过键盘和鼠标可以将数字、字母、汉字、标点和图形等输入到计算机中。我们向计算机发出的命令也是通过键盘和鼠标来传达的，如图 2-24、图 2-25 所示。

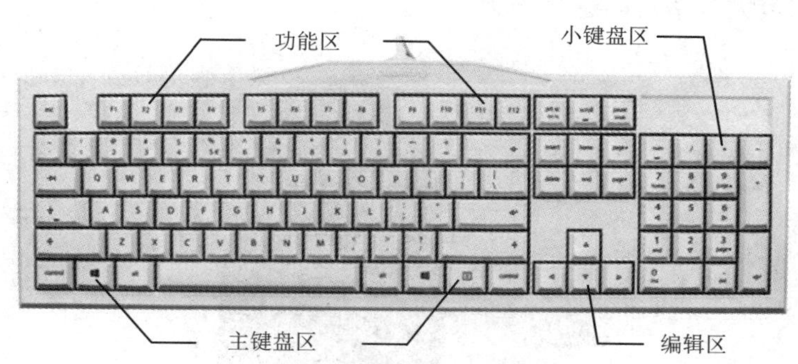

图 2-24　104 键键盘

图 2-25　鼠标

键盘(Keyboard)是通过按键将数据编码输入电脑的装置，它是人机交互的主要工具。一般电脑的键盘有按键 104 个左右，其中包含了 10 个数字键、26 个字母键、多个标点符号键、12 个功能键、光标移动键、编辑键、大小写切换键、空格键、回车键、3 个 Windows 操作键和一些特殊功能键等。

键盘的种类繁多，分类方法也是多种多样，如根据键盘规格可分为台式机键盘和笔记本键盘，根据键盘类型可以分为有线键盘和无线键盘，根据键盘接口类型可以分为 PS/2 接口键盘和 USB 接口键盘。在购买键盘时，不仅要看其外形、颜色、材质、手感和价格，还要看其是否符合人体工程学和是否附加一些特殊功能键等。

鼠标又称鼠标器(Mouse)，它是用来代替键盘输入繁琐指令的，是使计算机操作更简便的设备。一般电脑的鼠标有按键 2、3、5 或 7 个，有滚轮键 1 个，其中包含了左键、右键、滚轮键和一些特殊功能键等。

鼠标的种类繁多，分类方法也是多种多样，如根据工作原理的不同可以分为机械鼠标和光电鼠标，根据鼠标类型可以分为有线鼠标和无线鼠标，根据鼠标接口类型可以分为 PS/2 接口鼠标和 USB 接口鼠标。在购买鼠标时，不仅要看其外形、颜色、材质、手感和价格，还要看其是否符合人体工程学和是否附加一些特殊功能键等。

2. 机箱和电源

机箱主要用来固定各个电脑配件和屏蔽电磁辐射。电源一般和机箱配套销售，它是计算机的心脏，是计算机工作的动力来源。因此电源的优劣直接影响整个计算机系统的稳定性和性能。如劣质电源可能带来莫名的频繁死机和重启，功率不足的电源可能导致无法发挥计算机硬件的最大效率，如图 2-26 所示。

图 2-26　金河田(Golden field)启源 6 机箱和电源

3. 声卡

声卡(Sound Card)也称音频卡，它是进行声音处理和信号转换输出的设备，它可以将从麦克风输入的模拟信号转换成计算机使用的数字信号，经过处理后再转换成模拟信号从喇叭输出。声卡分为板载声卡和独立声卡，一般板载声卡就能满足用户的普通需求。声卡的接口主要有扬声器输出端口 Speaker、麦克风输入端口 Mic In、线型输入接口 Line In、线型输出端口 Line Out 和 MIDI 及游戏摇杆接口 MIDI，如图 2-27 所示。

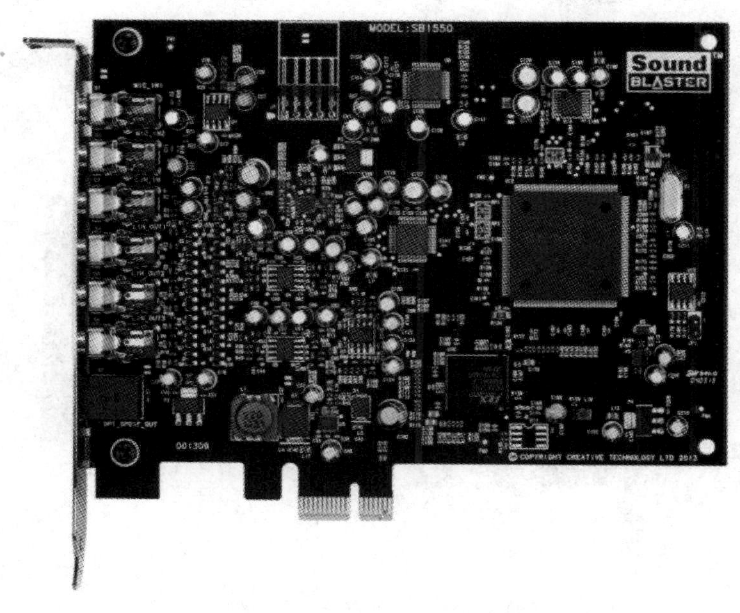

图 2-27　声卡

4. 网卡

网卡又称通信适配器、网络适配器或网络接口卡等，它是计算机的网络接口，用于连接网络。网卡分为板载网卡和独立网卡，一般板载网卡就能满足用户的一般需求。网卡一般有 10M、10/100M、100M 和千兆网卡几种，目前常用的一般是 10/100M 自适应网卡。网卡一般集成在主板中，无须单独购买，但如果需要组建网络，例如想让手机通过已经联网的电脑上网，则一般需要外插 USB 接口的无线网卡，然后设置共享 WiFi 上网。常见的网卡如图 2-28 和图 2-29 所示。

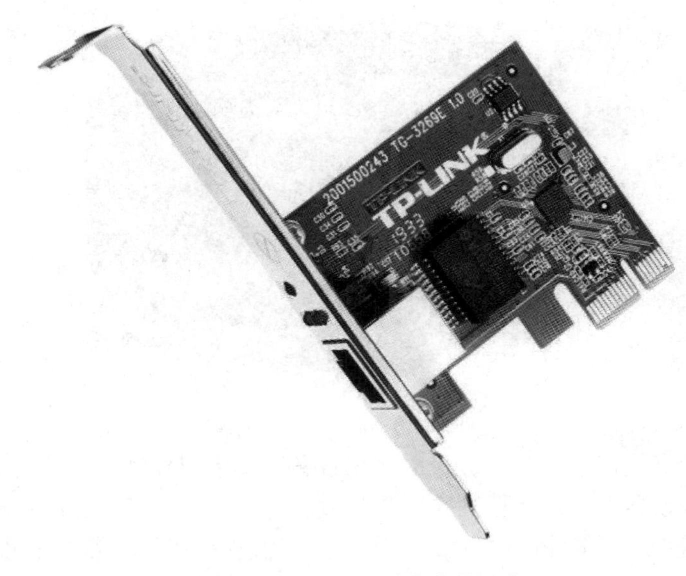

图 2-28　TP-Link 千兆有线网卡

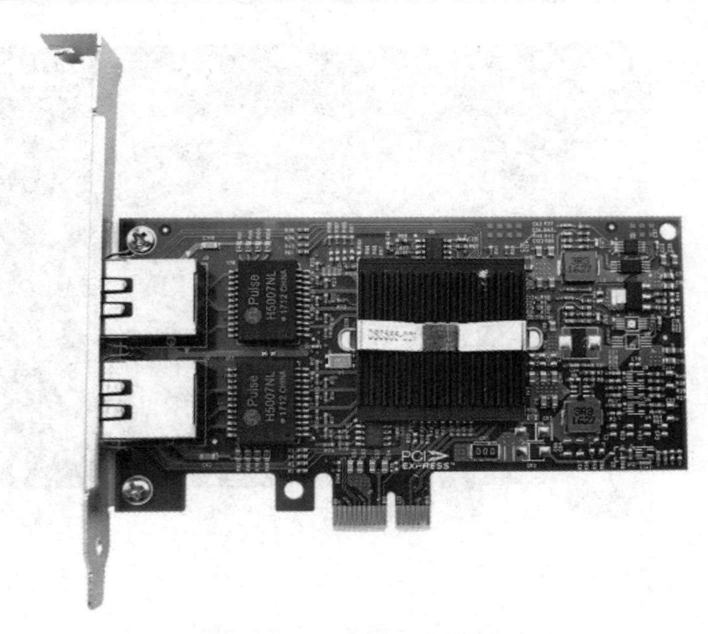

图 2-29　PCI-E 两口千兆网卡

5. 其他外设

电脑的外设还有音箱、打印机、投影仪、摄像头、手写板和扫描仪等。

音箱是计算机的输出设备，主要参数包括输出功率、频响范围、声道系统、音箱数量、是否有源和是否防磁等。

打印机是计算机的主要输出设备之一，它是作为一个独立的设备与电脑分离存在的。打印机的种类很多，现在常用的有针式打印机、喷墨式打印机和激光打印机等。其中，激光打印机如图 2-30 所示。

图 2-30　激光打印机

投影机又称投影仪，它属于计算机的输出设备，是多媒体教学中不可缺少的设备，是主要的多媒体电教设备之一。投影机的主要参数为灯泡、流明度、色彩、分辨率、对比度、投影方式、投影镜头、投影画面尺寸、投影距离和投影技术等。常见的投影仪如图 2-31 所示。

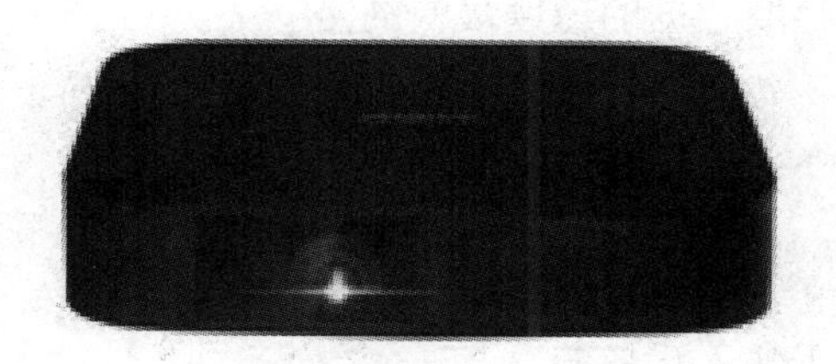

图 2-31　极米(XGIMI)Z6X 投影仪

摄像头属于计算机的输入设备，它利用光电技术采集影像并转换成计算机所能处理的数字信号。摄像头的主要参数包括像素、分辨率、帧数、镜头、对焦和摄像头压缩比等。

手写板又称手写仪，它属于计算机的输入设备，其作用和键盘类似，并带有一些鼠标的功能。手写板的主要参数包括接口类型、感应方式、压感级数、最高读取速度和适用操作系统等。

扫描仪属于计算机的输入设备，计算机通过它可以捕获图像或文字。扫描仪的主要参数是类型、接口、色彩深度和分辨率等。常见的扫描仪如图 2-32 所示。

图 2-32　扫描仪

习　题

1. 单项选择题

(1) 关于内存，下列说法错误的是_______。

A. 断电时所存储的信息不消失

B. 一般采用半导体存储介质

C. 内存指用来存放正在运行的程序和数据的存储器

D. 内存的优点是速度比外存快

(2) 下列不属于外存的是_______。

A. 硬盘

B. 优盘

C. 内存

D. 光盘

(3) 下列存储器中，存取数据的速度最快的是_______。

A. 优盘

B. 硬盘

C. 内存

D. Cache

(4) 下列设备中不属于输入设备的是_______。

A. 键盘

B. 鼠标

C. 音箱

D. 扫描仪

(5) 下列设备中不属于输出设备的是_______。

A. 显示器

B. 打印机

C. 投影机

D. 光笔

2. 填空题

(1) 内存容量一般以字节为单位，一字节是_______位二进制位。

(2) 1K 等于 2 的_______次方，1M 等于 2 的_______次方，1G 等于 2 的_______次方。

(3) 软盘属于外存储器，硬盘属于_______存储器。

(4) 内存的速度比外存_______。

(5) 键盘和鼠标属于_______设备，显示器和投影机属于_______设备。

参考答案

1. (1) A；(2) C；(3) D；(4) C；(5) D。

2. (1) 8；(2) 10、20、30；(3) 外；(4) 快；(5) 输入、输出。

第3章 组装计算机

【学习目标】

通过前面的训练，大家对计算机基础知识和计算机常用配件有了一定的了解，现在可以进行计算机的组装训练了。本章学习目标主要包括以下几点：

(1) 掌握组装前的准备工作。

(2) 掌握组装计算机的基本硬件。

(3) 掌握连接机箱内部的电源线、数据线和机箱信号线。

(4) 掌握外部设备的连接。

3.1 案例一：组装前的准备工作

3.1.1 计算机组装工具的准备

1. 配件检查

计算机组装前需要检查各配件是否齐全，主要包括以下几个方面：

(1) 数量检查：主要检查CPU、散热器、主板、内存、硬盘、独立显卡、光驱、机箱、电源、显示器、键盘、鼠标、电源线、电源插排和各种连接线等是否齐全，是否合理摆放。

(2) 质量检查：主要检查各配件是否有明显损坏，电源插排是否完好不漏电。

(3) 附件检查：主要检查各配件附送的螺丝是否齐全。

2. 阅读相关说明书

阅读各配件的安装说明，了解各配件的安装方法。

3. 工具准备

计算机组装前主要需要准备以下工具：

(1) 较为宽敞的工作台。为了方便摆放计算机的各个配件，通常需要一个较为宽敞的工作台。无论是电脑桌还是普通桌子，只要能平铺摆放所有计算机配件及装机工具即可。

(2) 大小适中的容器。该容器主要用于放置装机用的螺丝和各种小附件。

(3) 装机的基本工具。装机的基本工具主要包括尖嘴钳、镊子、带磁性的十字螺丝刀及一字螺丝刀，如图3-1所示。

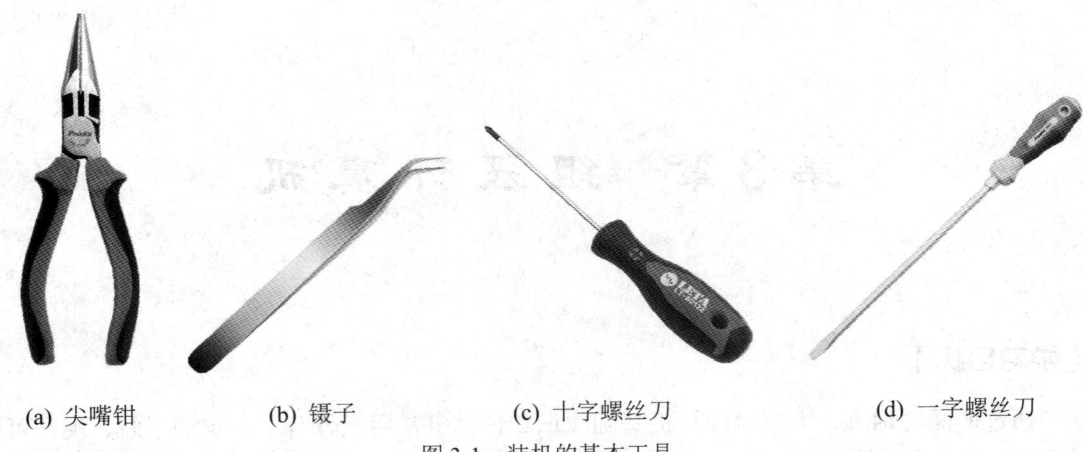

(a) 尖嘴钳　(b) 镊子　(c) 十字螺丝刀　(d) 一字螺丝刀

图 3-1　装机的基本工具

(4) 计算机各配件的安装附件。安装附件主要包括螺丝、垫片及散热膏等。图 3-2 所示为散热膏。

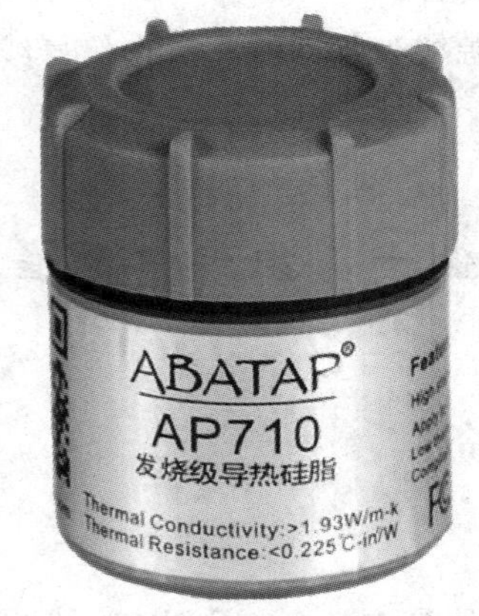

图 3-2　散热膏

3.1.2　计算机组装的流程

计算机组装的流程不是固定不变的，可根据个人习惯适当调整。当然，计算机组装的过程还存在一些基本原则，例如一般先安装电脑主机，再安装外部设备。为了能够让初学者顺利完成计算机的组装，下面给出计算机组装的流程。

(1) 将各配件、附件及装机工具去除包装并平铺于工作台之上。

(2) 将 CPU 安装在主板上，涂抹散热膏，再安装散热风扇，并插好风扇电源线。

(3) 将内存安装在主板上，并卡好卡扣。

(4) 将主板安装到机箱中，并固定好。

(5) 将电源安装到机箱中。

(6) 安装硬盘。

(7) 安装光驱。

(8) 安装显卡。

(9) 安装声卡。

(10) 连接各种连接线，如电源线、数据线、电源开关线、指示灯线、USB 线、耳机及麦克风线等。

(11) 连接显示器。

(12) 安装鼠标及键盘。

3.1.3　计算机组装的注意事项

计算机组装时需要注意以下几点：

(1) 由于静电可能导致计算机电子器件损坏，因此在组装计算机硬件之前，应先设法消除组装人员身上的静电。另外，在组装过程中也可能由于衣物摩擦产生静电，因此在组装过程中应佩戴防静电手套。

(2) 计算机各部件有很多针脚，容易划伤手指，因此在组装过程中应轻拿轻放，避免手指受伤，也避免磕碰对计算机硬件造成永久性损伤。

(3) 计算机各部件均含有微小电路，如果液体进入则可能会导致其短路，因此在组装过程中应避免液体进入计算机的各个部件中。

(4) 安装螺丝时，先不要拧紧，等所有螺丝都安装完再拧紧。

3.2　案例二：组装计算机的基本硬件

1. 安装 CPU 及散热风扇

(1) 将绝缘垫平铺在工作台上，然后将主板平放在绝缘垫上。

(2) 在主板上找到 CPU 插槽，如图 3-3 所示。

图 3-3　CPU 插槽位置

(3) 稍微用力将插槽旁边的 CPU 固定拉杆压下并向外拉开，再向上抬起，如图 3-4 所示。

图 3-4　拉起 CPU 固定拉杆

(4) 将 CPU 与 CPU 插槽按照针脚对应插入，如图 3-5 所示。

图 3-5　插入 CPU

(5) 确定 CPU 正确插入后，将插槽旁边的拉杆用力压下，固定好 CPU，如图 3-6 所示。

图 3-6　固定 CPU

(6) 涂抹散热膏，如图 3-7 所示。值得注意的是，当 CPU 风扇压下时，散热膏就会被压均匀了。

图 3-7　涂抹散热膏

(7) 将散热风扇安放到 CPU 上，并固定在主板上，如图 3-8～图 3-10 所示。值得注意的是，不同散热风扇的安装方法不同，有的按下卡住即可，有的需要安装螺丝，视情况进行安装。

图 3-8　CPU 风扇各部件

图 3-9　安放 CPU 散热风扇

图 3-10 固定 CPU 散热风扇

(8) 连接 CPU 散热风扇电源，如图 3-11 和图 3-12 所示。

图 3-11 连接 CPU 散热风扇电源(1)

图 3-12　连接 CPU 散热风扇电源(2)

2. 安装内存

(1) 在主板上找到内存插槽，然后扳开插槽两端的卡具，如图 3-13 所示。

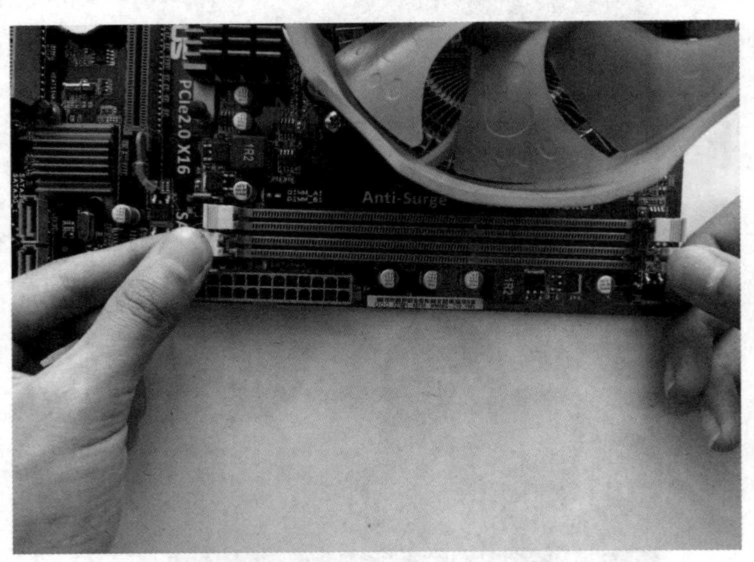

图 3-13　找到主板上的内存插槽

(2) 将内存按正确的方向插入插槽，如图 3-14 和图 3-15 所示。值得注意的是，内存插槽反方向无法插入。

图 3-14　安装内存(1)

图 3-15　安装内存(2)

(3) 将插槽两端的卡具向内存两端合拢，听到“啪”的一声后，即安装完成，如图 3-16 所示。值得注意的是，如果安装多条内存，且内存插槽有多种颜色，则应安装到相同颜色的插槽中，这样才能形成双通道。

图 3-16　内存安装完成

3. 安装主板

(1) 打开机箱，将机箱侧盖取下，如图 3-17 和图 3-18 所示。

图 3-17　拧下一侧机箱的侧盖螺丝

图 3-18　取下一侧机箱的侧盖

(2) 将主板垫脚螺母安装到机箱主板托架上，如图 3-19 和图 3-20 所示。

图 3-19　主板垫脚螺母

图 3-20　主板垫脚螺母安装完毕

(3) 将主板平放在主板托架上，并将主板上的螺丝孔对准刚才安装好的主板垫脚螺母，如图 3-21 所示。

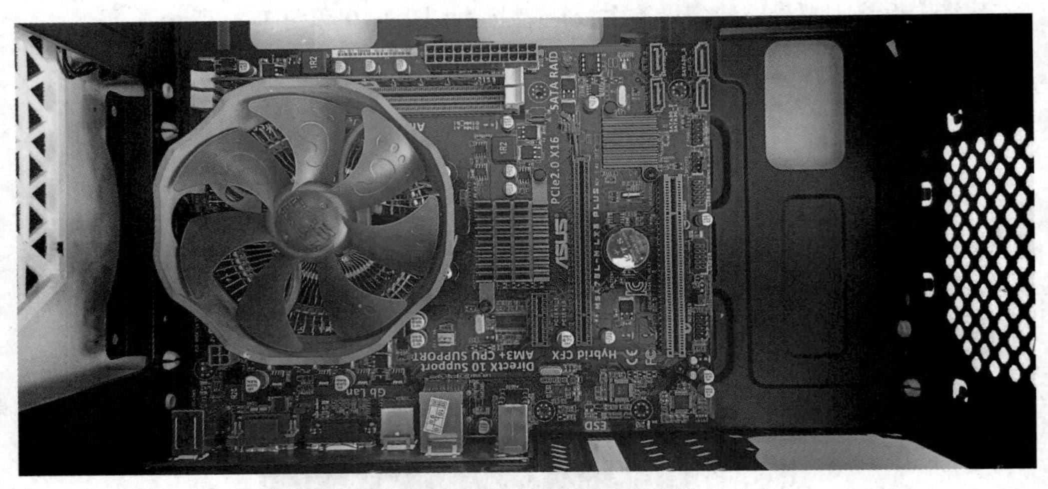

图 3-21　安放主板

(4) 安装螺丝固定主板，如图 3-22 和图 3-23 所示。值得注意的是，先不要拧紧螺丝，待所有螺丝安装完毕后，再拧紧螺丝。

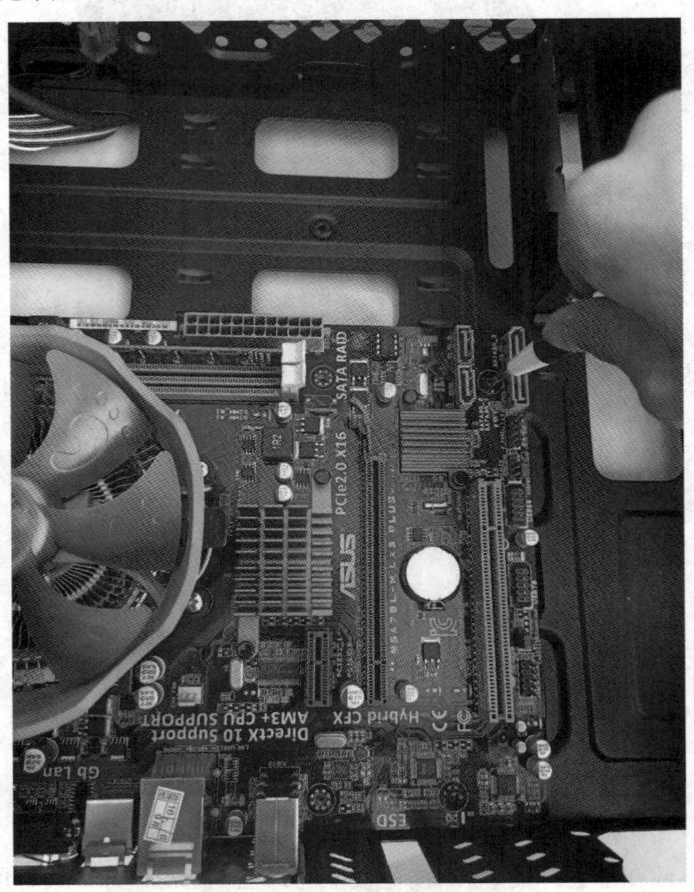

图 3-22　固定主板

图 3-23　主板固定完毕

4. 安装机箱电源

(1) 将机箱电源安放到机箱内部，如图 3-24 所示。

图 3-24　安放机箱电源

(2) 用螺丝将机箱电源固定，如图 3-25 所示。值得注意的是，不要先拧紧螺丝，待所有螺丝安装完毕再将其一并拧紧。

图 3-25　固定机箱电源

5. 安装硬盘

(1) 将硬盘按照正确的方向插入硬盘支架，并对准螺丝孔，如图 3-26 和图 3-27 所示。

图 3-26　安放硬盘(1)

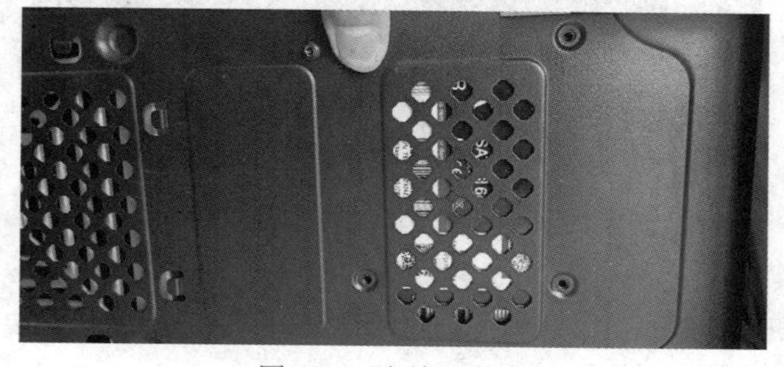

图 3-27　安放硬盘(2)

(2) 安装螺丝。注意：不要先拧紧螺丝，待所有螺丝安装完毕再一并拧紧螺丝，如图 3-28 所示。

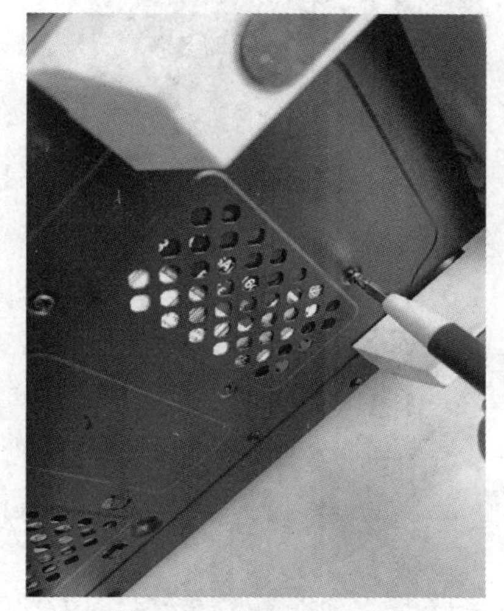

图 3-28　安装硬盘螺丝

6. 安装光驱

首先将机箱面板上的光驱挡板取下，然后将光驱按照正确的方向插入光驱支架，并对准螺丝孔，最后安装螺丝。值得注意的是，不要先拧紧螺丝，待所有螺丝安装完毕再拧紧螺丝。

7. 安装显卡

(1) 将显卡散热风扇安装到显卡之上。若已经安装显卡散热风扇，则跳过此步骤。

(2) 寻找显卡插槽，将插槽旁边固定显卡的卡具拉开，如图 3-29 所示。

图 3-29　找到显卡插槽

(3) 卸掉显卡插槽对应的机箱后挡板，如图 3-30 和图 3-31 所示。

图 3-30　卸掉显卡插槽对应的机箱后挡板(1)

图 3-31　卸掉显卡插槽对应的机箱后挡板(2)

(4) 将显卡按照正确的方向插入显卡插槽。值得注意的是，反方向显卡插不进去，如图 3-32 所示。

图 3-32　安放显卡

(5) 卡上卡具，并拧紧显卡固定螺丝，如图 3-33 和图 3-34 所示。

图 3-33　固定显卡卡具

图 3-34　固定显卡螺丝

8. 安装声卡

首先找到声卡插槽，其次卸掉声卡插槽对应的机箱后挡板，然后将声卡按照正确的方向插入白色的 PCI 插槽中，最后固定声卡。值得注意的是，反方向声卡插不进去。另外，由于主板集成的声卡已经能满足一般需要，因此没有特殊需求，通常不用单独购买声卡。

3.3　案例三：连接机箱内部的电源线、数据线和机箱信号线

1. 连接电源线

(1) 连接主板供电电源，如图 3-35 所示。

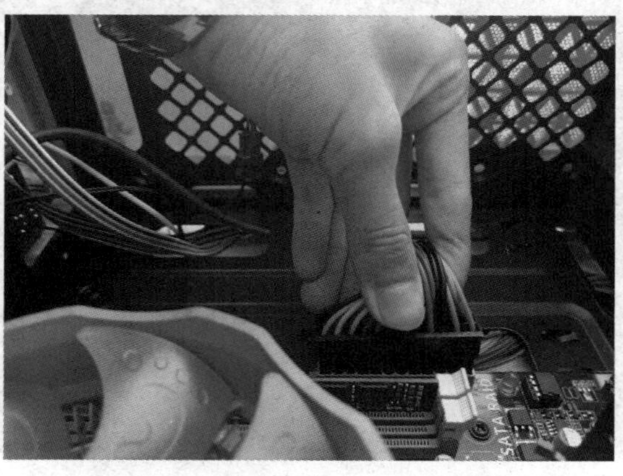

图 3-35　连接主板供电电源

(2) 连接 CPU 供电电源，如图 3-36 所示。

图 3-36　连接 CPU 供电电源

(3) 连接硬盘供电电源，如图 3-37 所示。

图 3-37　连接硬盘供电电源

(4) 光驱供电电源的连接与硬盘供电电源的连接类似。

(5) 独立显卡的供电电源的连接，根据品牌、规格和型号的不同而不同。一般低端显卡由显卡插槽直接供电即可，中端显卡一般有一个 6 针电源插口，高端显卡一般有两个 6 针电源插口。

2. 连接数据线

(1) 连接硬盘数据线，如图 3-38 和图 3-39 所示。

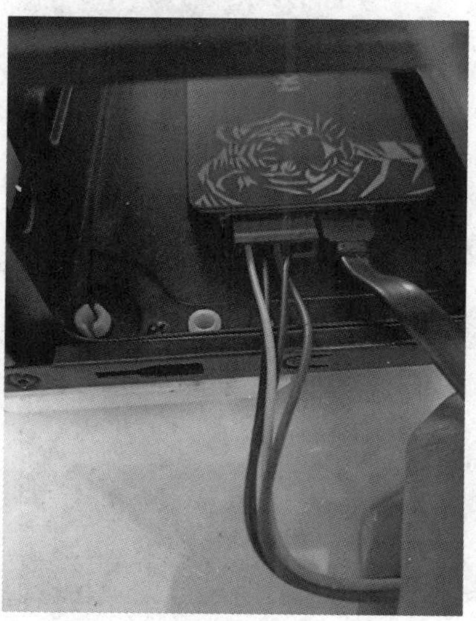

图 3-38　连接硬盘数据线(1)

图 3-39　连接硬盘数据线(2)

(2) 光驱数据线的连接与硬盘数据线的连接类似。

3. 连接机箱信号线

连接机箱电源开关、复位重启开关、硬盘工作信号灯，如图 3-40 和图 3-41 所示。连接前面板 USB、耳机及麦克风等信号线，如图 3-42 和图 3-43 所示。

图 3-40　连接机箱电源开关、复位重启开关和硬盘工作信号灯(1)

图 3-41　连接机箱电源开关、复位重启开关和硬盘工作信号灯(2)

图 3-42　连接前面板 USB、耳机及麦克风等信号线(1)

图 3-43　连接前面板 USB、耳机及麦克风等信号线(2)

4. 安装机箱侧面板

将机箱侧面板安装在机箱上，并拧紧螺丝，如图 3-44 所示。值得注意的是，有的机箱侧面板为卡扣固定，只要合上即可。

图 3-44　机箱侧面板安装完毕

3.4　案例四：连接外部设备

1. 连接显示器

将显示器连接线插入相应的显卡插口。注意：主板上有显示器连接线插口，显卡上也有显示器连接线插口，应将显示器连接线插入显卡上的显示器连接线插口上。另外，显示器常见的接口有 VGA、DVI 和 HDMI 接口，只连接一个即可，HDMI 优先，然后是 DVI，若没有 HDMI 和 DVI 接口才连接 VGA 接口。连接显示器的过程如图 3-45 和图 3-46 所示。

图 3-45　连接显示器(1)

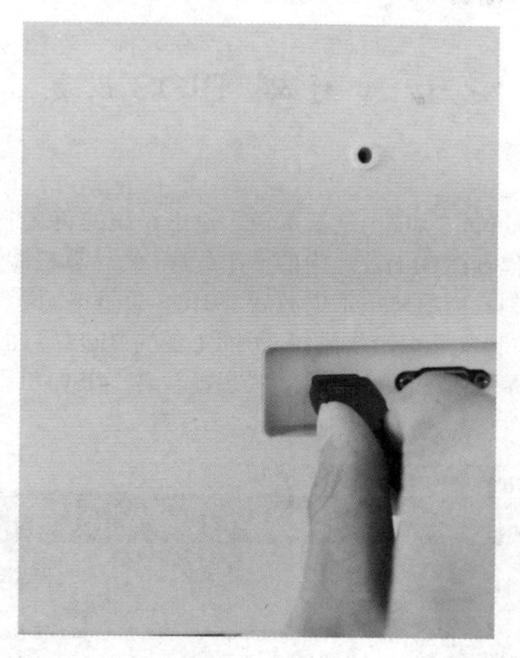

图 3-46 连接显示器(2)

2. 安装鼠标及键盘

若为有线鼠标和键盘，则将鼠标和键盘分别插上即可。若为无线鼠标和键盘，则将无线接收器插入 USB 插口即可。鼠标和键盘的安装如图 3-47 所示。

图 3-47 鼠标和键盘安装完毕

3.5　案例五：BIOS 设置

1. BIOS 简介

BIOS(Basic Input Output System)是基本输入输出系统的英文缩写，实际上是被固化到计算机主板上的只读存储器(ROM)芯片中的一组程序，为计算机配置 CMOS 参数提供最低级的、最直接的硬件控制。当用户按下电源后，BIOS 负责电源管理及引导操作系统启动，待操作系统启动后，将控制权移交操作系统。不同主板的 BIOS 界面不同，例如，Lenovo Yoga 3-11 机型 BIOS 模拟器界面如图 3-48 所示，联想拯救者 14ISK 机型 BIOS 模拟器界面如图 3-49 所示。

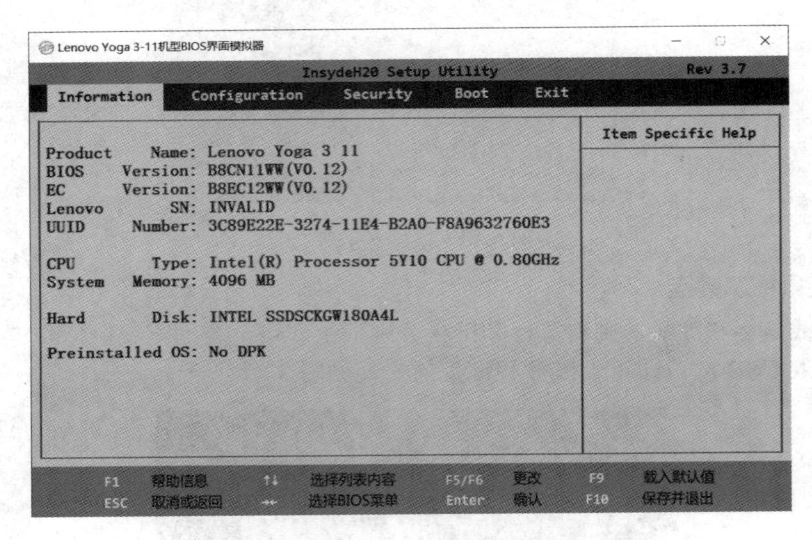

图 3-48　Lenovo Yoga 3-11 机型 BIOS 模拟器界面

BIOS模拟器
InsydeH20 Setup Utility　Rev 5.0
Information　Configuration　Security　Boot　Exit
Item Specific Help
OA2表示是否能激活OEM版本的Windows 7系统
Product Name　Lenovo Rescuer-14ISK
BIOS Version　0KCN23WW
EC Version　0KEC23WW
MTM　80RN0000CD
Lenovo SN　PF9003CN
UUID Number　9B93E04A-79F5-11E5-BA4C-F8A9632760E3
CPU　Intel(R) Core i7-6700HQ CPU @ 2.60GH
System Memory　8192 MB
Hard Disk 1　LITEON CV1-8B128
Hard Disk 2　HGST HTS541010A7E630
Preinstalled OS License　SDK0K09938 WIN
OA3 Key ID　3423308230594
OA2　N
Secure Boot Status　Enabled
F1 帮助信息　↑↓ 选择列表内容　Fn+F5/F6 更改　F9 载入默认值
ESC 取消或返回　→← 选择BIOS菜单　Enter 确认　F10 保存并退出

图 3-49　联想拯救者 14ISK 机型 BIOS 模拟器界面

2. BIOS 设置

(1) 按 Del 键进入 BIOS。值得注意的是，部分品牌机采用的是其他快捷键(可能是 F2 或其他功能键)。例如，联想拯救者 14ISK 机型进入 BIOS 的按键为 F2。图 3-50 所示为联想拯救者 14ISK 机型 BIOS 模拟器开机界面。

图 3-50　联想拯救者 14ISK 机型 BIOS 模拟器开机界面

另外，部分品牌机为了加快启动速度，屏蔽了进入 BIOS 的界面，需要先进行操作系统的电源管理设置，才能重启进入 BIOS 的界面。

(2) 进入 BIOS 的界面后，观察 CPU、内存和硬盘等硬件信息。

(3) 查看并设置 CMOS 的日期、时间。在 BIOS 模拟器中可以用鼠标进行选择，而在真实计算机的 BIOS 中，需要使用上下键移动光标到需要操作的选项上，然后按回车键进入。联想拯救者 14ISK 机型 BIOS 模拟器的日期和时间界面如图 3-51 所示。

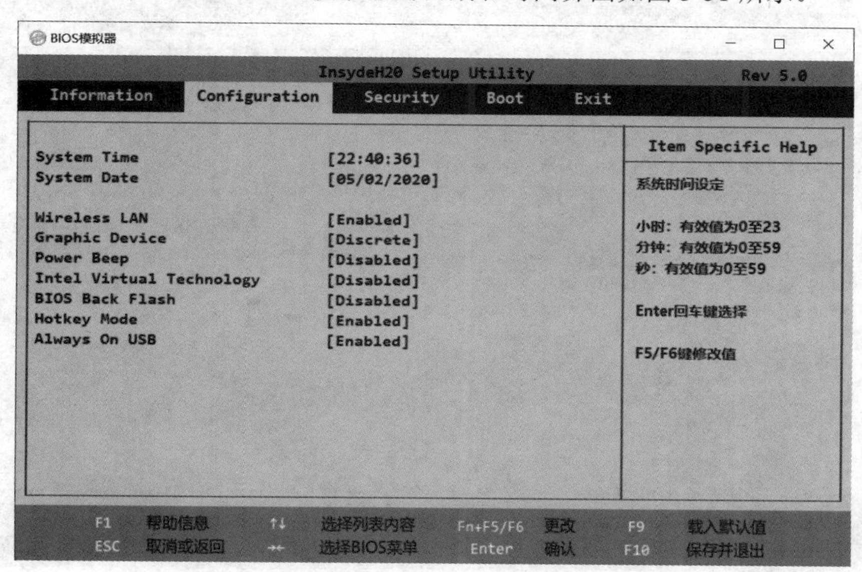

图 3-51　联想拯救者 14ISK 机型 BIOS 模拟器的日期和时间界面

(4) 设置用户密码及开机密码。联想拯救者 14ISK 机型 BIOS 模拟器的密码设置界面如图 3-52 所示。

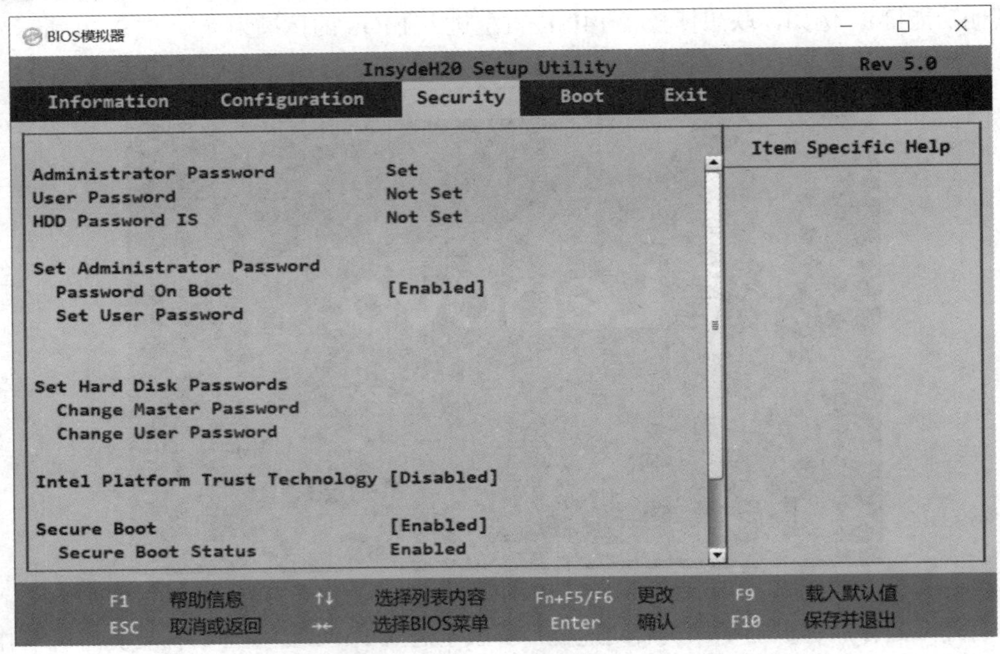

图 3-52　联想拯救者 14ISK 机型 BIOS 模拟器的密码设置界面

(5) 设置启动位置。联想拯救者 14ISK 机型 BIOS 模拟器的启动位置设置界面如图 3-53 所示。

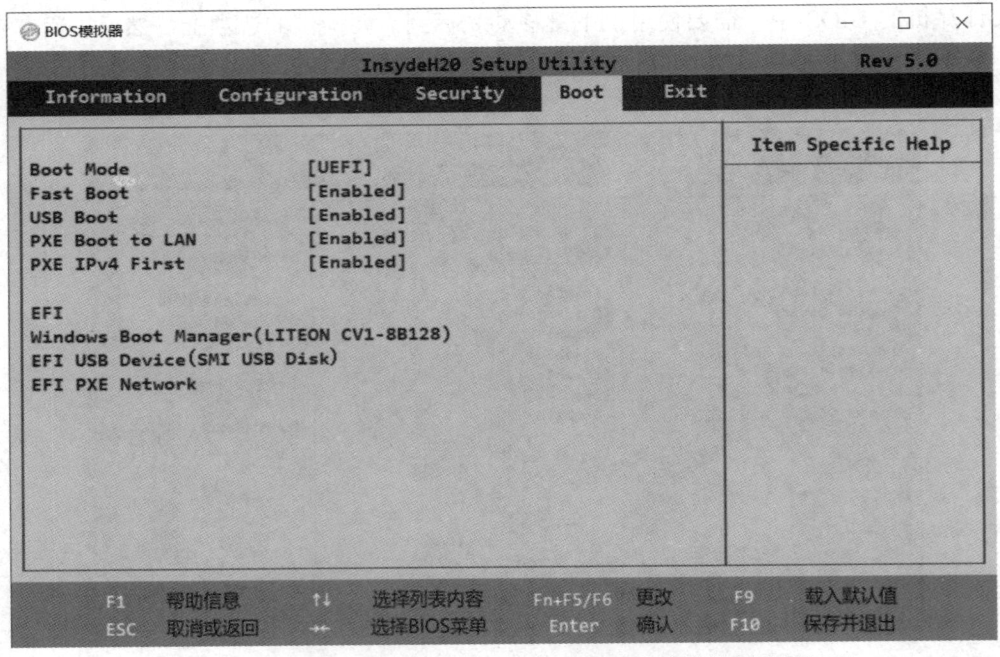

图 3-53　联想拯救者 14ISK 机型 BIOS 模拟器的启动位置设置界面

(6) 保存 BIOS 设置。联想拯救者 14ISK 机型 BIOS 模拟器的保存设置界面如图 3-54 所示。

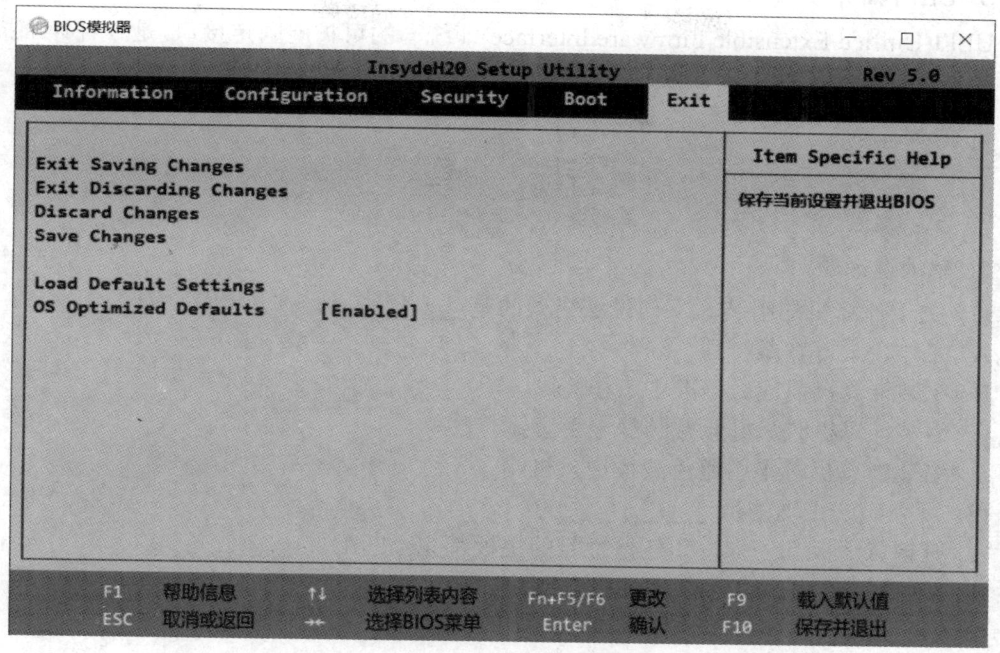

图 3-54　联想拯救者 14ISK 机型 BIOS 模拟器的保存设置界面

(7) 重启。点击“<F12>to Boot Menu”，查看启动菜单。联想拯救者 14ISK 机型 BIOS 模拟器的启动菜单界面如图 3-55 所示。

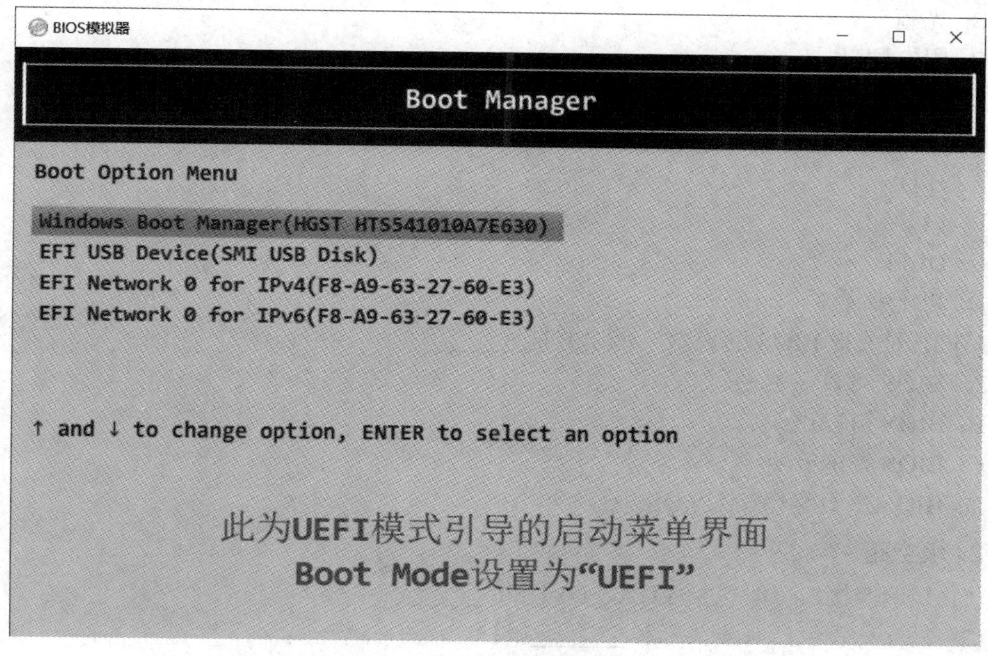

图 3-55　联想拯救者 14ISK 机型 BIOS 模拟器的启动菜单界面

(8) 恢复默认设置，保存并退出。

3. UEFI 简介

UEFI(Unified Extensible Firmware Interface)即统一的可扩展固定接口，是一种详细描述全新类型接口的标准。由于该接口标准能够加速开机，因此将逐步取代 BIOS。

习　　题

1. 单项选择题

(1) 关于计算机的组装，下列说法错误的是_______。

A. 工作台最好宽敞一些

B. 组装计算机前应做好准备工作

C. 组装计算机时最好佩戴防静电手套

D. 组装计算机时不用避免液体进入机箱

(2) 下列说法正确的是_______。

A. 机箱背面板都一样，和任何型号的主板都完全匹配

B. 任何型号的机箱侧面板都由螺丝固定

C. CPU 散热风扇都是卡扣形式的，不用安装螺丝

D. CPU 散热风扇需要连接电源线

(3) 下列存储器中，存取数据的速度最快的是_______。

A. 机械硬盘

B. 光驱

C. 固态硬盘

D. 普通优盘

(4) 开机速度最快的是_______。

A. BIOS

B. EFI

C. UEFI

D. 以上都不对

(5) 下列关于 BIOS 的说法，错误的是_______。

A. BIOS 可以设置密码

B. BIOS 可以更改启动顺序

C. BIOS 不能升级

D. BIOS 参数存储在 CMOS 中

2. 填空题

(1) 显示器接口一般包括 VGA、DVI 和_______。

(2) 鼠标一般包括有线鼠标和_______鼠标。

(3) 对于台式机来说，一般开机按_______键进入 BIOS。

(4) BIOS 一般按_______键恢复默认设置。

(5) BIOS 一般按_______键保存并退出。

参考答案

1. (1) D；(2) D；(3) C；(4) C；(5) C。

2. (1) HDMI；(2) 无线；(3) Del；(4) F9；(5) F10。

第 4 章　操作系统及常用软件的安装

【学习目标】

通过前面的训练，大家对计算机硬件组装和 BIOS 常用配置有了一定的了解，现在可以进行操作系统及常用软件的安装训练了。本章学习目标主要包括以下几点：

(1) 掌握制作启动优盘(简称启动盘)。

(2) 掌握硬盘分区及格式化。

(3) 掌握安装 Windows 10 操作系统。

(4) 掌握安装驱动程序。

(5) 掌握安装常用软件。

4.1　案例一：启动优盘的制作

由于优盘具有容量大、存取速度快和便于携带等优点，因此目前一般都采用优盘安装操作系统。若想用优盘安装操作系统，首先应将优盘制作成启动盘。

1. 制作前的准备

(1) 一台计算机。

(2) 一个容量大于 16 GB 的优盘。

(3) “优启通”启动盘制作工具。

2. 制作启动盘

(1) 在“优启通”网站(https://www.upe.net/)下载“优启通”启动盘制作工具。

(2) 解压下载的压缩文件。

(3) 运行“优启通”启动盘制作工具，弹出“优启通”工作界面，如图 4-1 所示。

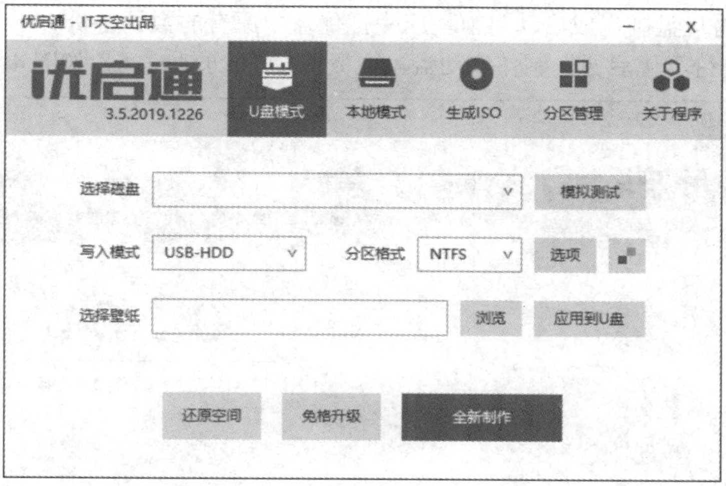

图 4-1　“优启通”工作界面

(4) 插上准备好的优盘，点击“全新制作”，如图 4-2 所示。

图 4-2　全新制作启动盘

值得注意的是，启动盘制作过程将会删除优盘的全部数据，且不可恢复，如图 4-3 所示。

图 4-3　删除优盘全部数据提示

因此，在将优盘制作成启动盘前，应先把优盘中原有的数据备份。

(5) 耐心等待“优启通”制作启动盘，大概需要 10 分钟时间，如图 4-4 所示。

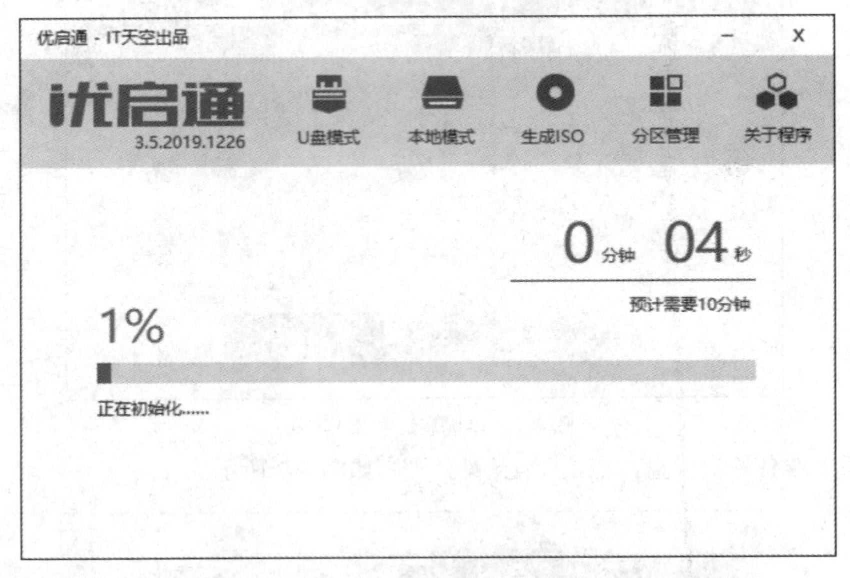

图 4-4　“优启通”制作启动盘过程

(6) “优启通”制作启动盘完成，将会弹出制作成功提示，点击“确定”，如图 4-5 所示。

图 4-5　优启通成功制作启动盘

(7) 返回主页面，然后点击“模拟测试”，不妨选择“BIOS”，如图 4-6 所示。

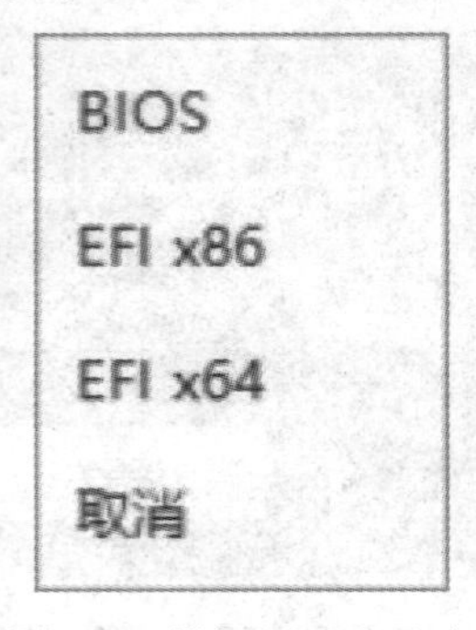

图 4-6　模拟测试启动盘

(8) 若能看到模拟启动的菜单界面，则说明启动盘制作成功，此时不要启动，直接退出即可，如图 4-7 所示。

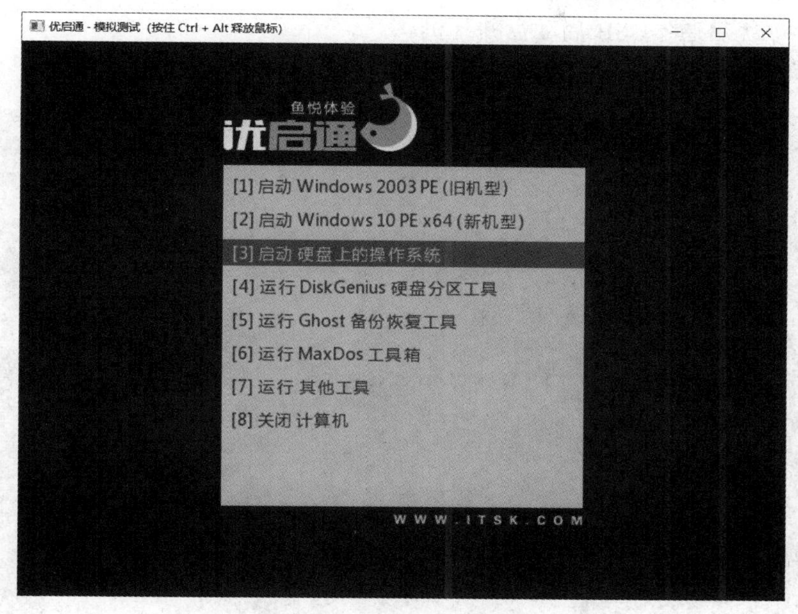

图 4-7　模拟启动界面

(9) 退出“优启通”程序，如图 4-8 所示。

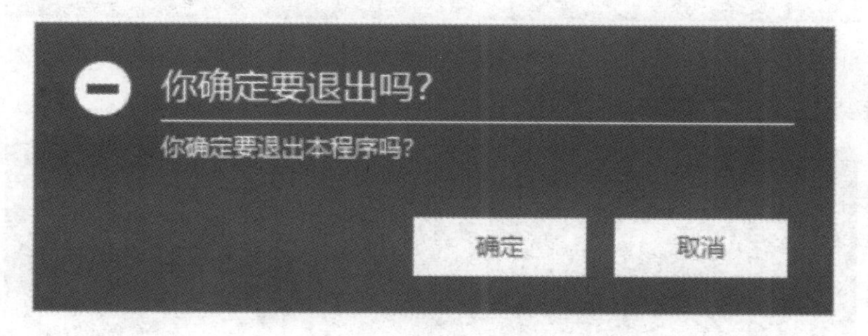

图 4-8　退出“优启通”

(10) 在网上搜索“GHOST WIN10”，然后下载 64 位的“GHOST WIN10 X64”镜像文件，最好下载纯净版的。值得注意的是，所谓纯净版也并非真正的纯净镜像，镜像里几乎都有广告，甚至包含病毒。

(11) 将下载后的镜像文件存入启动盘。

4.2　案例二：硬盘的分区及格式化

1. 准备工作

(1) “优启通”USB 启动盘。

(2) 设计好硬盘主分区、扩展分区和逻辑分区的数量及大小。

2. 硬盘分区及格式化的步骤

(1) 进入 BIOS 设置优盘启动。

(2) 插上“优启通”USB 启动盘并开机。

(3) 选择“启动 Windows 10 PE x64(新机型)”，如图 4-9 所示。

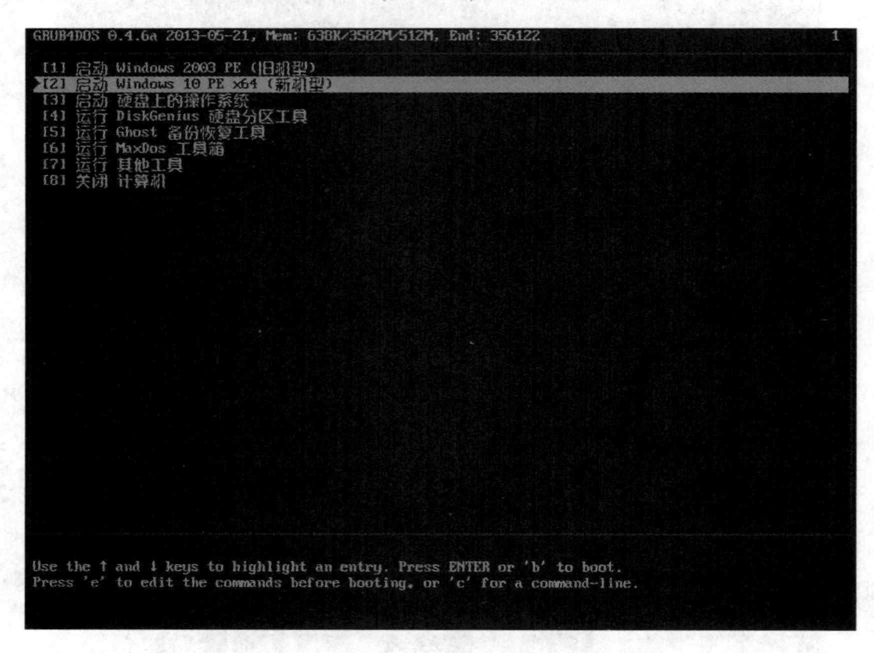

图 4-9　启动项选择

(4) 等待 PE 启动，如图 4-10～图 4-14 所示。

图 4-10　PE 启动过程(1)

图 4-11　PE 启动过程(2)

图 4-12　PE 启动过程(3)

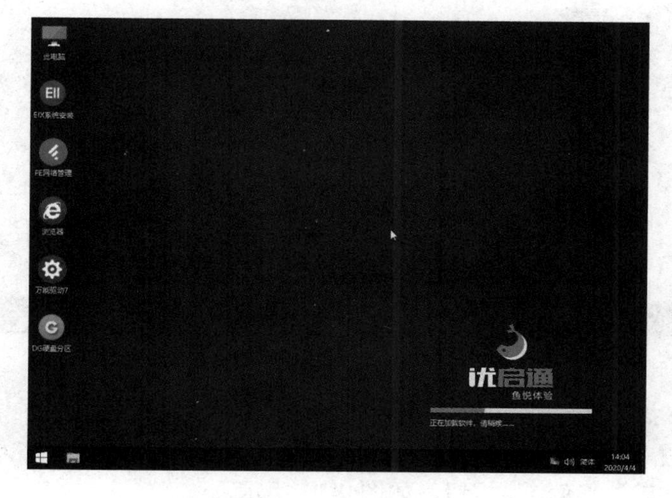

图 4-13　PE 启动过程(4)

图 4-14　PE 启动完毕

(5) “优启通”引导 PE 启动后，运行桌面上的“DG 硬盘分区”，进入分区工具主界面，如图 4-15 所示。

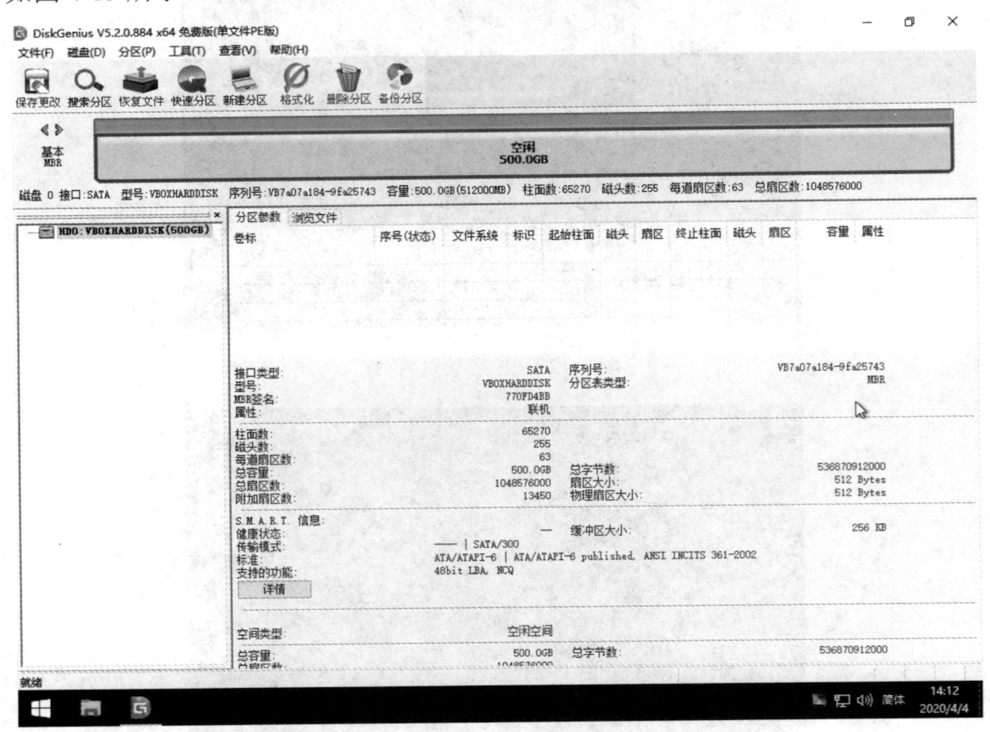

图 4-15　DG 硬盘分区工具主界面

(6) 建立主磁盘分区。点击“新建分区”图标，打开建立新分区对话框，选择分区类型为“主磁盘分区”，选择文件系统类型为“NTFS”，调整新分区大小为“80 GB”，输入卷标为“系统”，点击“确定”按钮，如图 4-16 所示。

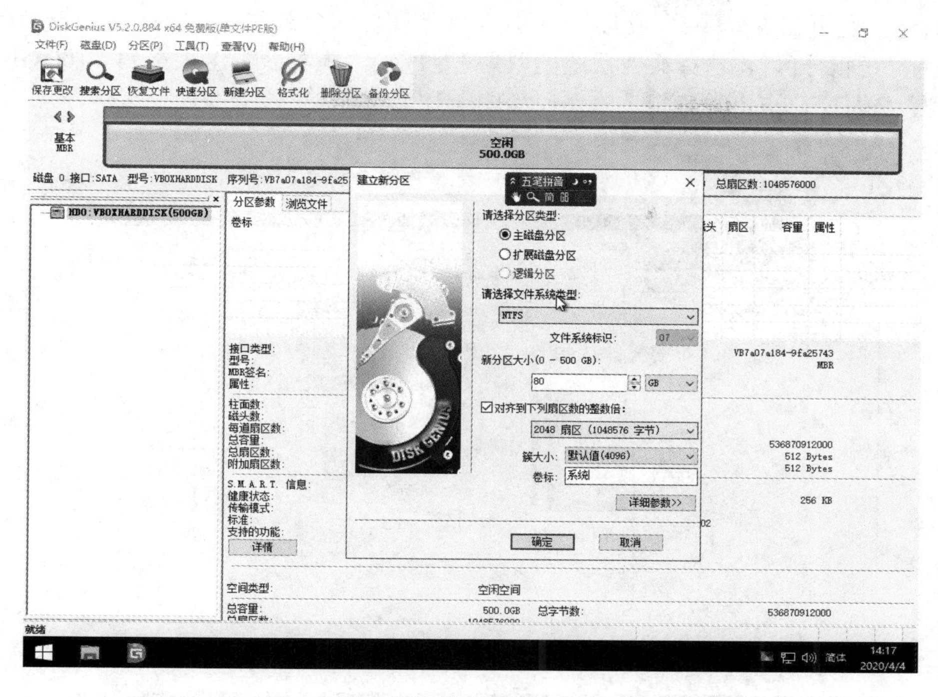

图 4-16　建立主磁盘分区

(7) 建立扩展磁盘分区。点击“新建分区”图标，打开建立新分区对话框，选择分区类型为“扩展磁盘分区”，调整新分区大小为“420 GB”，点击“确定”按钮，如图 4-17 所示。

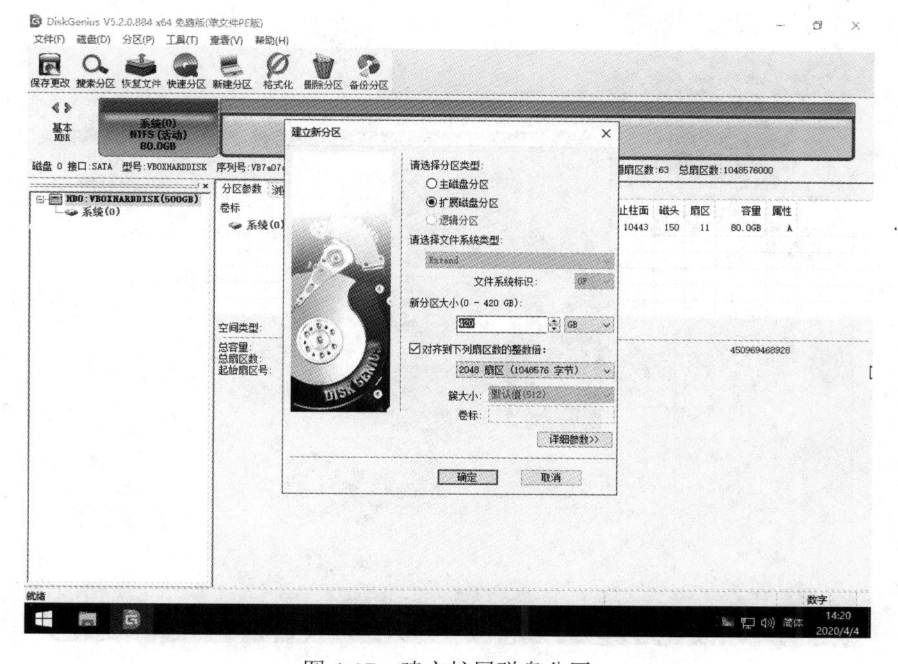

图 4-17　建立扩展磁盘分区

(8) 建立逻辑磁盘分区 1。点击“新建分区”图标，打开建立新分区对话框，选择分区类型为“逻辑分区”，选择文件系统类型为“NTFS”，调整新分区大小为“100 GB”，输入卷标为“软件”，点击“确定”按钮，如图 4-18 所示。

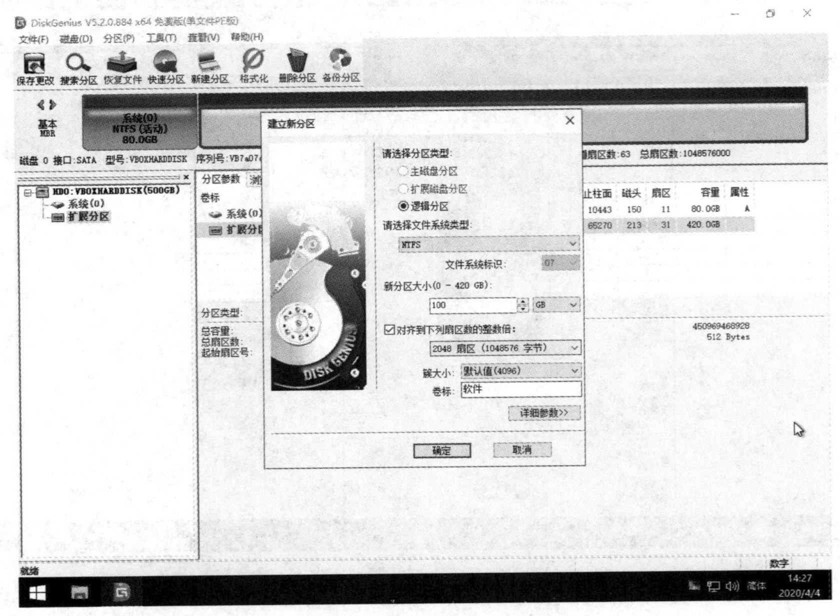

图 4-18　建立逻辑磁盘分区 1

(9) 建立逻辑磁盘分区 2。点击“新建分区”图标，打开建立新分区对话框，选择分区类型为“逻辑分区”，选择文件系统类型为“NTFS”，调整新分区大小为“160 GB”，输入卷标为“学习”，点击“确定”按钮，如图 4-19 所示。

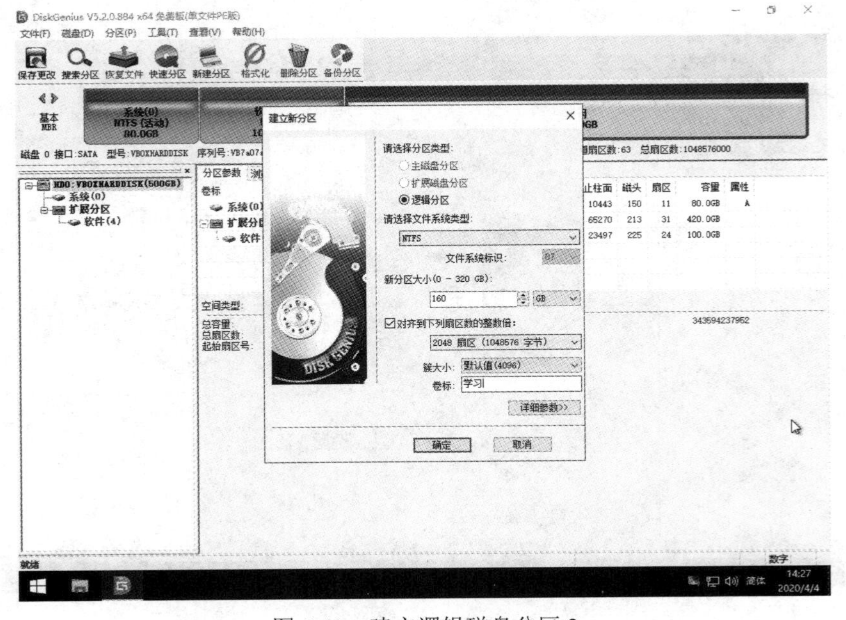

图 4-19　建立逻辑磁盘分区 2

(10) 建立逻辑磁盘分区 3。点击“新建分区”图标，打开建立新分区对话框，选择分区类型为“逻辑分区”，选择文件系统类型为“NTFS”，调整新分区大小为“160 GB”，输入卷标为“生活”，点击“确定”按钮，如图 4-20 所示。

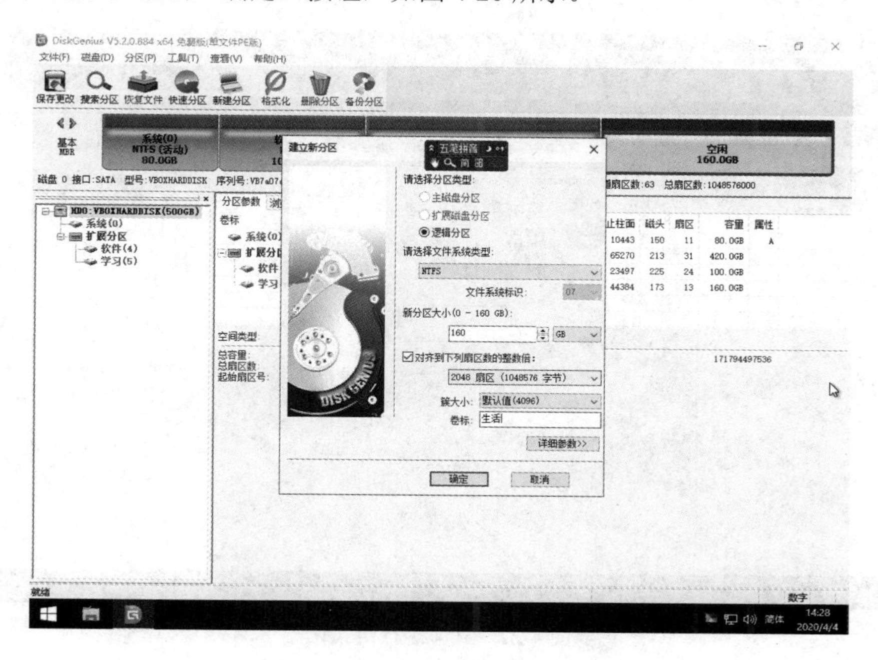

图 4-20　建立逻辑磁盘分区 3

(11) 点击“保存更改”图标，弹出提示是否确定保存对分区表的所有更改的对话框，再点击“是”按钮，如图 4-21 所示。

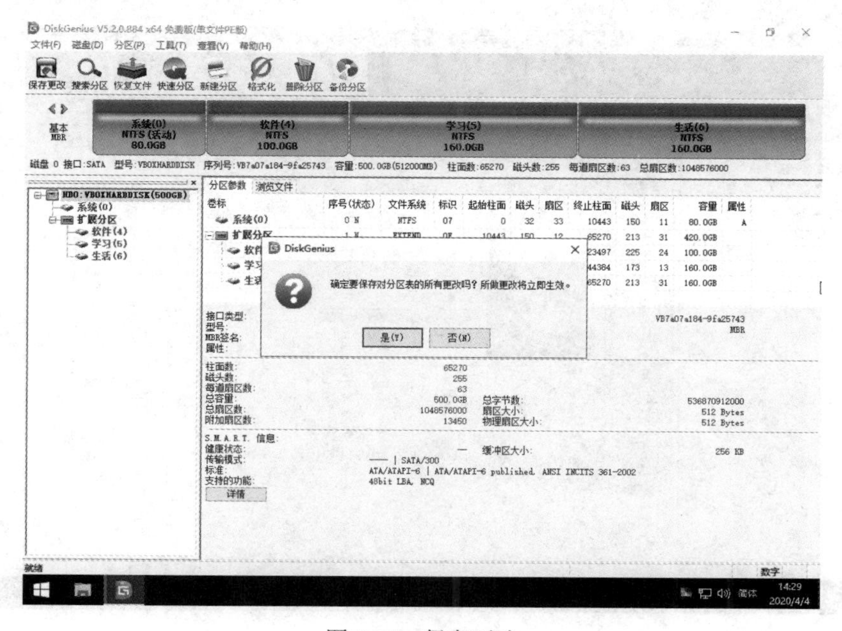

图 4-21　保存更改

(12) 在弹出的新对话框中点击“是”按钮，立即进行格式化，如图 4-22 所示。

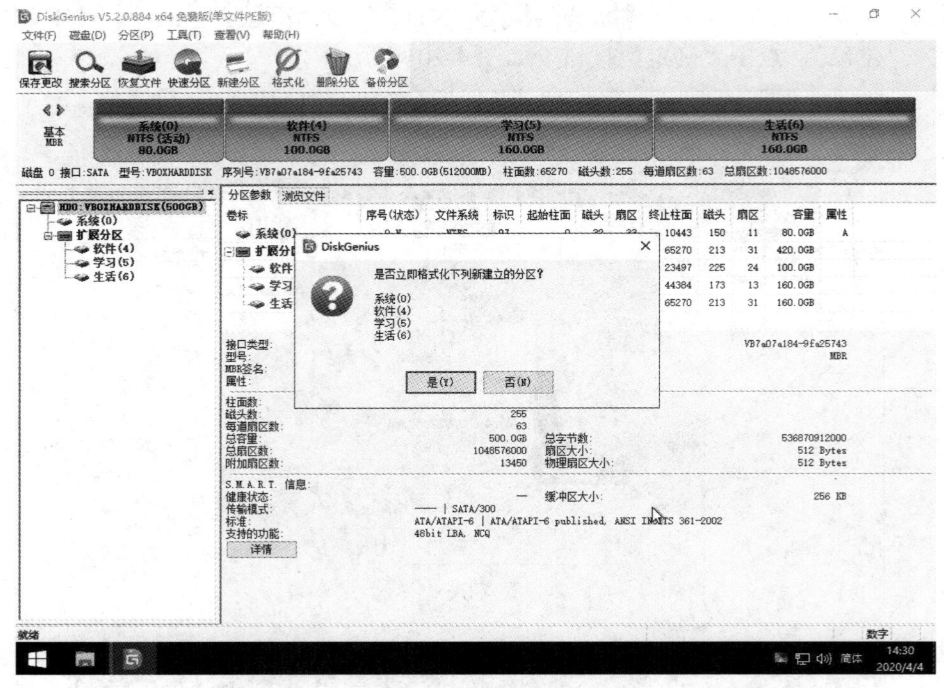

图 4-22　立即进行格式化

(13) 等待格式化完成，如图 4-23 所示。

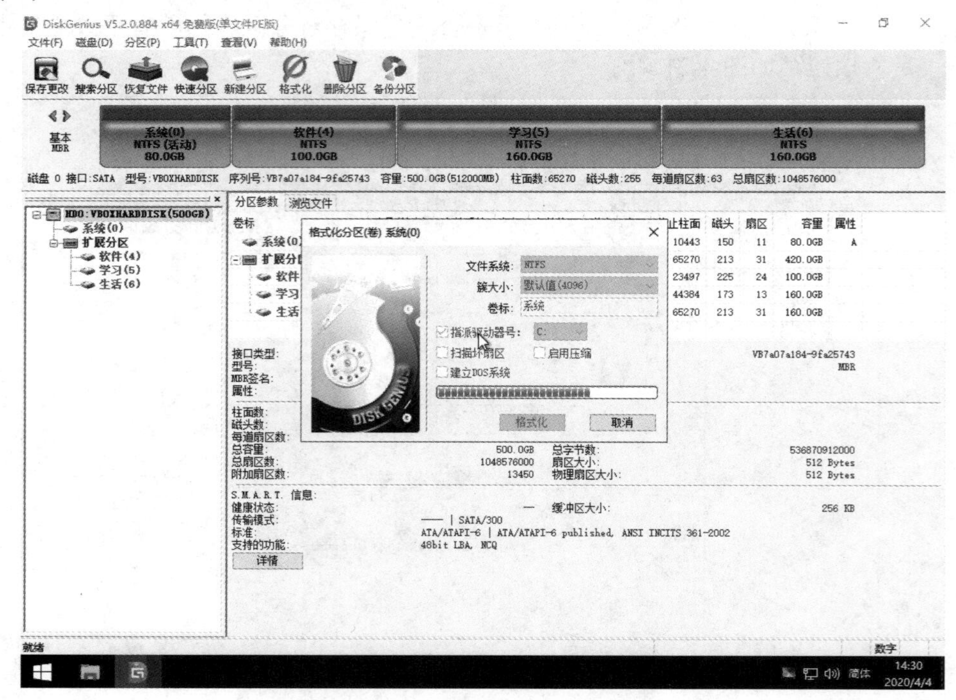

图 4-23　等待格式化完成

(14) 硬盘分区及格式化完毕，如图 4-24 所示。

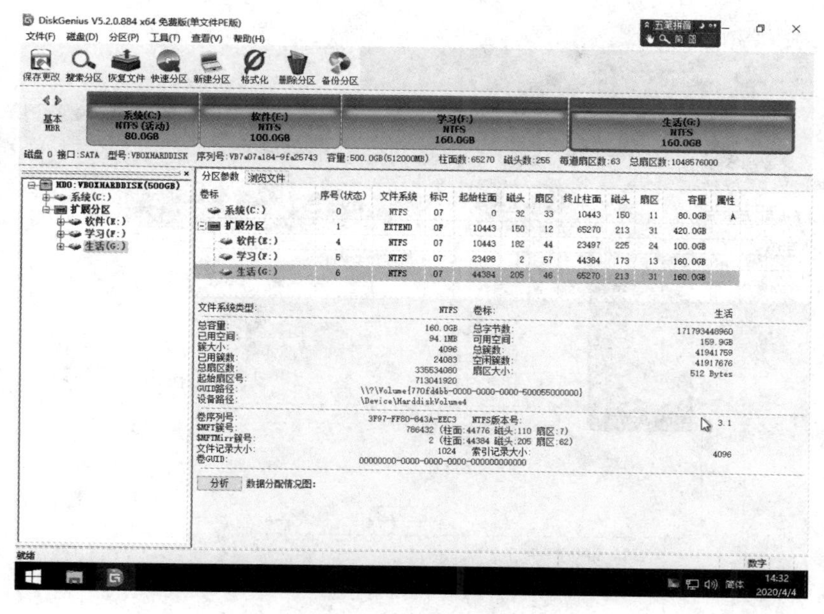

图 4-24　硬盘分区及格式化完毕

3. 调整分区

若对分区结果不满意，可以进行调整。例如，将卷标为“软件”的磁盘分区大小调整为 80 GB，并将卷标为“学习”的磁盘分区大小调整为 180 GB，操作如下：

(1) 在卷标为“软件”的磁盘上点击鼠标右键，在弹出的右键菜单中选择“调整分区大小”，如图 4-25 所示。

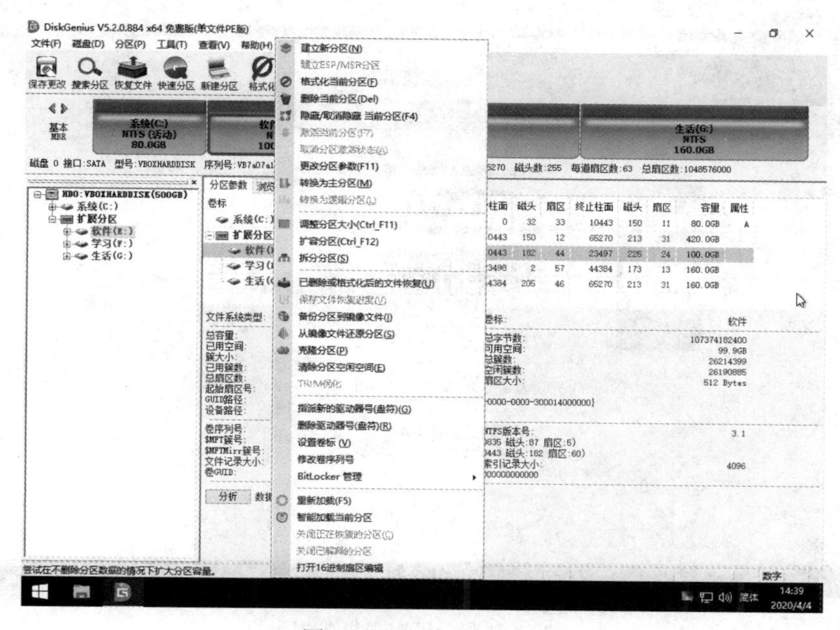

图 4-25　调整分区大小

(2) 输入调整后的容量为 80 GB，如图 4-26 所示。

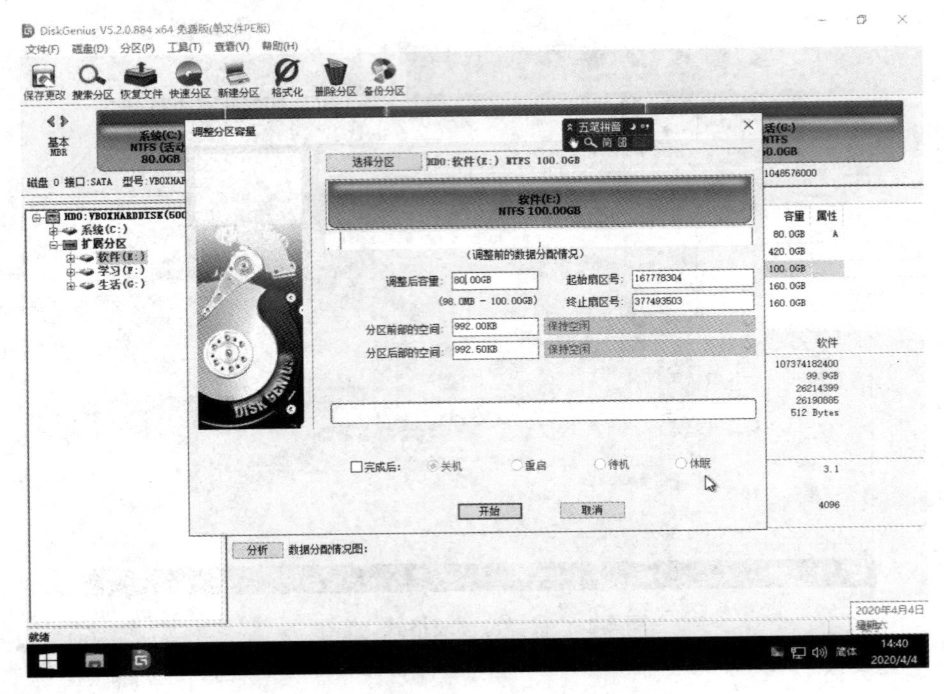

图 4-26　调整“软件”磁盘容量为 80 GB

(3) 点击“开始”，将弹出警告提示框，如图 4-27 所示。

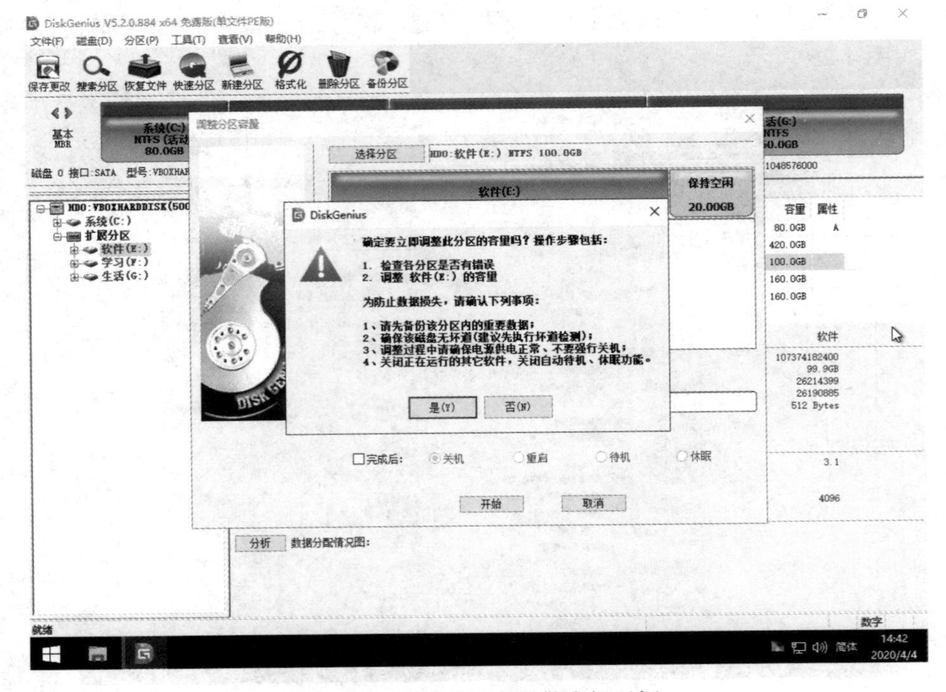

图 4-27　调整分区容量警告提示框

(4) 点击“是”按钮，等待调整完成，点击“完成”按钮即可，如图 4-28 所示。

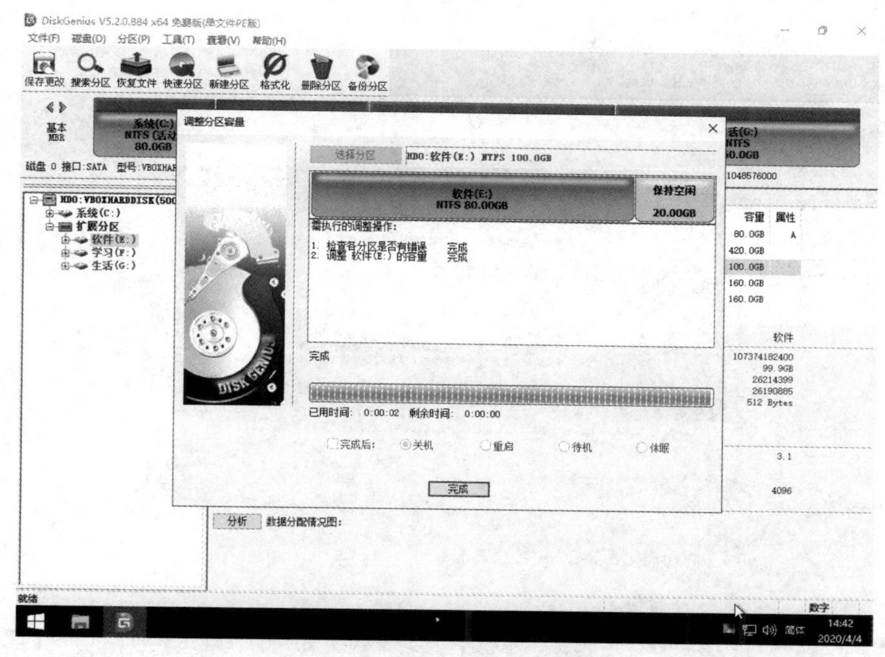

图 4-28　调整分区容量完成

(5) 在刚从“软件”磁盘调整出来的“空闲”分区上点击右键，在弹出的右键菜单中选择“将空闲空间分配给”子菜单，再点击“分区：学习”，如图 4-29 所示。

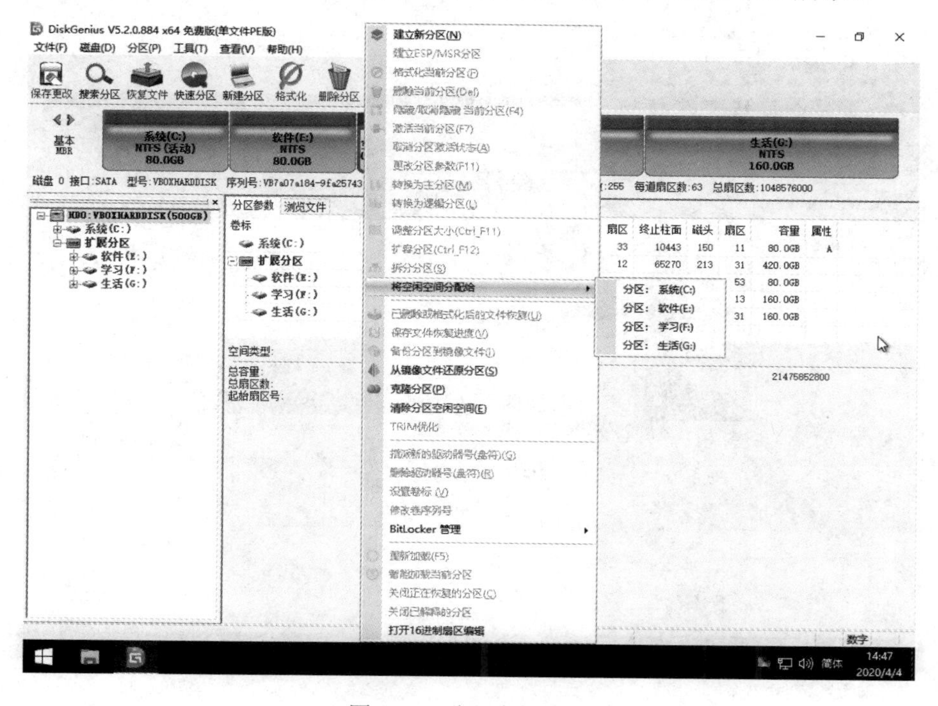

图 4-29　分配空闲分区

(6) 弹出空闲空间分配警告界面，如图 4-30 所示。

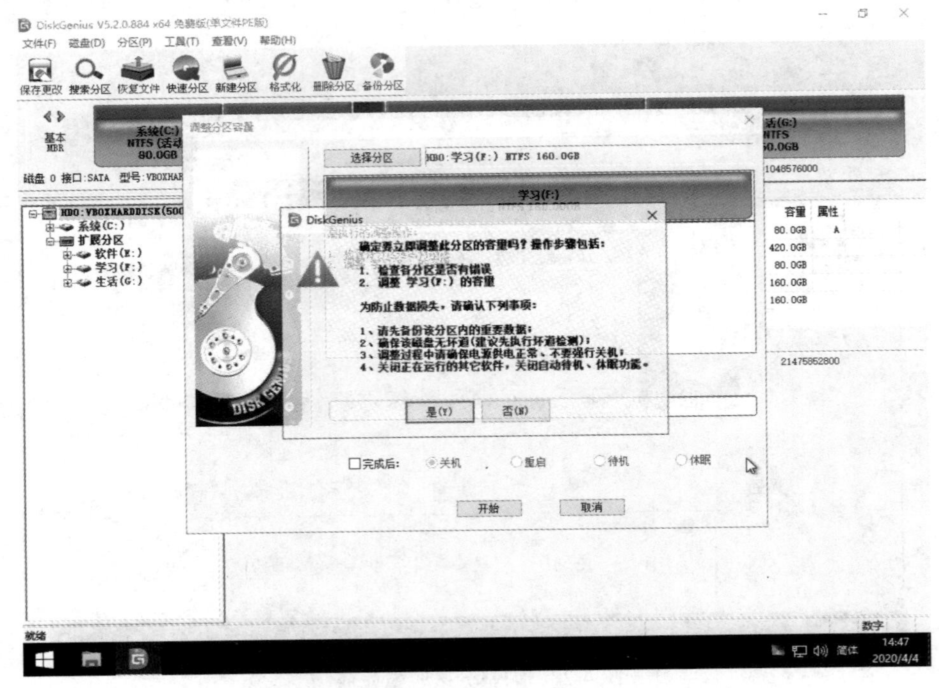

图 4-30　空闲空间分配警告

(7) 点击“是”按钮，等待分配完成，再点击“完成”按钮即可，如图 4-31 所示。

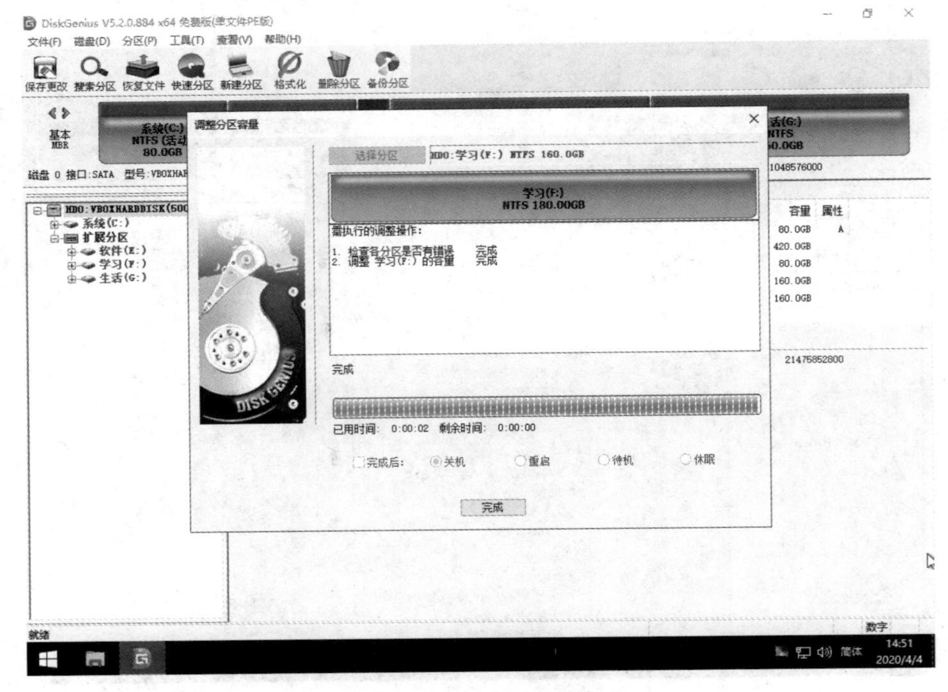

图 4-31　空闲空间分配完成

(8) 分区调整完毕，观察调整后的分区大小，如图 4-32 所示。

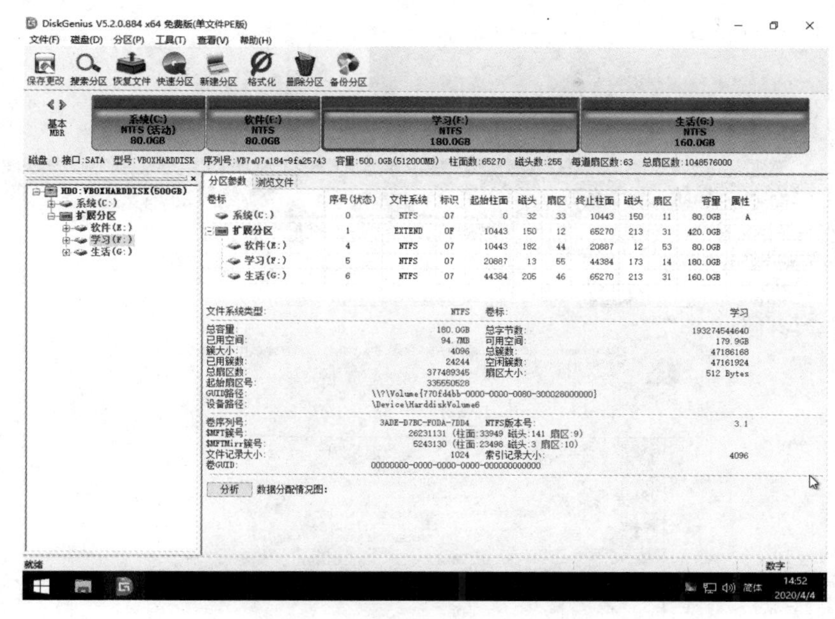

图 4-32　调整后的分区大小

4. 快速分区

手动分区比较烦琐，DiskGenius 工具还提供了快速分区功能，操作步骤如下：

(1) 点击“快速分区”图标，选择分区表类型为“MBR”，选择分区数目为“4 个分区”，录入卷标分别为“系统”“软件”“文档”和“娱乐”，对应磁盘大小分别为 50 GB、150 GB、150 GB 和 150 GB，勾选“系统”为主分区，点击“确定”按钮即可，如图 4-33 所示。

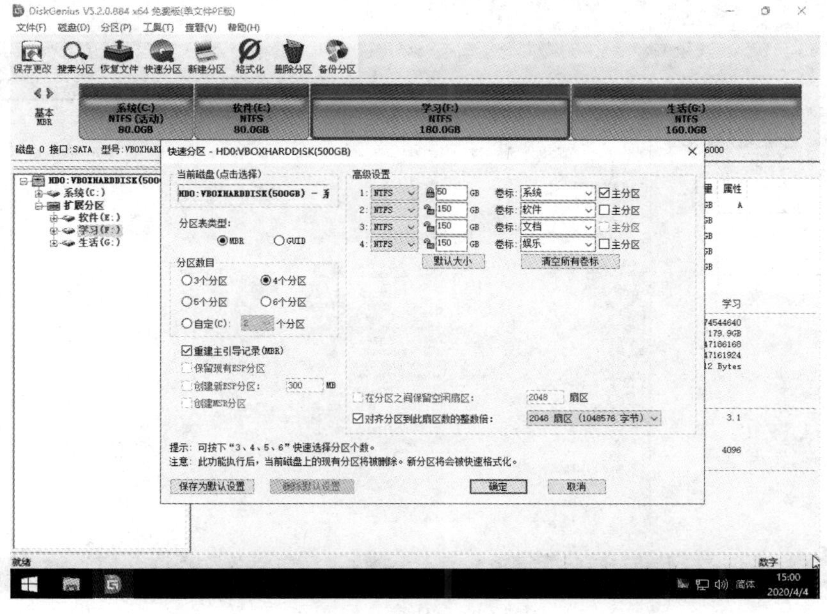

图 4-33　快速分区

(2) DiskGenius 硬盘分区工具弹出现有分区将会被删除的警告提示框，点击“是”按钮即可，如图 4-34 所示。

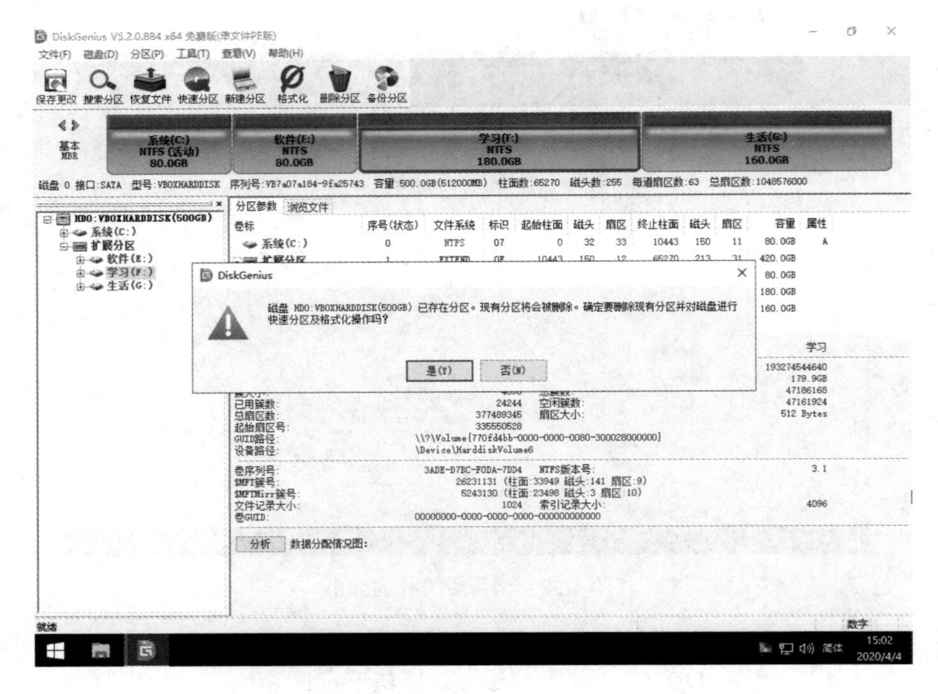

图 4-34　现有分区将会被删除的警告提示框

(3) 等待格式化完毕，分区结果如图 4-35 所示。

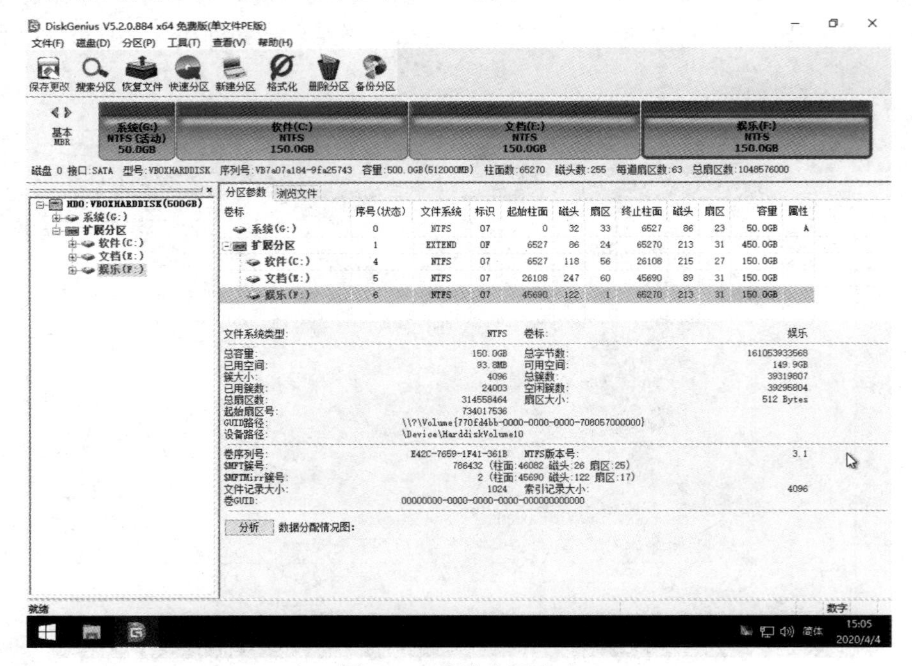

图 4-35　快速分区完成

5. GUID 分区

MBR 分区为常用分区模式，而 GUID 为不常用分区模式，但 MBR 分区方案无法支持超过 2 TB 容量的磁盘，因此 2 TB 以上容量的磁盘一般采用 GUID 分区。其分区过程如下：

(1) 点击“快速分区”图标，选择分区表类型为“GUID”，选择分区数目为“4 个分区”，勾选“创建新 ESP 分区”并输入大小为“300” MB，勾选“创建 MSR 分区”，录入卷标分别为“系统”“软件”“文档”和“娱乐”，对应磁盘大小分别为 50 GB、150 GB、150 GB 和 150 GB，点击“确定”按钮即可，如图 4-36 所示。

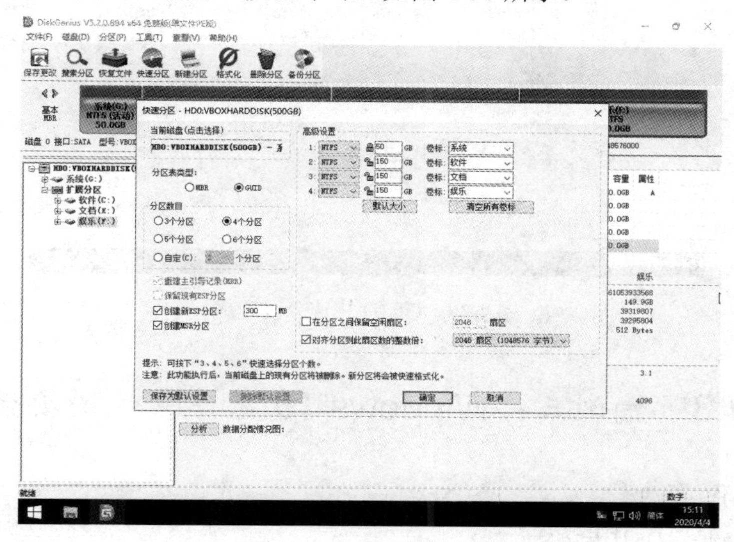

图 4-36　GUID 快速分区

(2) DiskGenius 硬盘分区工具弹出已存在分区的警告提示框，点击“是”按钮即可，如图 4-37 所示。

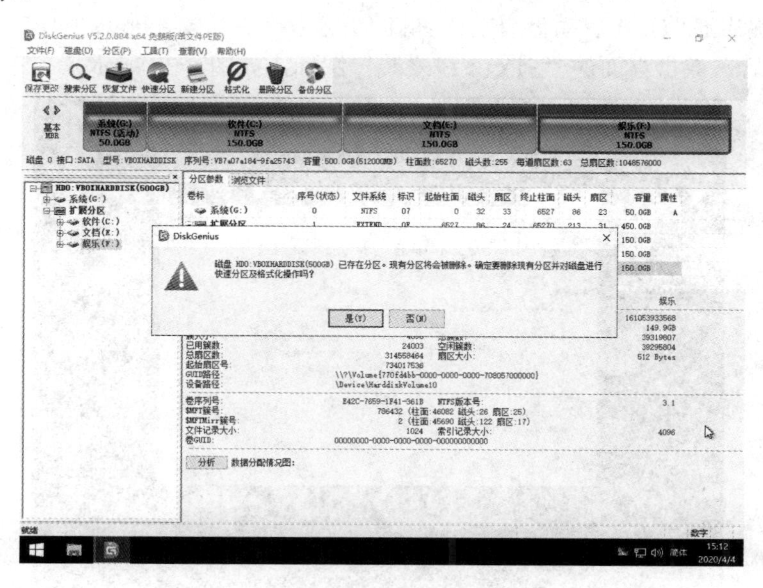

图 4-37　已存在分区的警告提示框

(3) 等待格式化完毕，分区结果如图 4-38 所示。

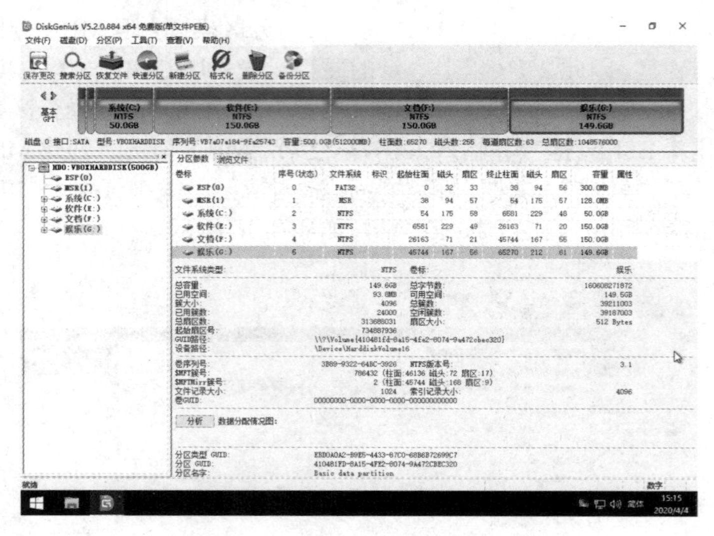

图 4-38　GUID 快速分区完成

4.3　案例三：Windows 10 操作系统的安装

1. 准备工作

(1) “优启通” USB 启动盘。

(2) 硬盘分区完毕。

2. GHOST Windows 10 的安装步骤

(1) 用“优启通”USB 启动盘启动计算机，并选择“启动 Windows 10 PE x64(新机型)”，等待 PE 启动后，双击桌面的“EIX 系统安装”图标，如图 4-39 所示。

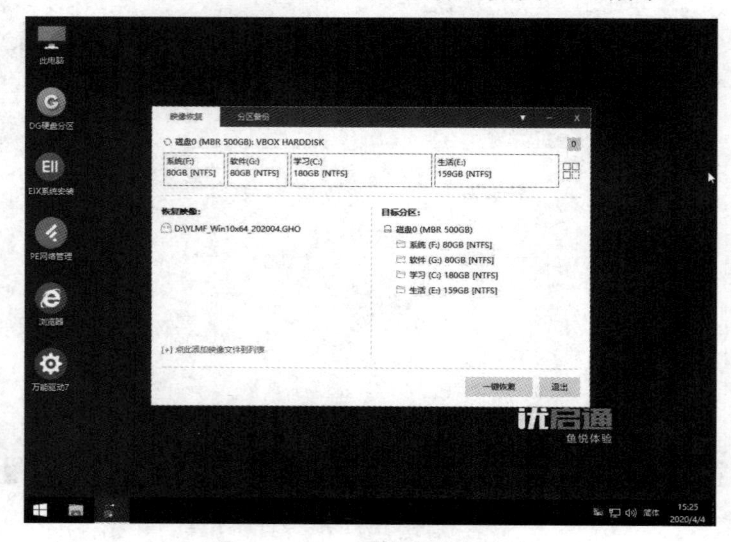

图 4-39　EIX 系统安装主界面

(2) 点击卷标为“系统”的分区，选择恢复映像为之前下载并拷贝到启动盘的 Windows 10 系统镜像，如图 4-40 所示。

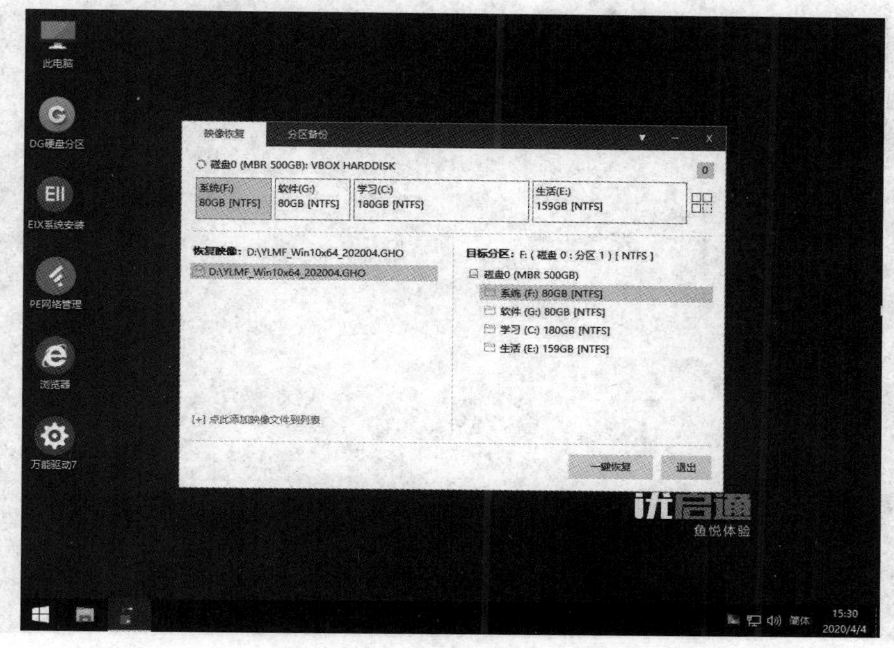

图 4-40　选择安装分区及恢复映像

(3) 点击“一键恢复”按钮后将弹出确认执行对话框，再点击“确定”按钮即可，如图 4-41 所示。

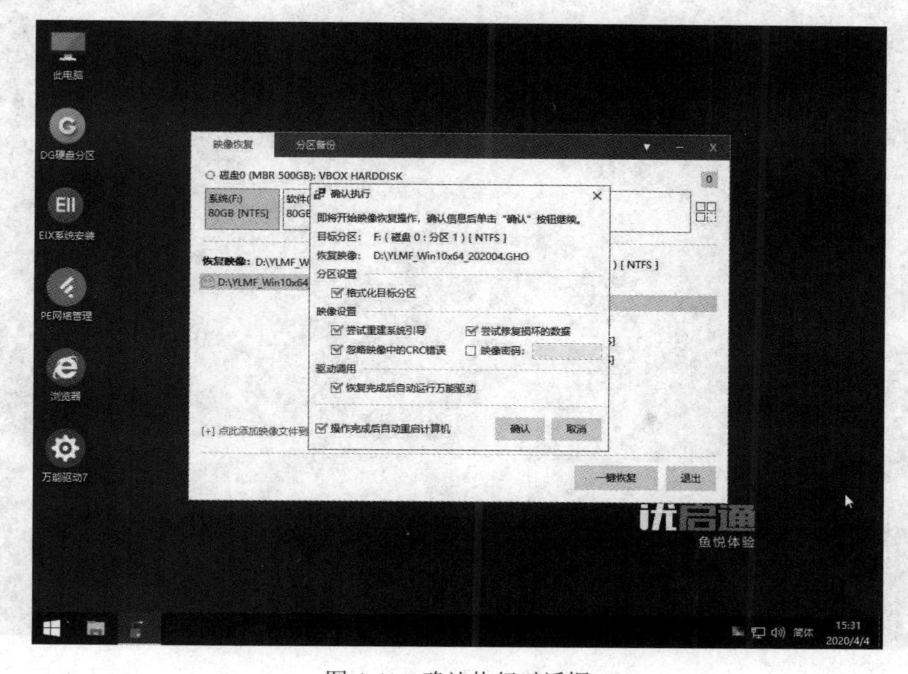

图 4-41　确认执行对话框

(4) 等待映像恢复，如图 4-42 和图 4-43 所示。

图 4-42　映像恢复过程(1)

图 4-43　映像恢复过程(2)

(5) 映像恢复成功后，将弹出重启提示框，点击“确定”按钮即可，如图 4-44 所示。

图 4-44　重启提示框

(6) 等待系统开机，选择硬盘启动，然后继续等待 GHOST Windows 10 的安装，中间可能自动重启计算机，其过程如图 4-45～图 4-53 所示。

图 4-45　GHOST Windows 10 安装过程(1)

图 4-46　GHOST Windows 10 安装过程(2)

图 4-47　GHOST Windows 10 安装过程(3)

图 4-48　GHOST Windows 10 安装过程(4)

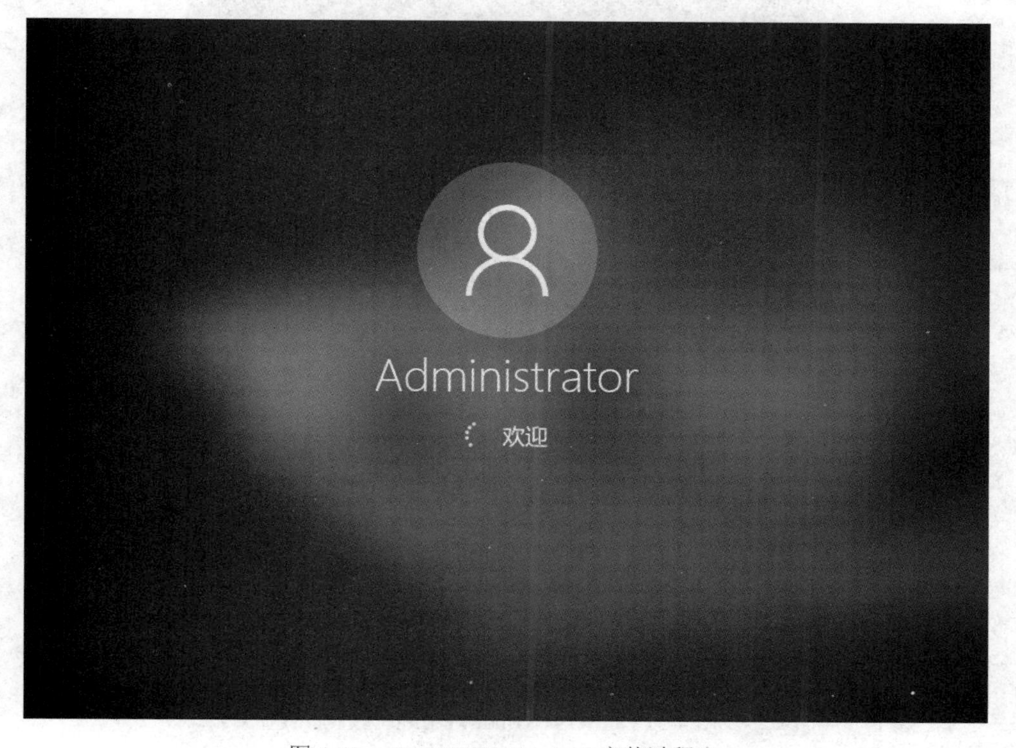

图 4-49　GHOST Windows 10 安装过程(5)

图 4-50　GHOST Windows 10 安装过程(6)

图 4-51　GHOST Windows 10 安装过程(7)

图 4-52　GHOST Windows 10 安装过程(8)

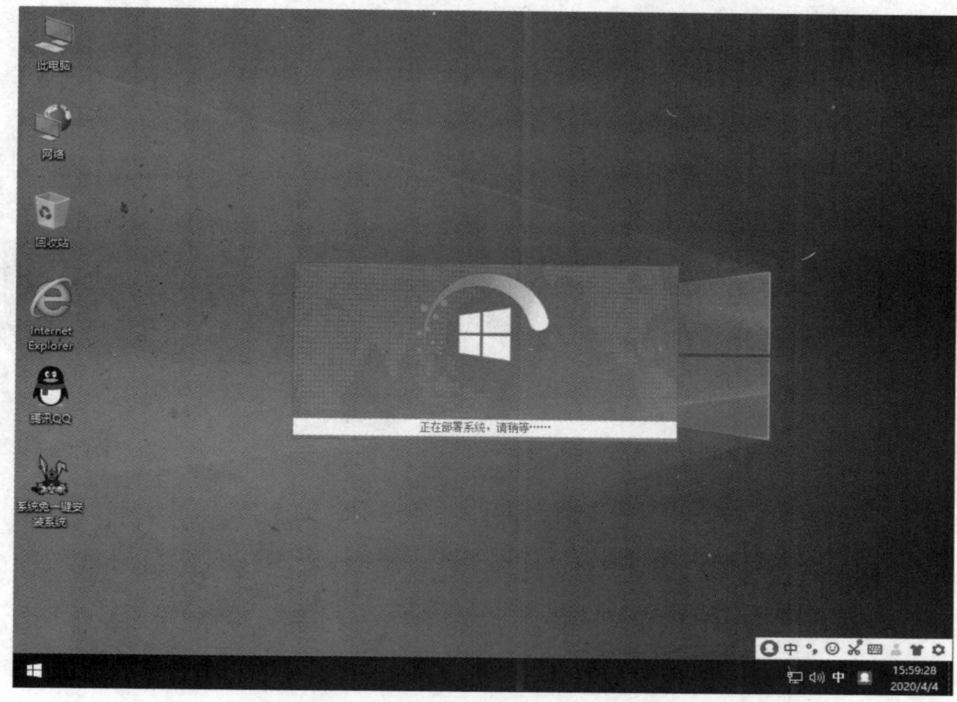

图 4-53　GHOST Windows 10 安装过程(9)

(7) GHOST Windows 10 安装完毕，如图 4-54 所示。

图 4-54　GHOST Windows 10 安装完毕

3. 原版 Windows 10 的安装步骤

(1) 登录微软官方网站(https://www.microsoft.com/en-us/software-download/windows 10)，下载“MediaCreationTool1909”工具，如图 4-55 所示。

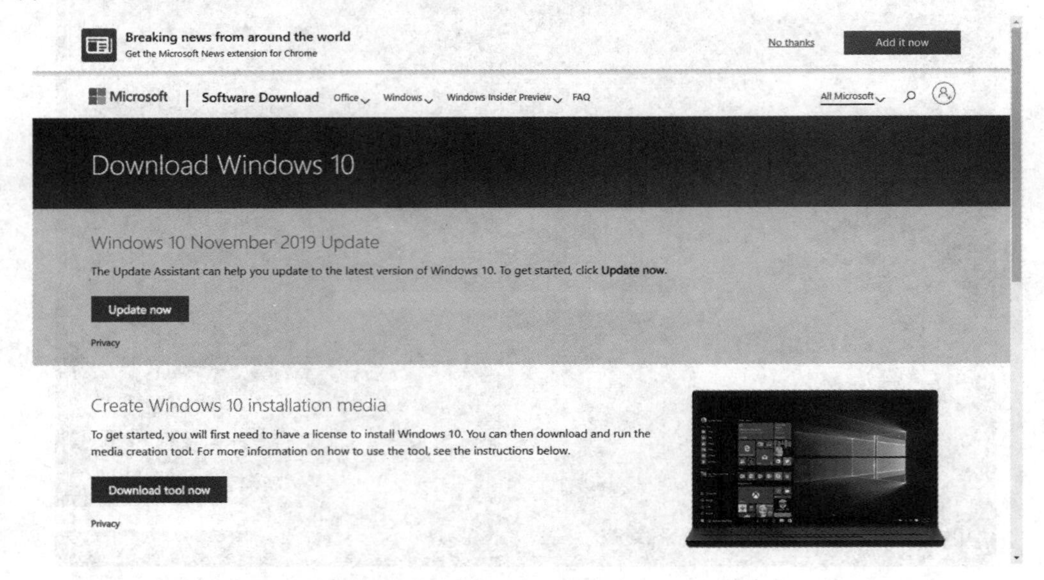

图 4-55　微软官方网站下载 Windows 10 安装工具界面

(2) 点击“Download tool now”链接，下载“MediaCreationTool1909.exe”。

(3) 运行下载的 Windows 10 安装工具“MediaCreationTool1909.exe”，界面如图 4-56 所示。

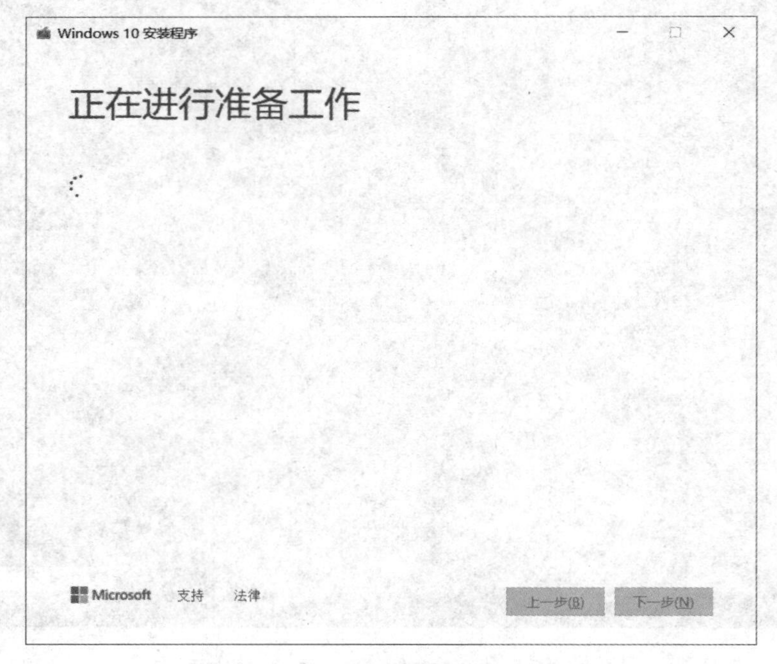

图 4-56　Windows 10 安装工具主界面

(4) 稍等片刻，将出现“适用的声明和许可条款”界面，如图 4-57 所示。

图 4-57　“适用的声明和许可条款”界面

(5) 点击“接受”按钮，稍等片刻，将出现“你想执行什么操作？”界面，如图 4-58 所示。

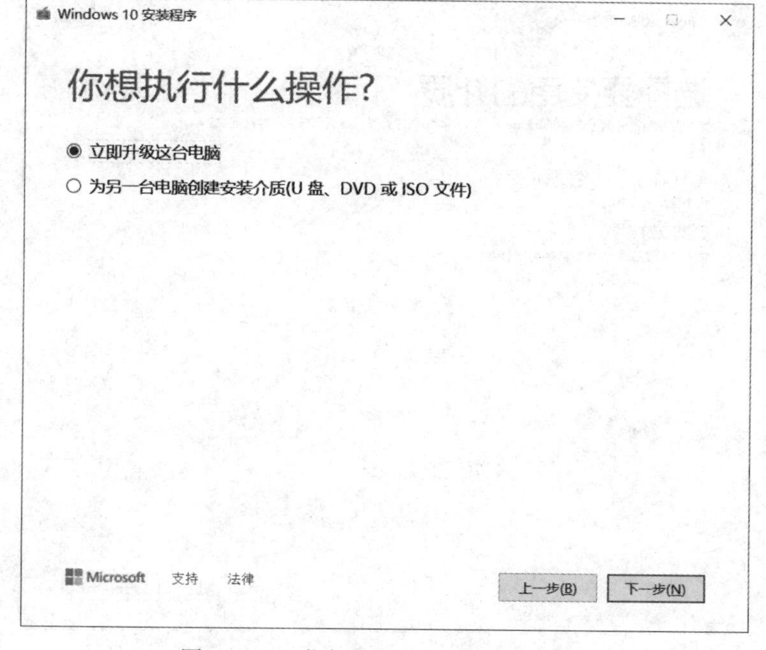

图 4-58　“你想执行什么操作？”界面

(6) 选择“为另一台电脑创建安装介质(U 盘、DVD 或 ISO 文件)”，并点击“下一步”按钮，将进入“选择语言、体系结构和版本”界面，如图 4-59 所示。

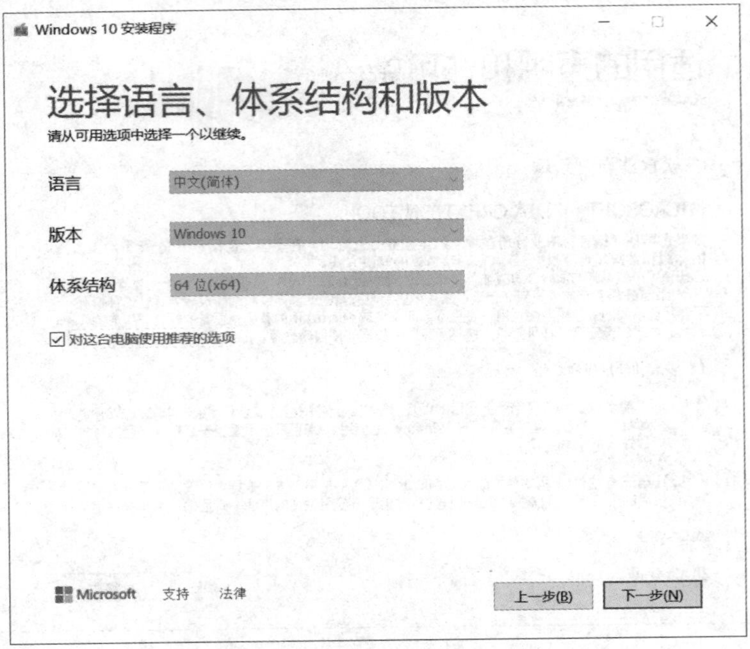

图 4-59　“选择语言、体系结构和版本”界面

(7) 可以根据情况自行选择，本案例直接点击“下一步”按钮，将进入“选择要使用的介质”界面，如图 4-60 所示。

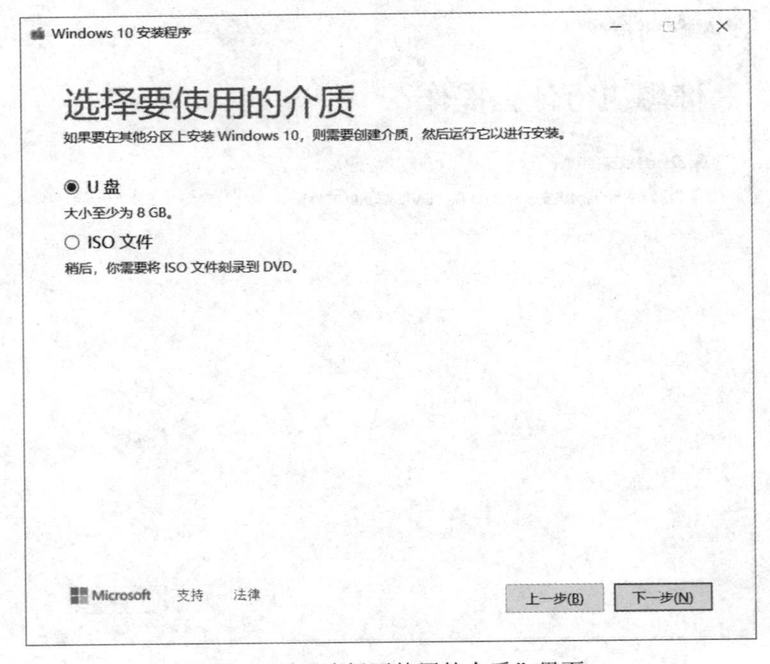

图 4-60　“选择要使用的介质”界面

(8) 插入事先准备好的优盘，然后选择优盘，并点击“下一步”按钮，将进入“选择 U 盘”界面，如图 4-61 所示。

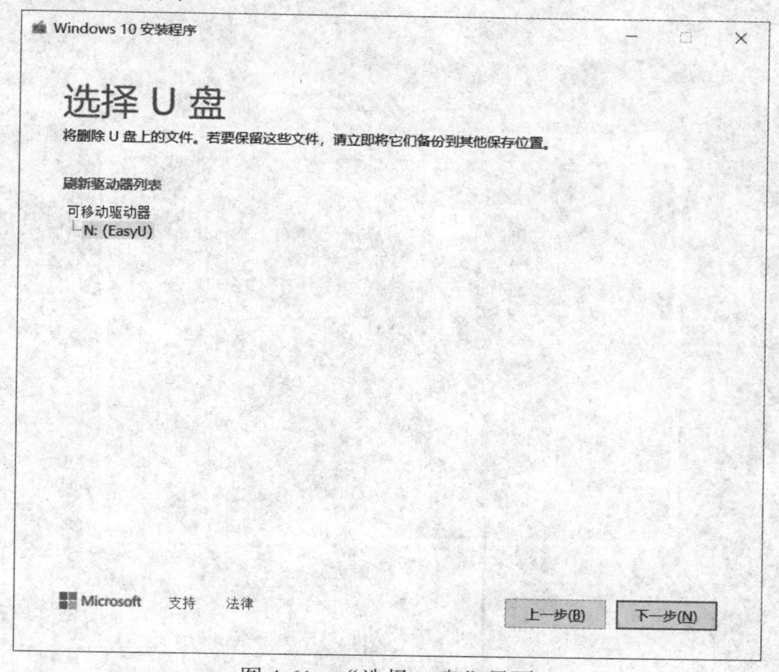

图 4-61　“选择 U 盘”界面

(9) 点击“下一步”按钮，然后等待 Windows 10 下载和介质创建完成即可。

(10) 把制作好的优盘插入需要安装系统的计算机，然后从优盘启动计算机，进入 Windows 10 安装主界面，如图 4-62 所示。

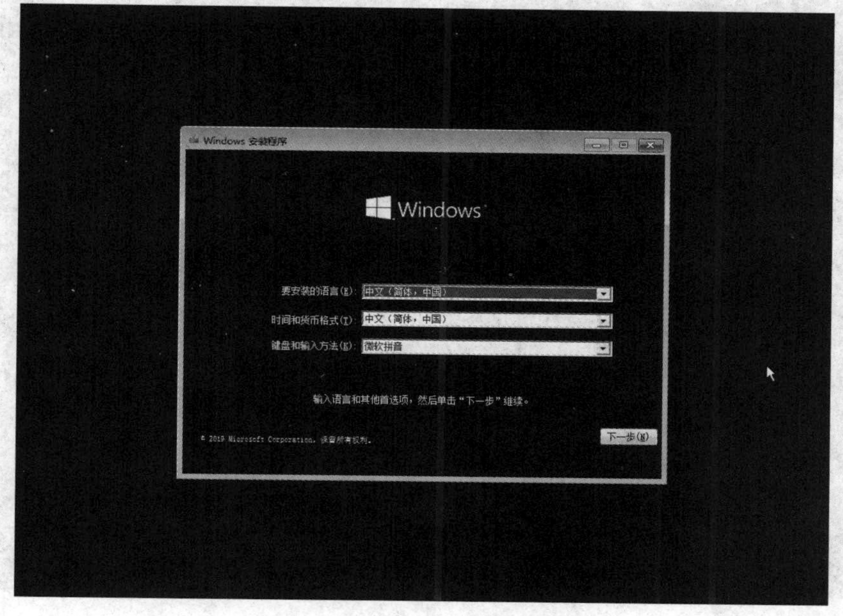

图 4-62　Windows 10 安装主界面

(11) 直接点击“下一步”按钮，进入安装与修复选择界面，如图 4-63 所示。

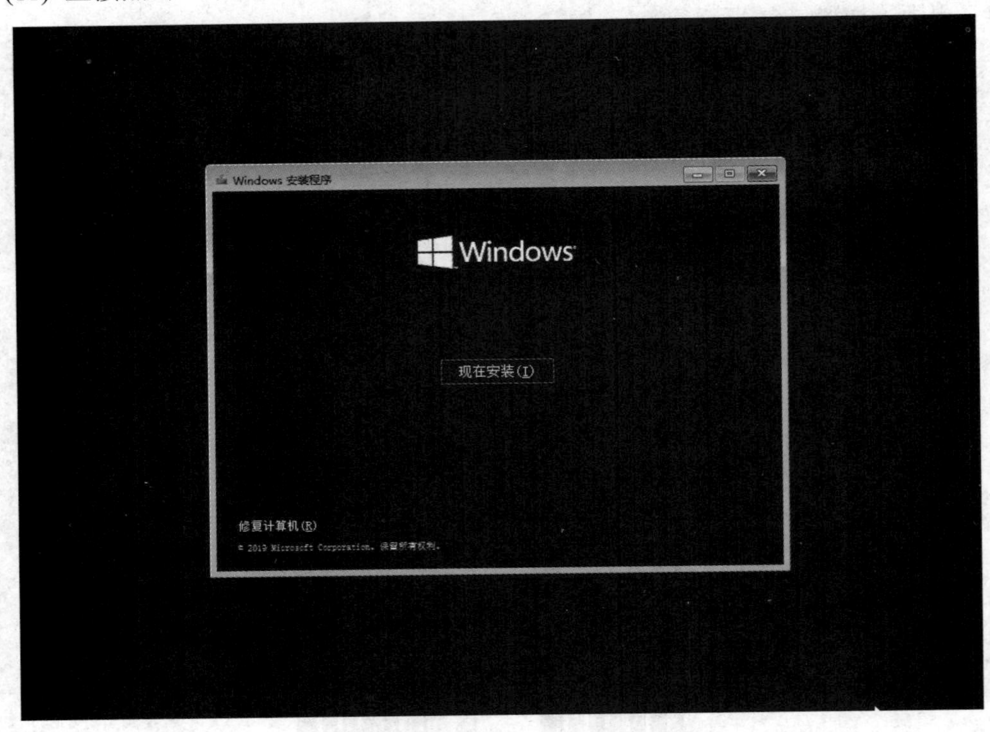

图 4-63　安装与修复选择界面

(12) 点击“现在安装”按钮，将进入等待安装程序启动界面，如图 4-64 所示。

图 4-64　等待安装程序启动界面

(13) 稍等片刻后，将弹出序列号录入界面，如图 4-65 所示。

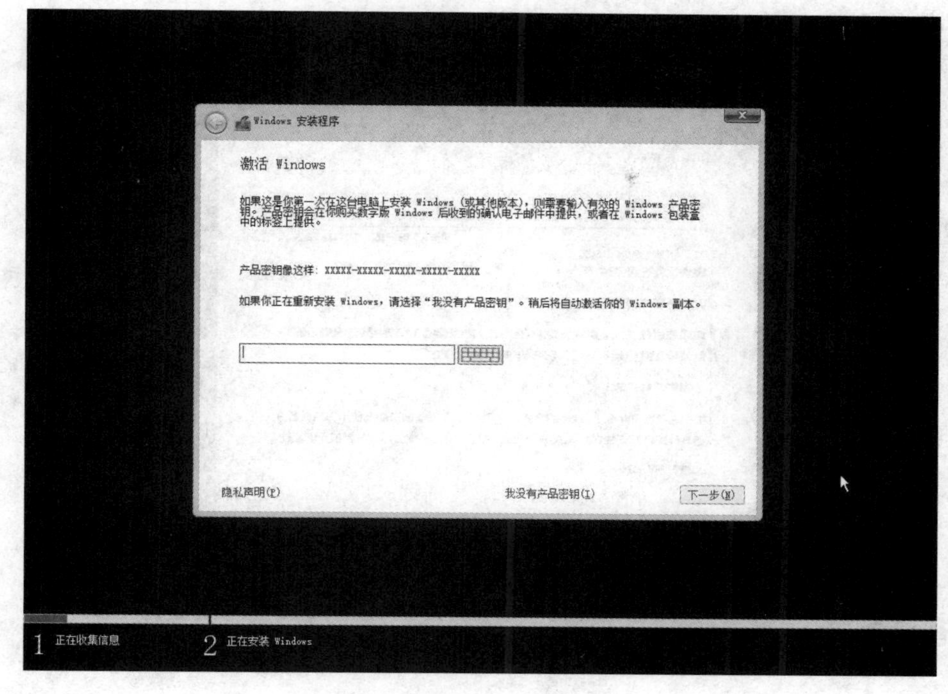

图 4-65　序列号录入界面

(14) 点击“我没有产品密钥”，将进入版本选择界面，如图 4-66 所示。

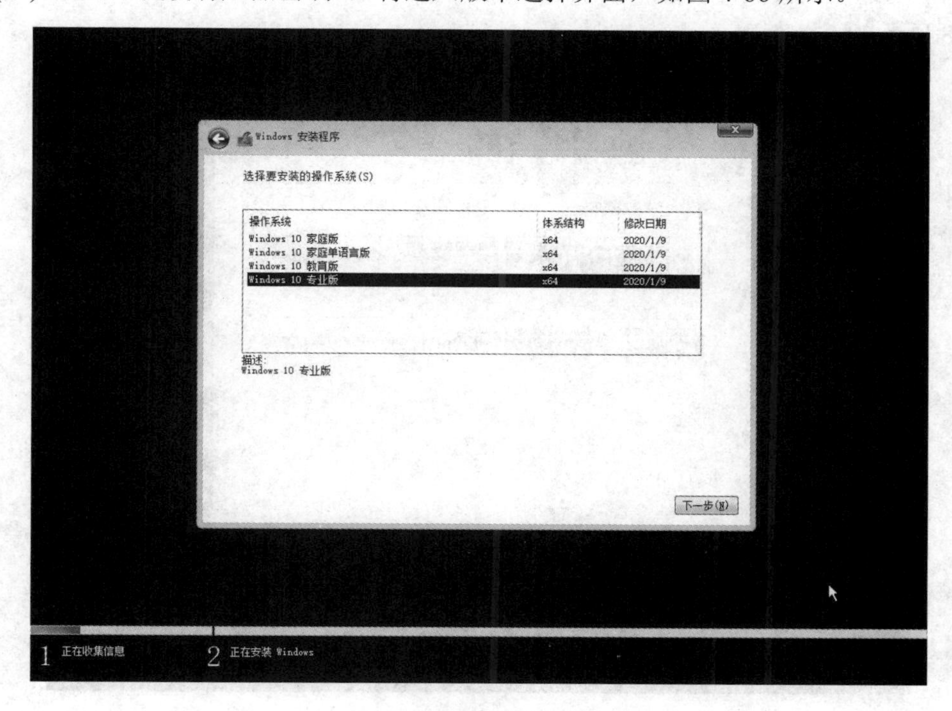

图 4-66　版本选择界面

(15) 选择“Windows 10 专业版”，点击“下一步”按钮，将进入接受许可条款界面，如图 4-67 所示。

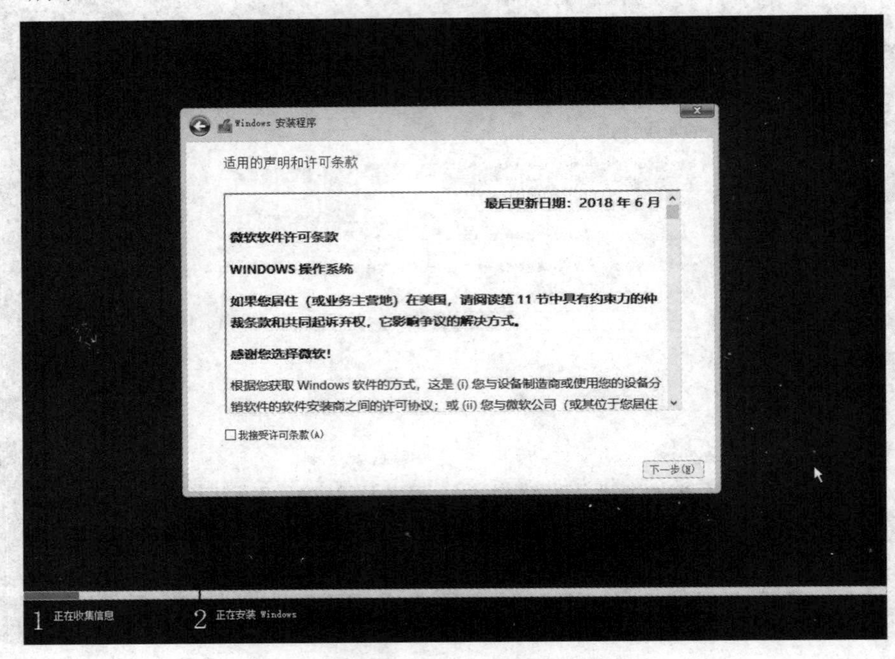

图 4-67　接受许可条款界面

(16) 勾选“我接受许可条款”，点击“下一步”按钮，将进入安装类型选择界面，如图 4-68 所示。

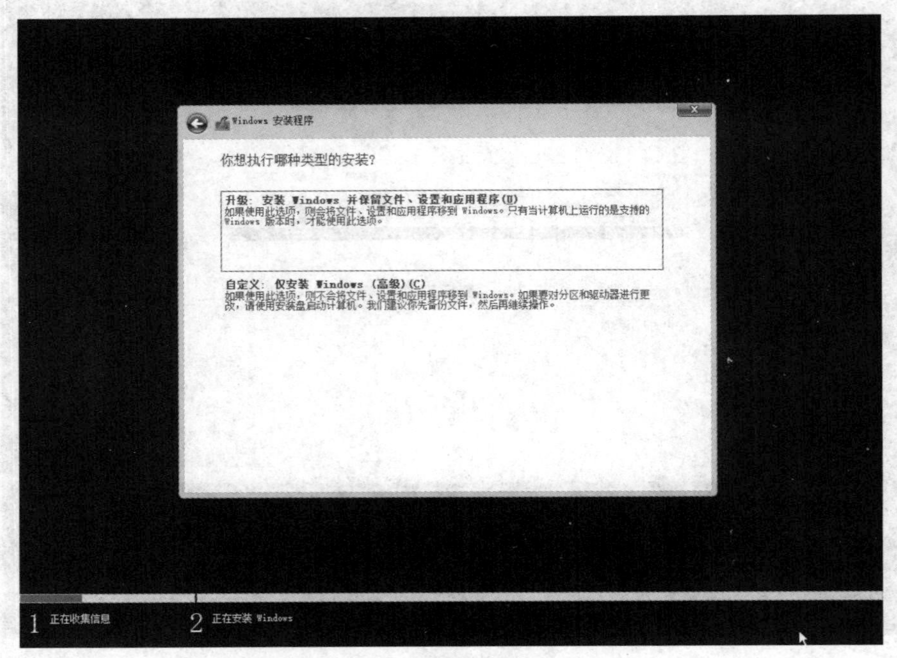

图 4-68　安装类型选择界面

(17) 选择“自定义：仅安装 Windows(高级)”，将进入安装位置选择界面，如图 4-69 界面。

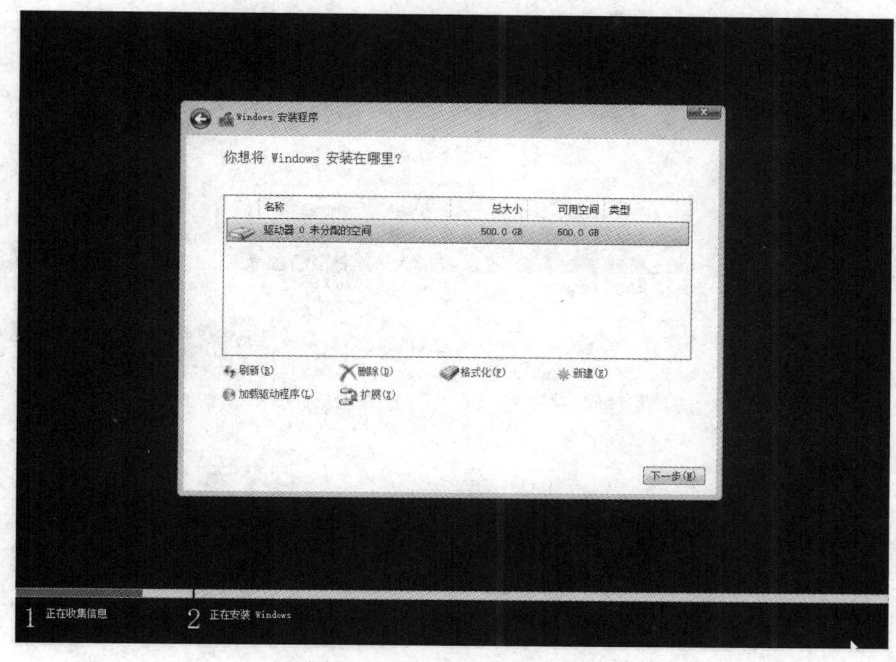

图 4-69　安装位置选择界面

(18) 点击“新建”，录入大小为“60 000”MB，点击“应用”按钮，将弹出创建额外分区提示框，再点击“确定”按钮即可，如图 4-70 所示。

图 4-70　创建额外分区提示框

(19) 耐心等待新建分区完成，然后选择 58 GB 大小的主分区(剩余的未分配空间可以等安装完系统后再分区和格式化)，如图 4-71 所示。

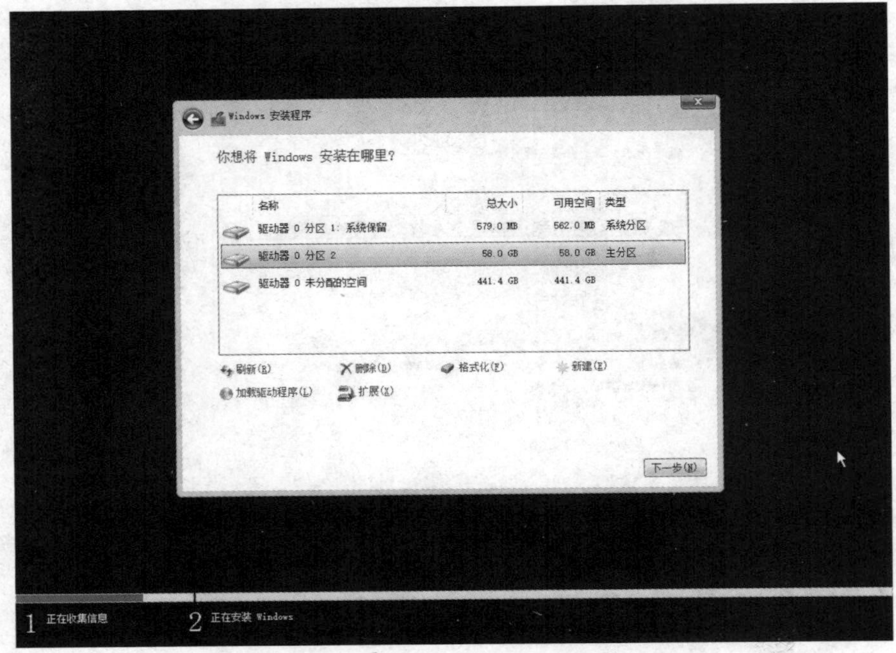

图 4-71　分区完成界面

(20) 点击“下一步”按钮，将进入 Windows 10 安装状态界面，如图 4-72 所示。

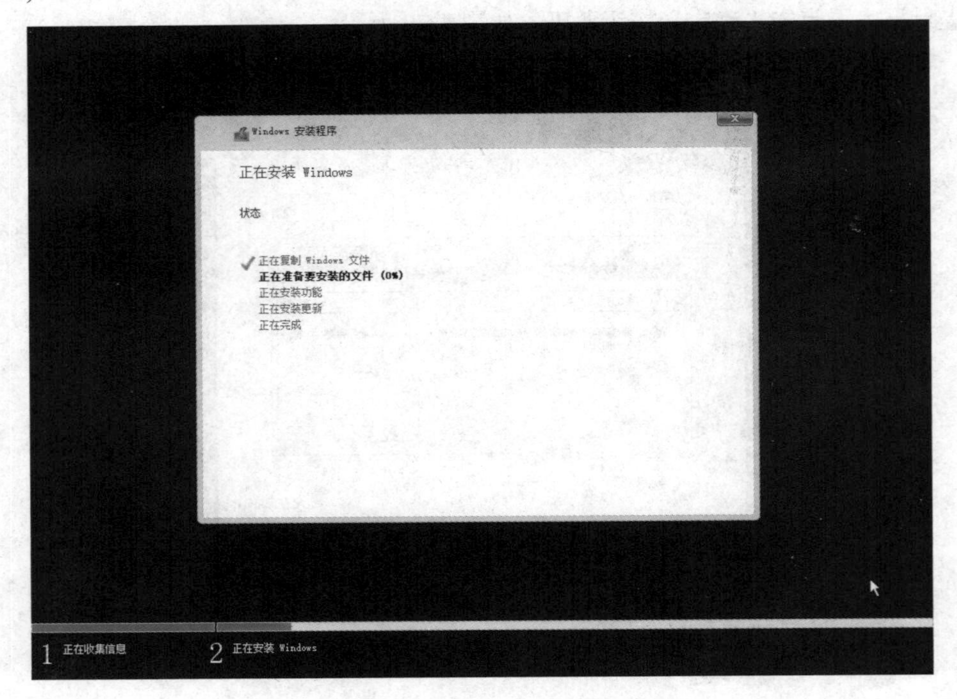

图 4-72　Windows 10 安装状态界面

(21) 耐心等待 Windows 10 安装，安装过程如图 4-73～图 4-76 所示。

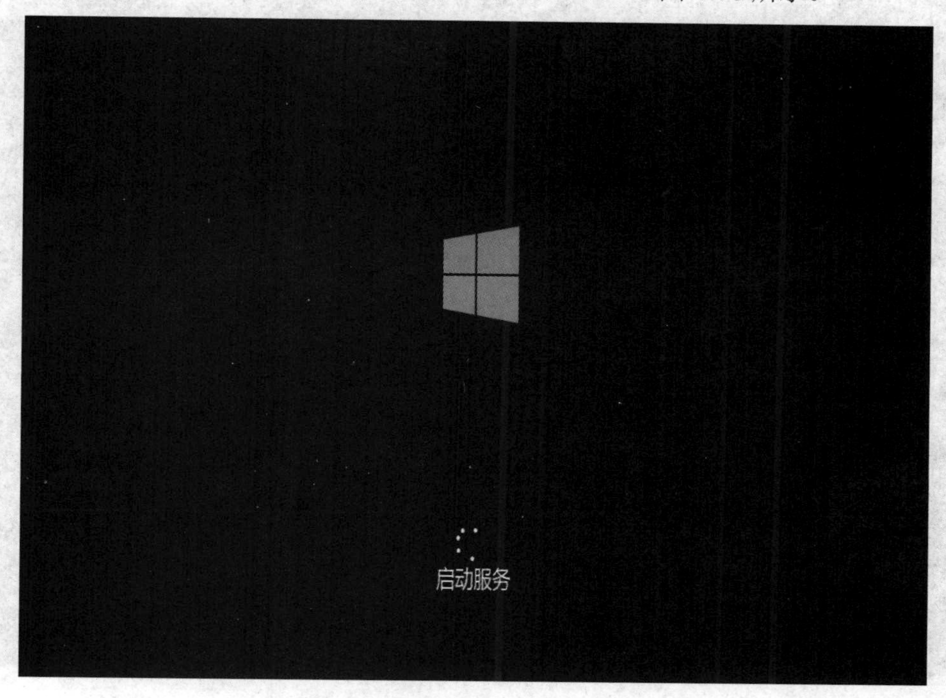

图 4-73　原版 Windows 10 安装过程(1)

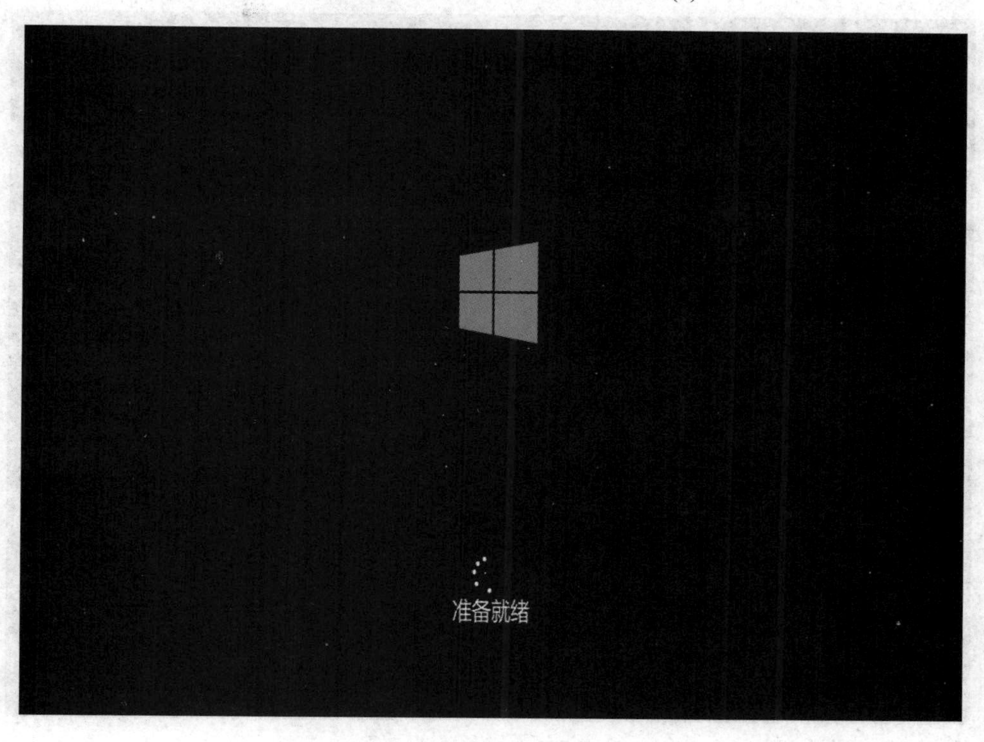

图 4-74　原版 Windows 10 安装过程(2)

图 4-75　原版 Windows 10 安装过程(3)

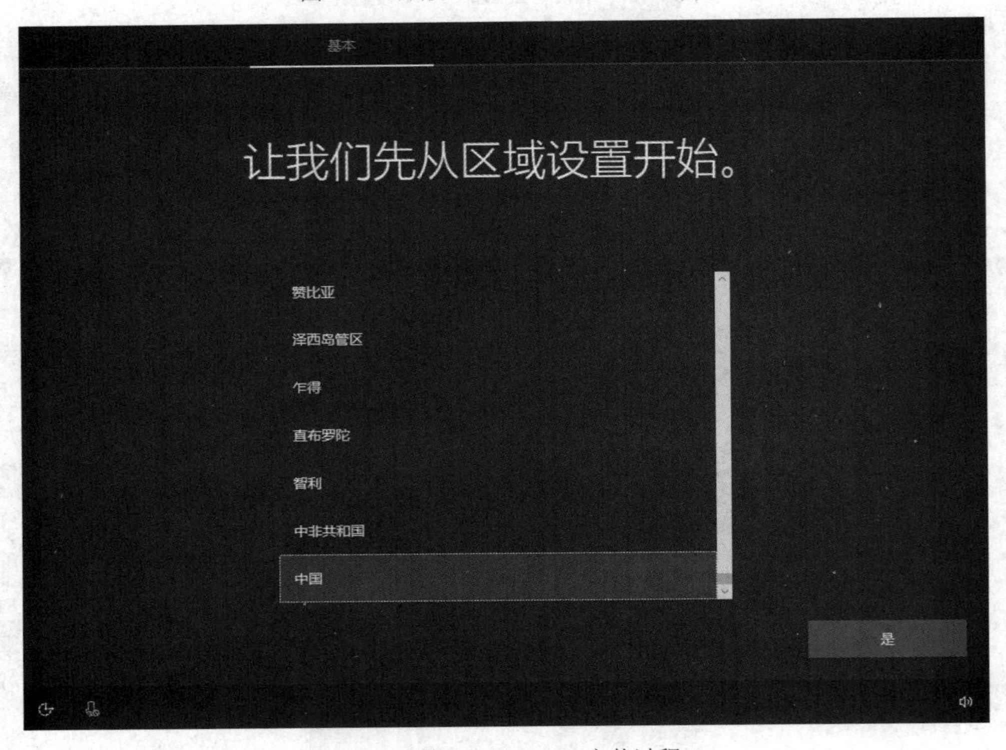

图 4-76　原版 Windows 10 安装过程(4)

(22) 选择“中国”，点击“是”按钮，将进入键盘布局界面，如图 4-77 所示。

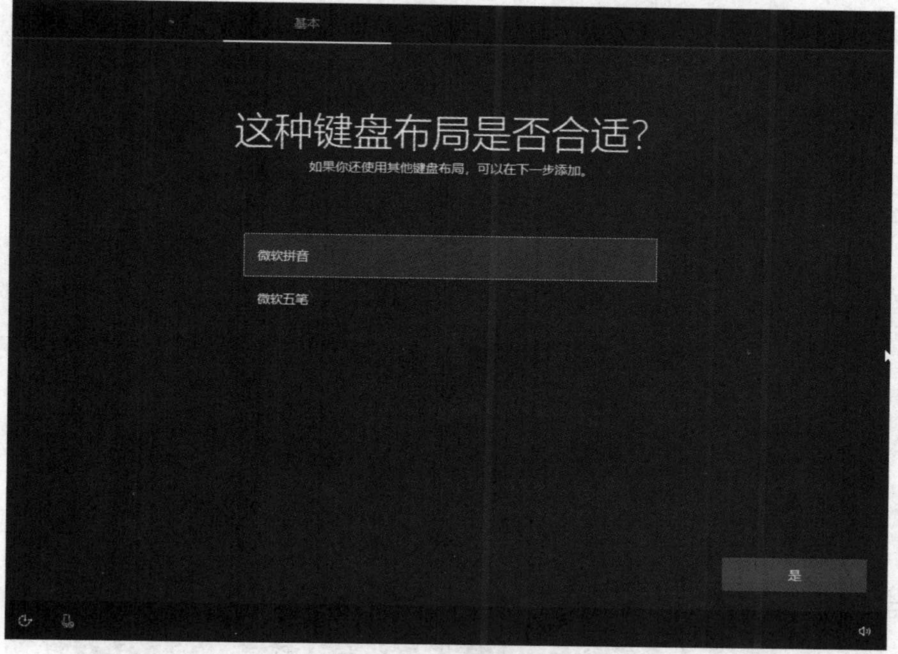

图 4-77　键盘布局界面

(23) 选择“微软拼音”，点击“是”按钮，将进入添加第二种键盘布局界面，如图 4-78 所示。

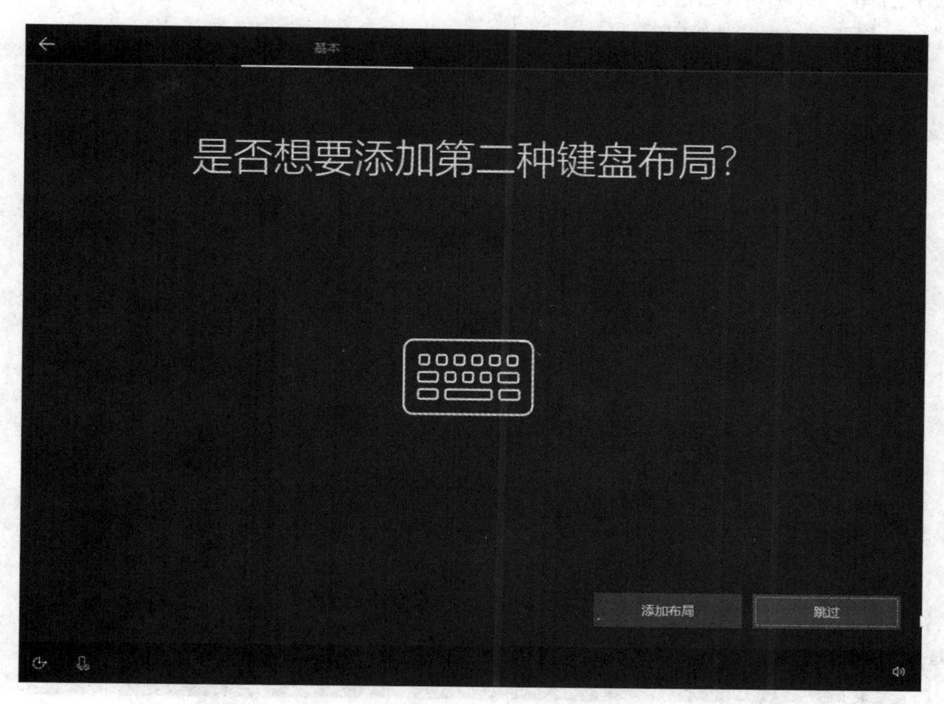

图 4-78　添加第二种键盘布局界面

(24) 点击“跳过”按钮，耐心等待设置完成，将进入设置方式选择界面，如图 4-79 所示。

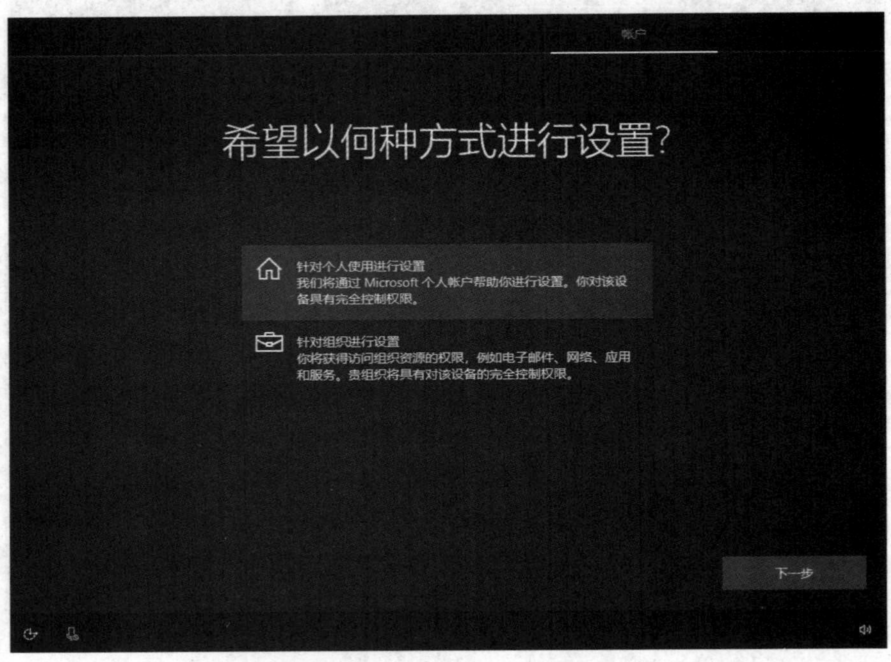

图 4-79　设置方式选择界面

(25) 选择“针对个人使用进行设置”，点击“下一步”按钮，将进入“谁将会使用这台电脑？”界面，如图 4-80 所示。

图 4-80　“谁将会使用这台电脑？”界面

(26) 输入自定义用户名，然后点击“下一步”按钮，将进入密码设置界面，如图 4-81 所示。

图 4-81　密码设置界面

(27) 输入密码，然后点击“下一步”按钮，将进入确认密码界面，如图 4-82 所示。

图 4-82　确认密码界面

(28) 再次输入相同密码，然后点击“下一步”按钮，将进入安全问题设置界面，如图4-83 所示。

图 4-83　安全问题设置界面

(29) 设置 3 个安全问题后，将进入活动历史记录设置界面，如图 4-84 所示。

图 4-84　活动历史记录设置界面

(30) 点击“否”按钮，将进入数字助理设置界面，如图 4-85 所示。

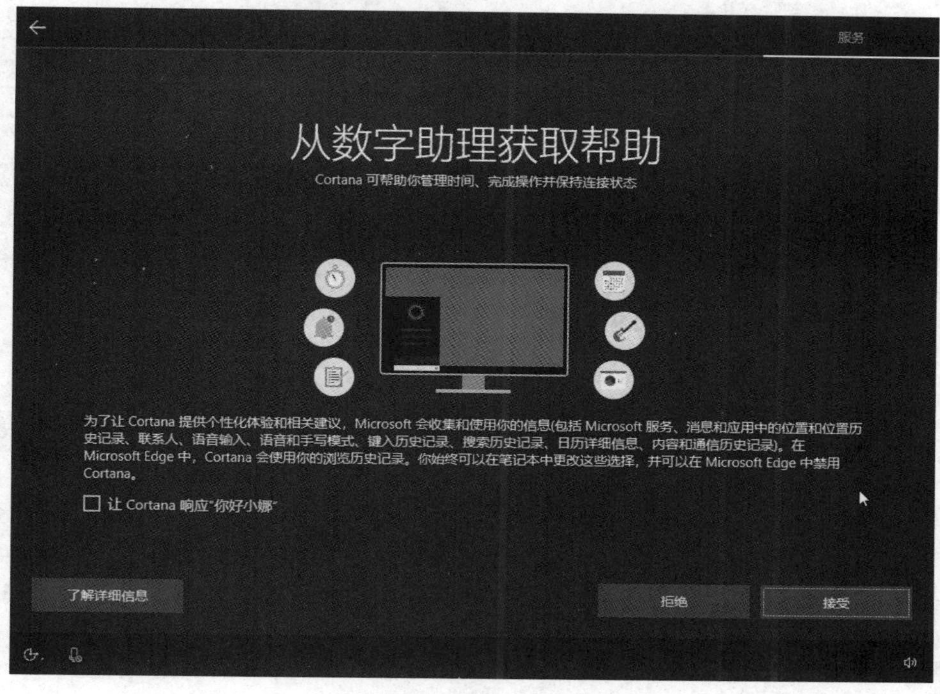

图 4-85　数字助理设置界面

(31) 点击“拒绝”按钮，将进入隐私设置界面，如图 4-86 所示。

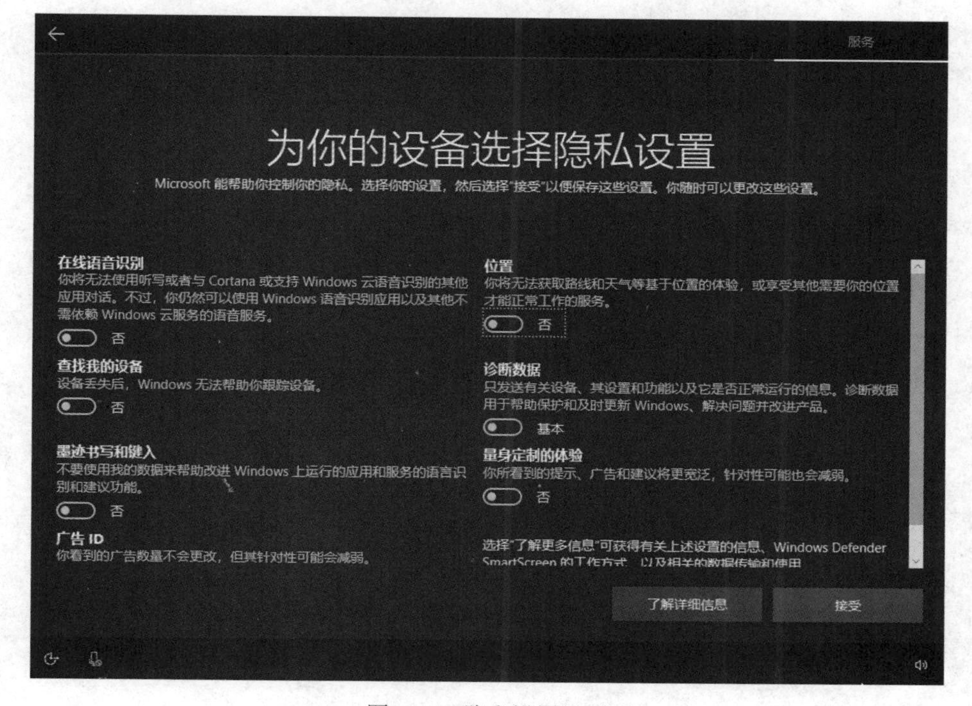

图 4-86　隐私设置界面

(32) 全部选择“否”，点击“接受”按钮，将进入等待系统配置界面，如图 4-87 所示。

图 4-87　等待系统配置界面

(33) 耐心等待系统配置完成，将进入原版 Windows 10 桌面，如图 4-88 所示。

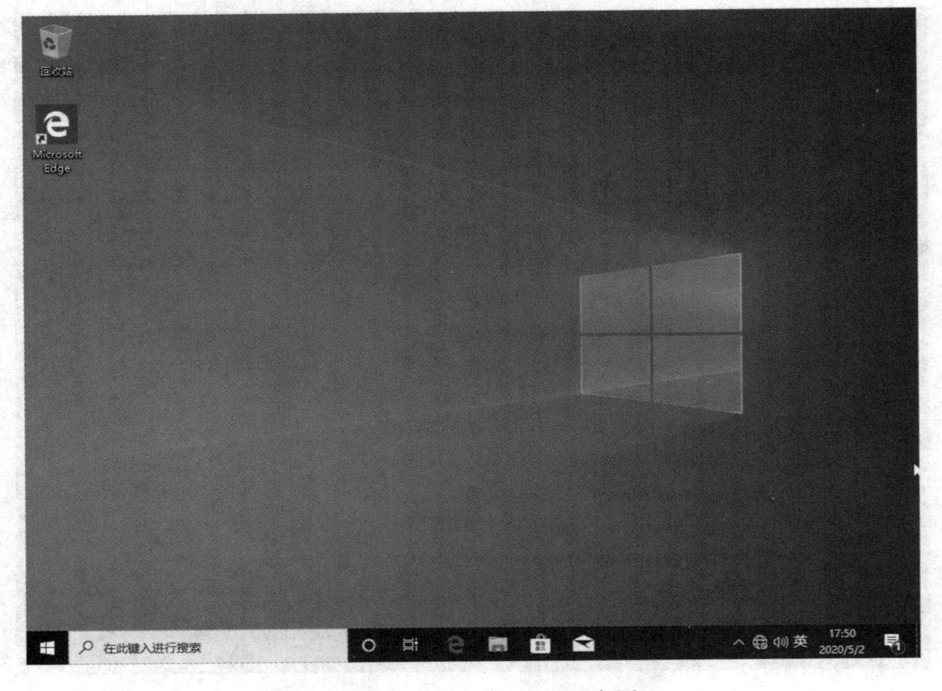

图 4-88　原版 Windows 10 桌面

4.4　案例四：驱动程序的安装

1. 万能驱动

目前，大多数 GHOST Windows 10 都自带了万能驱动，因此常规硬件无须重新驱动。

2. 驱动精灵

万能驱动能够保证常规运用，但一般无法发挥硬件的最大性能，因此最好还是重新安装驱动程序。用于安装驱动的软件很多，例如驱动精灵和驱动人生等。其中，驱动精灵的安装步骤如下：

(1) 在驱动之家的驱动精灵主页(http://www.drivergenius.com)下载驱动精灵。

(2) 在安装驱动精灵时，注意更改安装路径，尤其注意去掉捆绑软件，如图 4-89 所示。

图 4-89　驱动精灵的安装界面

(3) 等待驱动精灵安装，其过程如图 4-90 所示。

图 4-90　驱动精灵的安装过程

(4) 驱动精灵安装完成，如图 4-91 所示。

图 4-91　驱动精灵安装完成

(5) 点击“立即体验”按钮，进入驱动精灵主界面，如图 4-92 所示。

图 4-92　驱动精灵主界面

(6) 点击“立即检测”，等待检测完成。检测完成界面如图 4-93 所示。

图 4-93　驱动精灵检测完成界面

(7) 根据检测结果进行修复即可，其过程如图 4-94 所示。

图 4-94　驱动精灵修复驱动过程

(8) 等待驱动修复后，跳转为重启提示界面，如图 4-95 所示。

图 4-95　驱动精灵的重启提示界面

(9) 点击“驱动管理”，选择想要更新的驱动，再点击“一键安装”即可，如图 4-96 所示。

图 4-96　驱动更新

4.5　案例五：常用软件的安装

1. 安装 360 杀毒软件

(1) 在 360 官方网站(https://www.360.cn)下载 360 杀毒软件的安装文件，如图 4-97 所示。

图 4-97　360 杀毒软件下载页面

(2) 运行下载的 360 杀毒软件安装文件，安装过程如图 4-98 所示。

图 4-98　360 杀毒软件安装过程

(3) 等待安装完成后，最好进行一次全盘扫描，如图 4-99 所示。

图 4-99　360 杀毒软件全盘扫描

2. 安装 360 安全卫士

(1) 在 360 官方网站(https://www.360.cn)下载 360 安全卫士安装文件，如图 4-100 所示。

图 4-100　360 安全卫士下载页面

(2) 运行下载的 360 安全卫士安装文件，安装过程如图 4-101 所示。

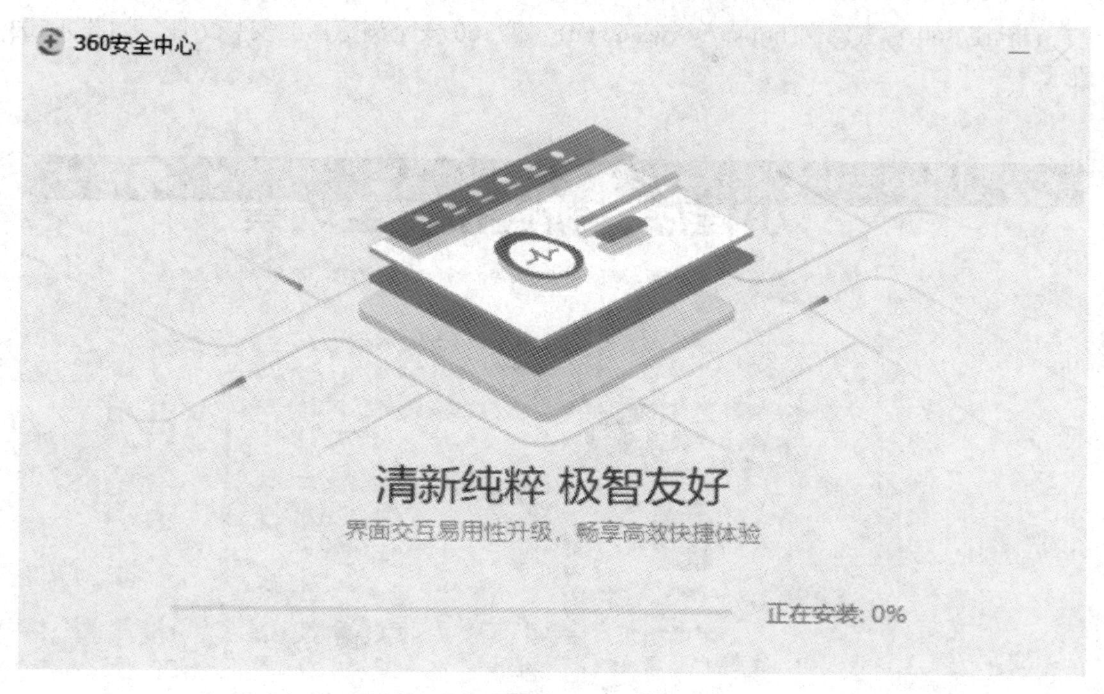

图 4-101　360 安全卫士安装过程

(3) 安装完成后，最好进行一次系统检测，如图 4-102 所示。

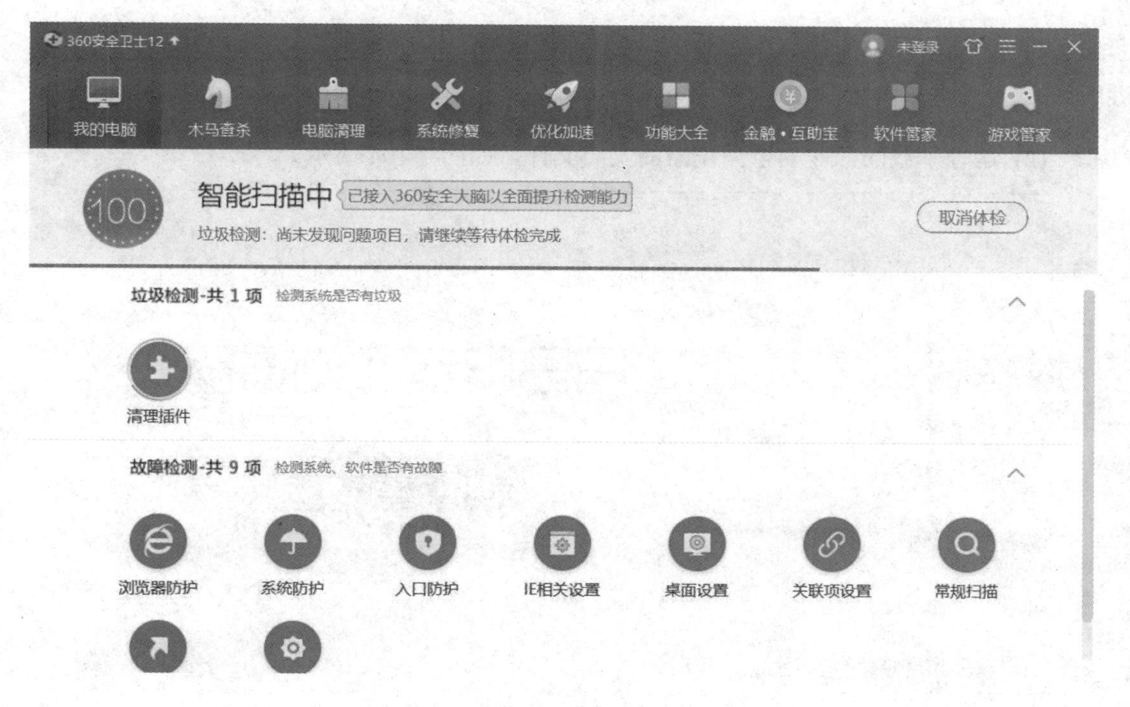

图 4-102　360 安全卫士检测

3. 安装 360 安全浏览器

(1) 在 360 官方网站(https://www.360.cn)下载 360 安全浏览器的安装文件，如图 4-103 所示。

图 4-103　360 安全浏览器下载页面

(2) 运行下载的 360 安全浏览器的安装文件，如图 4-104 所示。

图 4-104　360 安全浏览器安装

4. 安装 Office 2010

(1) 下载 Office 2010 安装文件，然后运行“setup.exe”，进入运行安装页面，如图 4-105 所示。

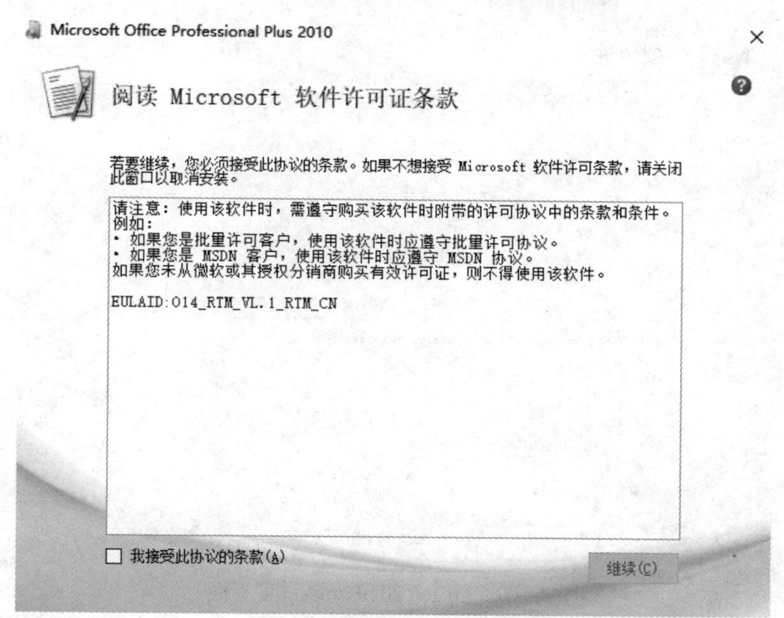

图 4-105　Office 2010 运行安装页面

(2) 勾选“我接受此协议的条款”，点击“继续”按钮，将进入“选择所需的安装”界面，如图 4-106 所示。

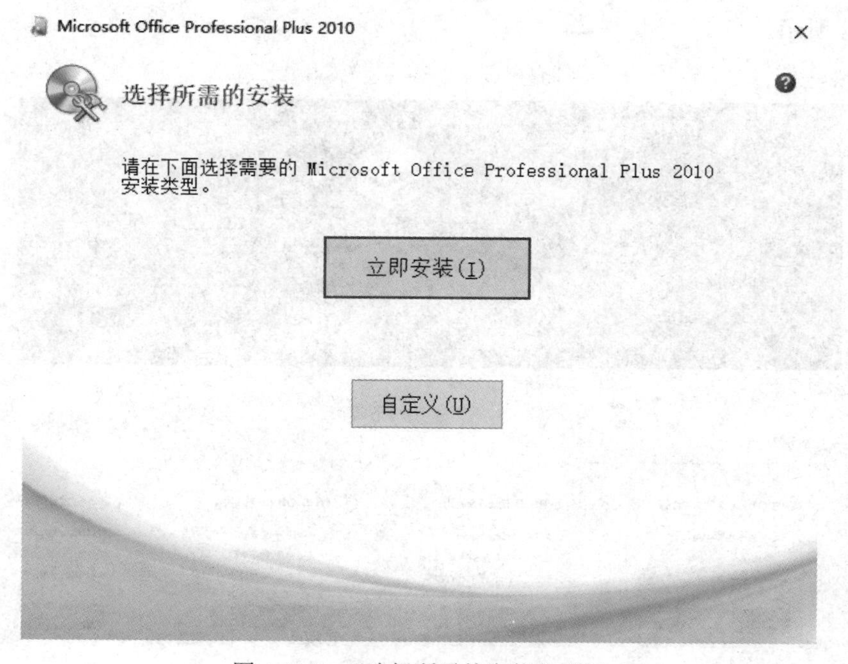

图 4-106　“选择所需的安装”界面

(3) 若不想改变安装位置，则直接点击“立即安装(I)”按钮即可，其安装进度界面如图 4-107 所示。

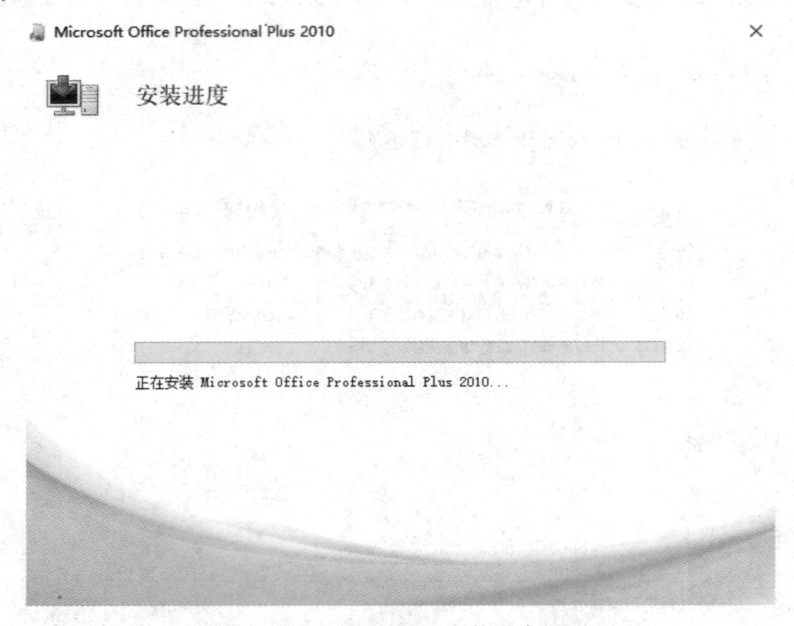

图 4-107　Office 2010 安装进度界面

(4) 耐心等待安装完成即可。

5. 安装 WPS Office 2019

(1) 在 WPS 官方网站(https://www.wps.cn)下载“WPS Office 2019 PC 版”安装文件，如图 4-108 所示。

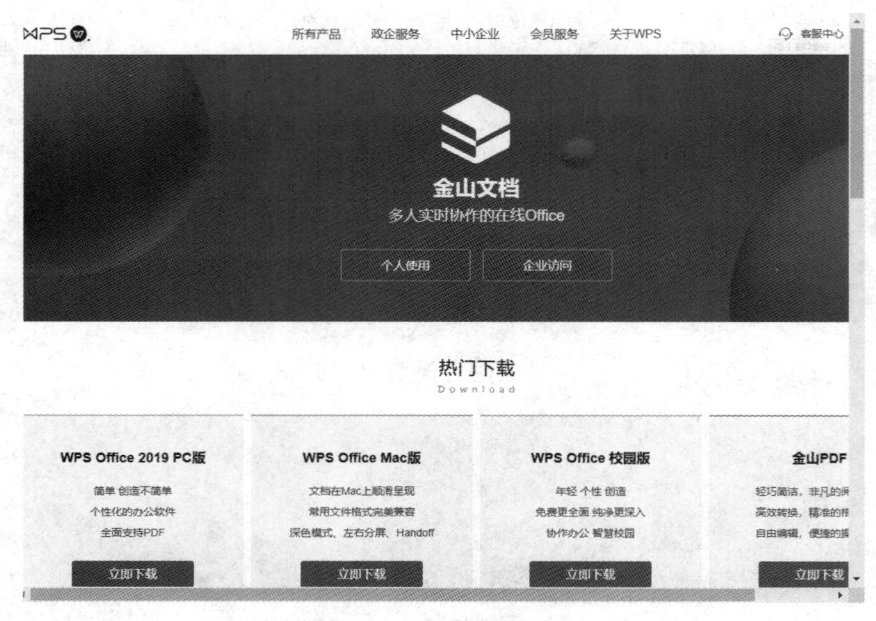

图 4-108　WPS 下载页面

(2) 运行下载的 WPS 安装文件，界面如图 4-109 所示。

图 4-109　WPS 安装界面

(3) 勾选“已阅读并同意金山办公软件许可协议和隐私策略”，然后点击“立即安装”，其安装过程如图 4-110 所示。

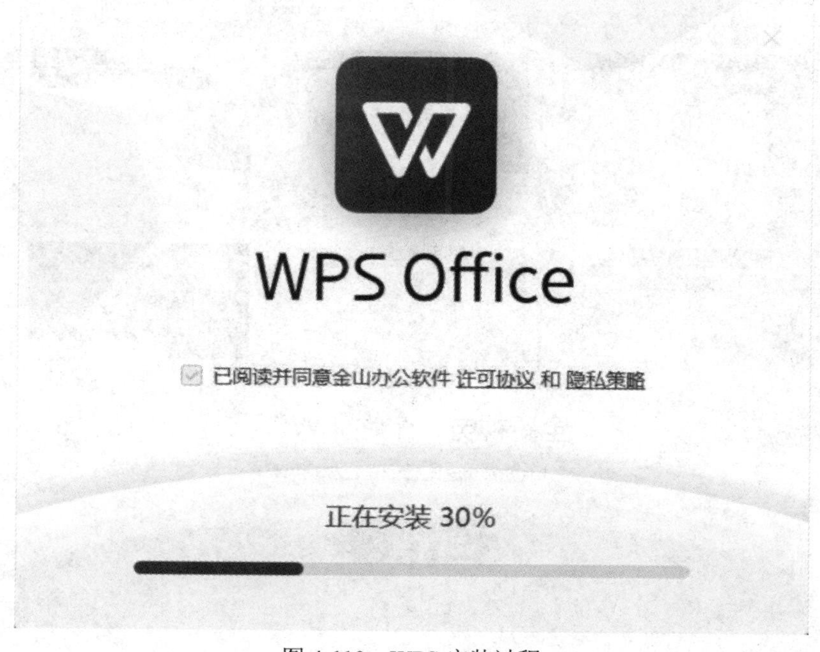

图 4-110　WPS 安装过程

(4) 等待 WPS 安装完毕，如图 4-111 所示。

欢迎使用 WPS 2019

新一代办公环境，快速访问各类办公服务

图 4-111　WPS 安装完毕

(5) 点击“开始探索”按钮，将进入 WPS 启动界面，再点击“启动 WPS”按钮即可，如图 4-112 所示。

皮肤中心

全新视觉，个性化WPS

多款皮肤供您选择，支持自定义界面字体

返回

图 4-112　WPS 启动界面

(6) 选择“我是个人版用户”，如图 4-113 所示。

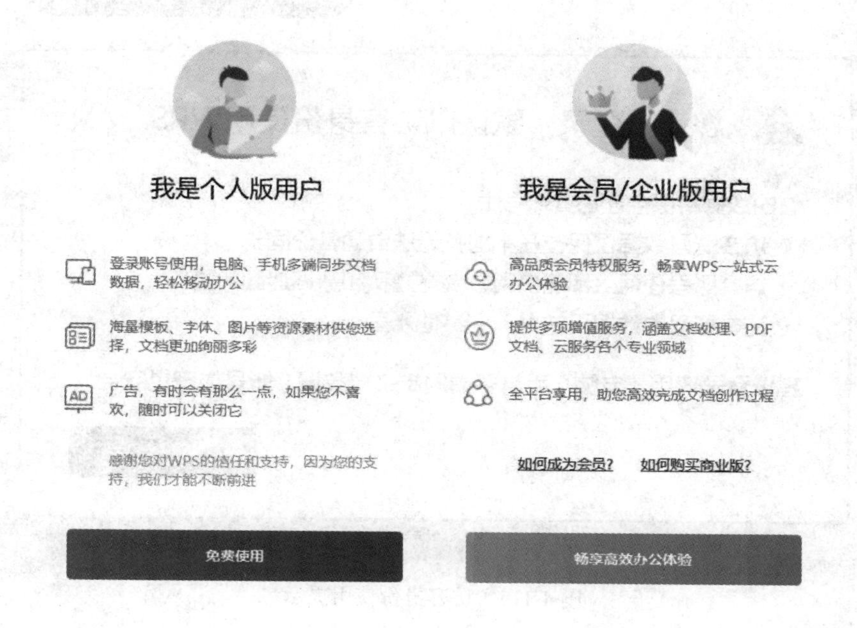

图 4-113　WPS 用户选择界面

(7) 点击“免费使用”按钮，将弹出账号登录界面，可用微信、钉钉、WPS、QQ、手机验证、已有账号密码和访客账号等登录，如图 4-114 所示。

图 4-114　WPS 账号登录界面

(8) 若直接关闭登录界面，则默认使用访客身份使用 WPS，如图 4-115 所示。

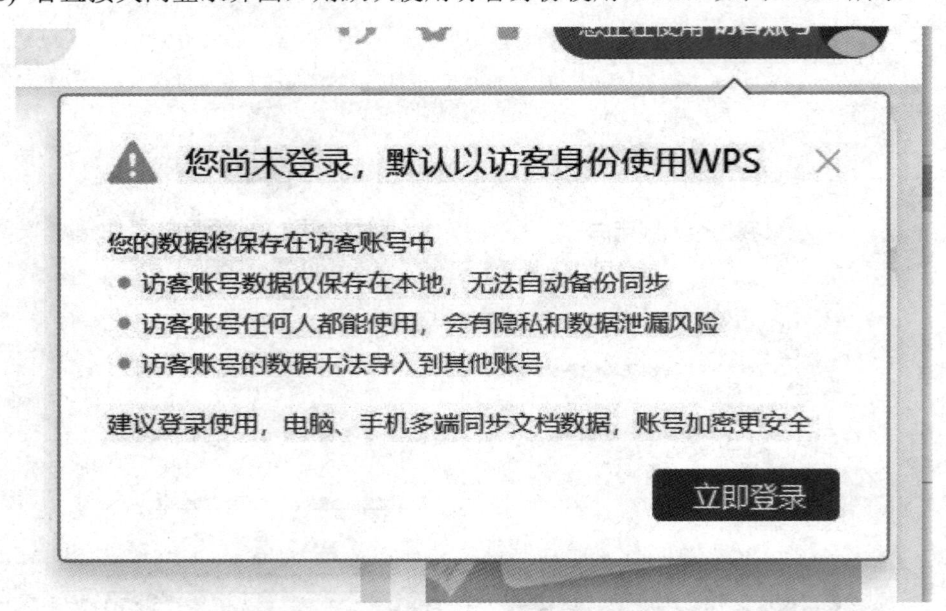

图 4-115　访客身份使用提示

(9) WPS 主界面如图 4-116 所示。

图 4-116　WPS 主界面

6. 安装迅雷

(1) 在迅雷官网(https://www.xunlei.com)下载迅雷安装文件，如图 4-117 所示。

图 4-117　迅雷下载页面

(2) 运行下载的迅雷安装文件，更换安装路径，去掉捆绑安装软件，如图 4-118 所示。

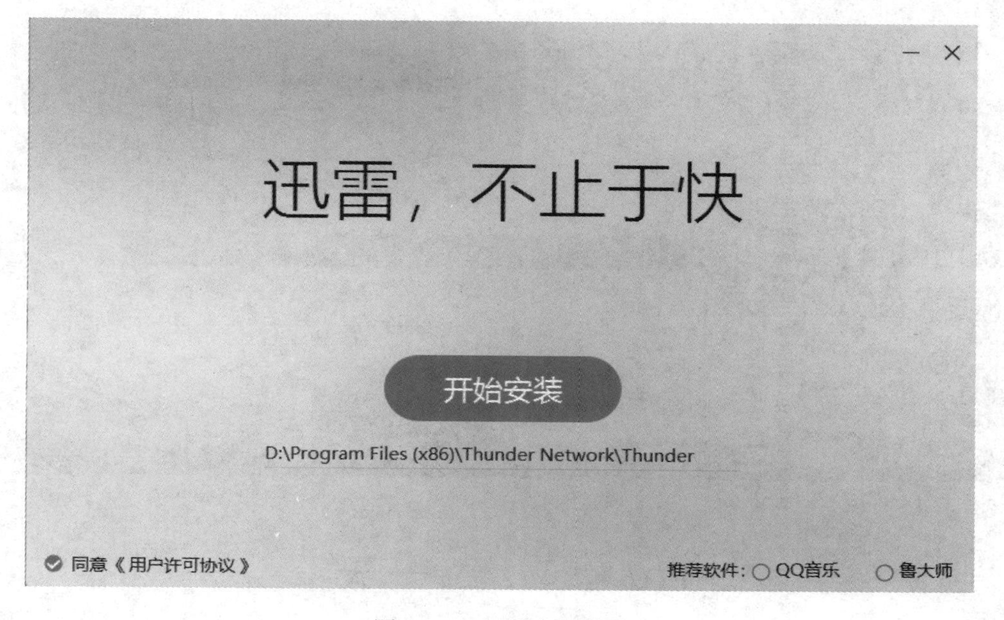

图 4-118　迅雷安装界面

(3) 点击“开始安装”按钮进行安装，其安装过程如图 4-119 所示。

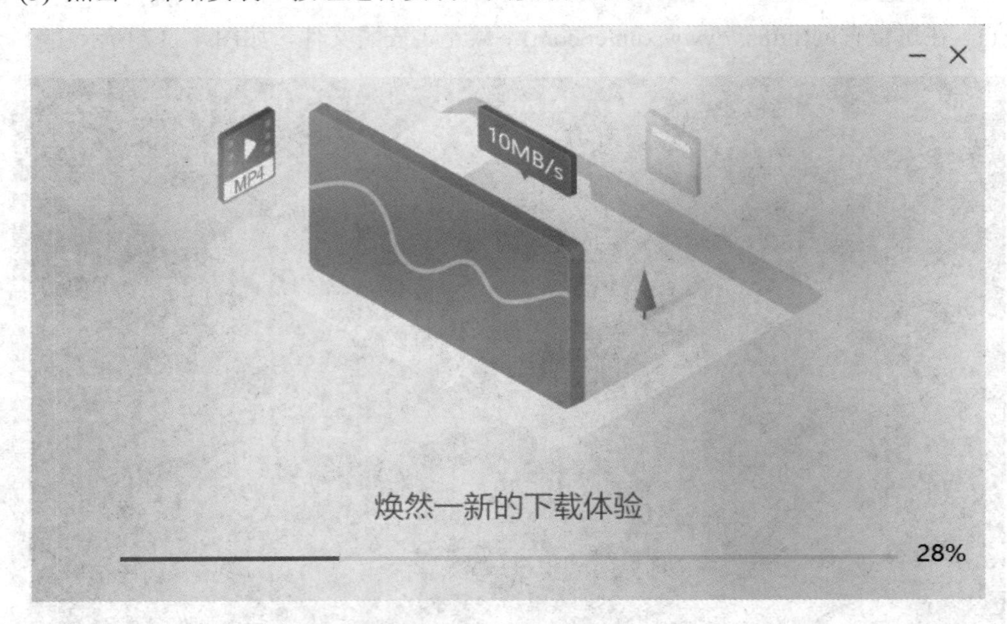

图 4-119　迅雷安装过程

7. 安装 QQ

(1) 在腾讯网(https://im.qq.com)下载 QQ 安装文件，如图 4-120 所示。

图 4-120　QQ 下载页面

(2) 运行下载的 QQ 安装文件，点击自定义选项，更改安装路径等自定义选项，点击“立即安装”按钮即可，其安装过程如图 4-121 所示。

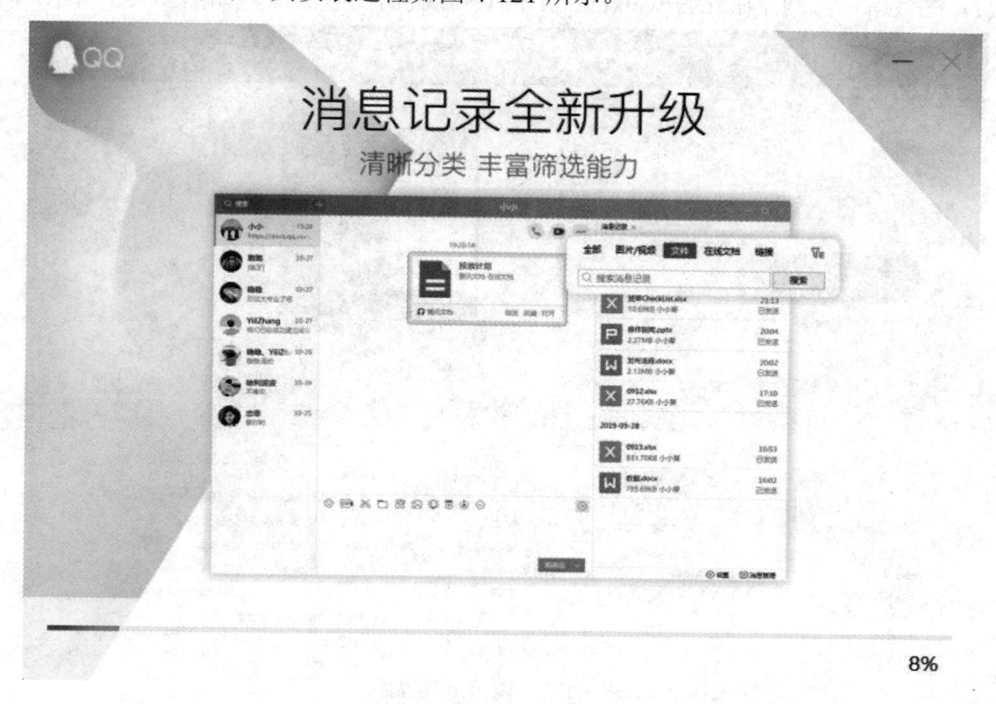

图 4-121　QQ 安装过程

(3) 等待 QQ 安装完成，点击“完成安装”按钮即可，如图 4-122 所示。

安装QQ音乐播放器

安装QQ浏览器

安装QQ游戏 免费获取专属礼包

完成安装

图 4-122　QQ 安装完成界面

8. 安装微信

(1) 在微信官方网站(https://weixin.qq.com)下载微信安装文件，如图 4-123 所示。

图 4-123　微信下载界面

(2) 运行下载的微信安装文件，点击“更多选项”，更改安装路径，如图 4-124 所示。

图 4-124　微信安装界面

(3) 点击“安装微信”按钮，其安装过程如图 4-125 所示。

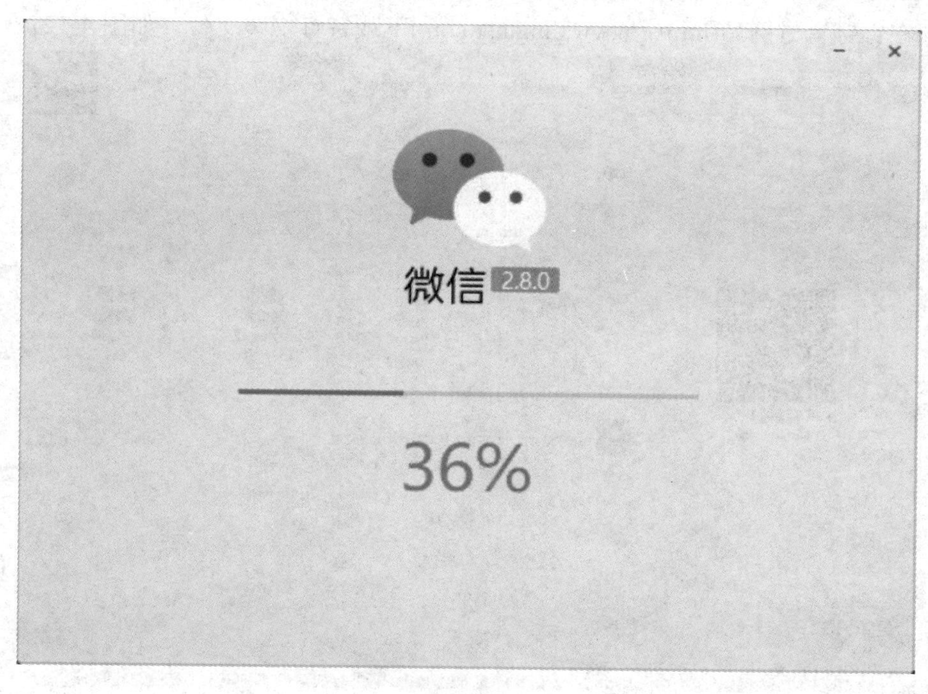

图 4-125　微信安装过程

(4) 安装完成后，点击“开始使用”即可，如图 4-126 所示。

图 4-126　微信安装完成界面

9. 安装钉钉

(1) 在钉钉官方网站(https://www.dingtalk.com)下载钉钉安装文件，如图 4-127 所示。

图 4-127　钉钉下载页面

(2) 运行下载的钉钉安装文件，将弹出钉钉安装向导界面，如图 4-128 所示。

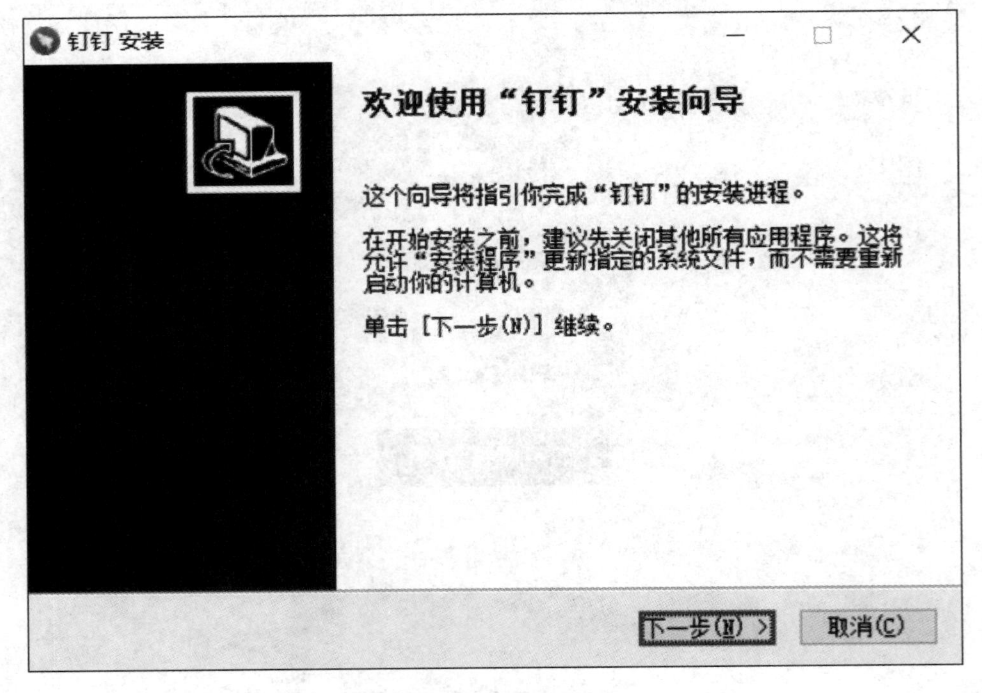

图 4-128　钉钉安装向导界面

(3) 点击“下一步”按钮，进入钉钉安装位置选择界面，并更改目标文件夹，如图 4-129 所示。

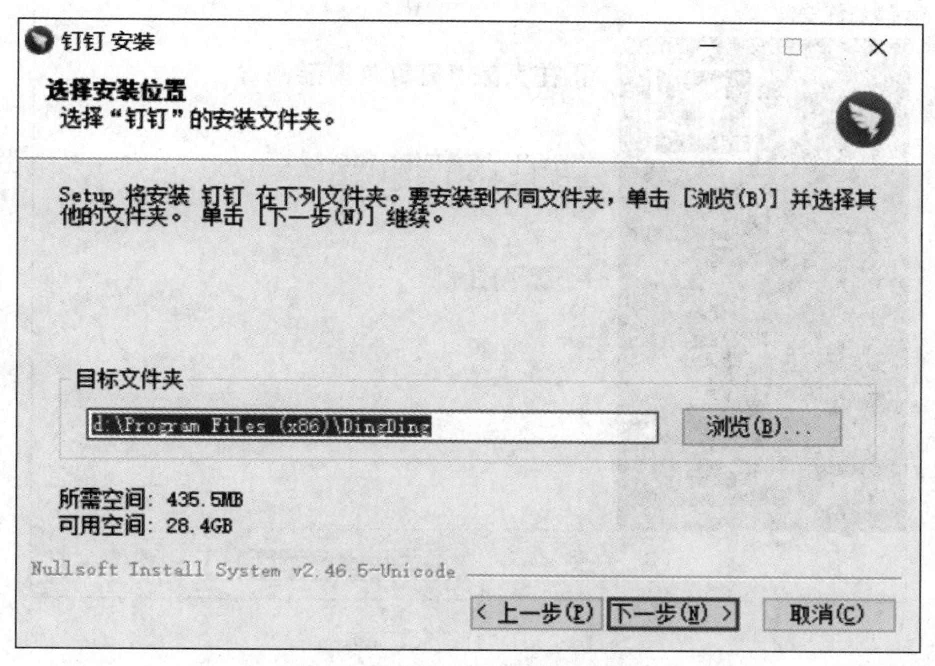

图 4-129　钉钉安装位置选择界面

(4) 点击“下一步”按钮，开始安装钉钉，其安装过程如图 4-130 所示。

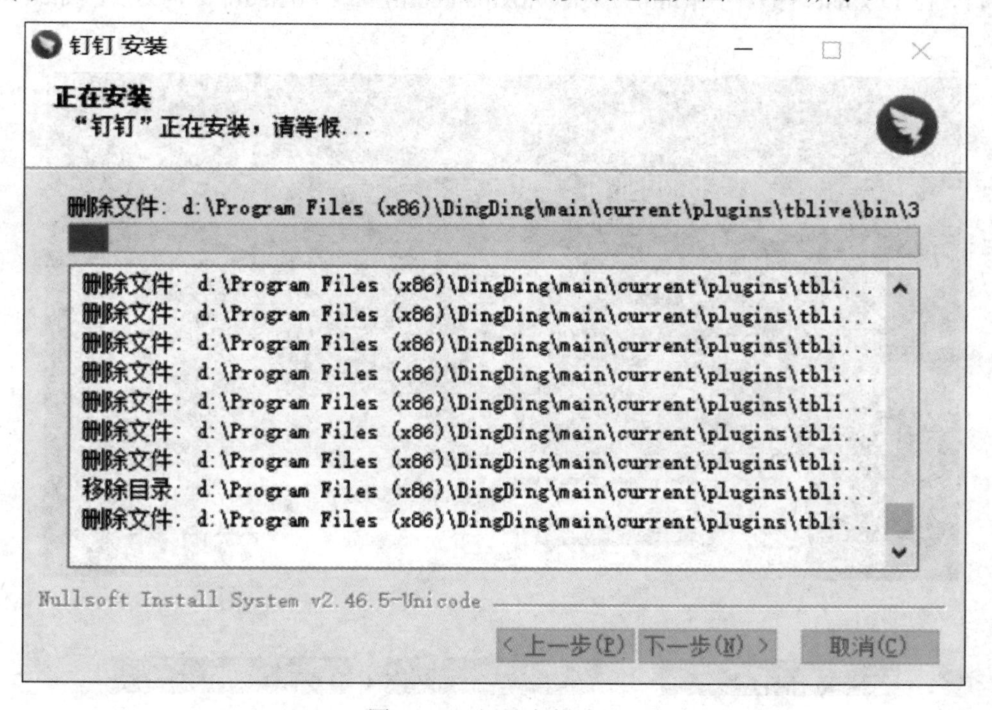

图 4-130　钉钉安装过程

(5) 钉钉安装完成后，点击“完成”按钮即可，如图 4-131 所示。

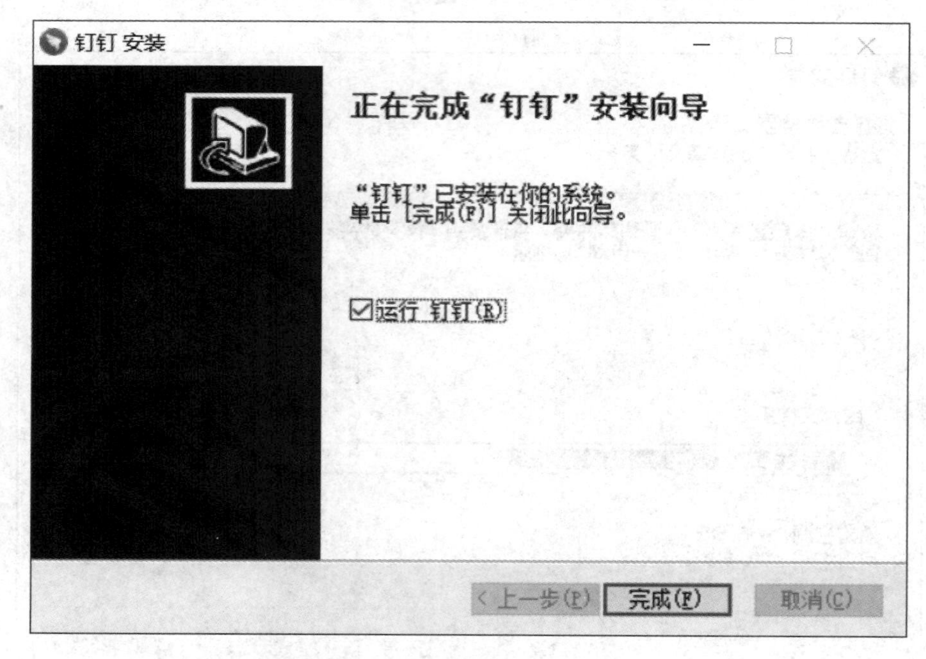

图 4-131　钉钉安装完成

10. 安装 Foxmail

(1) 在 Foxmail 官方网站(https://www.foxmail.com)下载 Foxmail 安装文件，如图 4-132 所示。

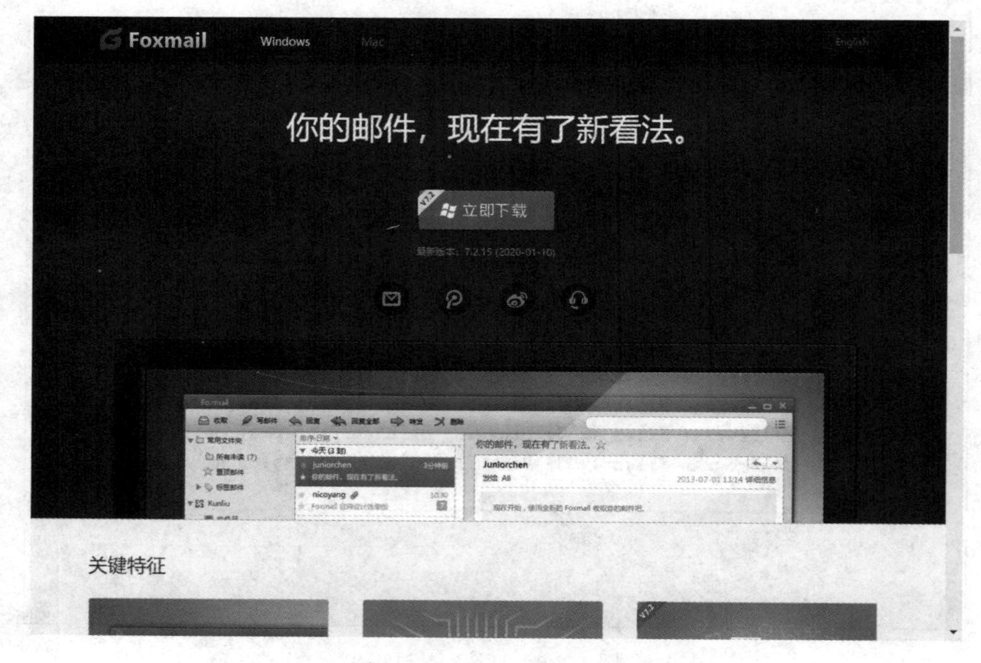

图 4-132　Foxmail 下载页面

(2) 运行下载的 Foxmail 安装文件，点击“自定义安装”按钮，并更改安装位置，如图 4-133 所示。

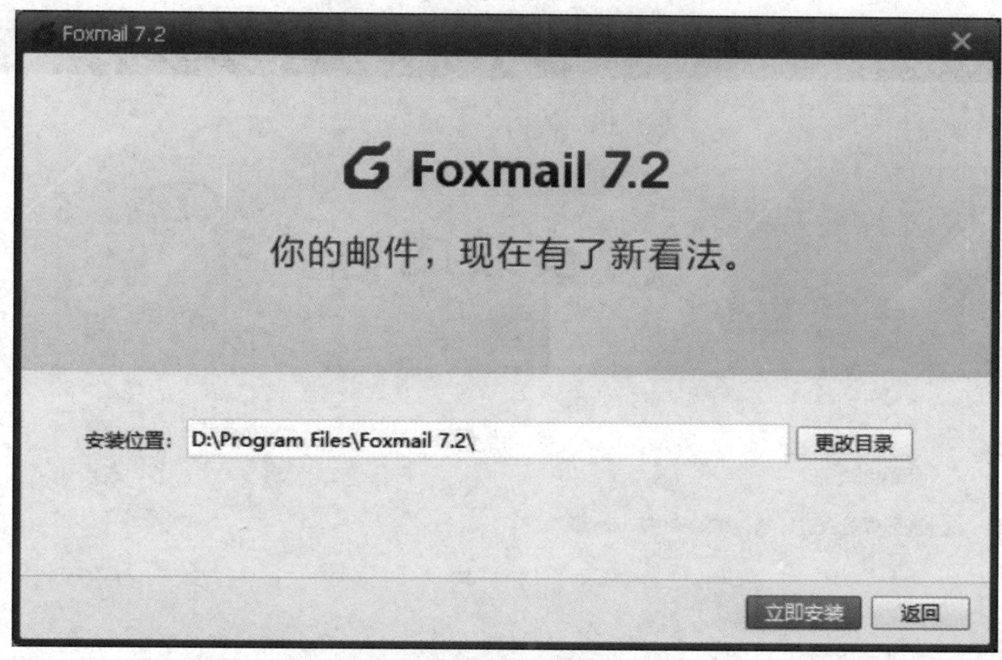

图 4-133　Foxmail 安装界面

(3) 点击“立即安装”按钮进行安装，其安装过程如图 4-134 所示。

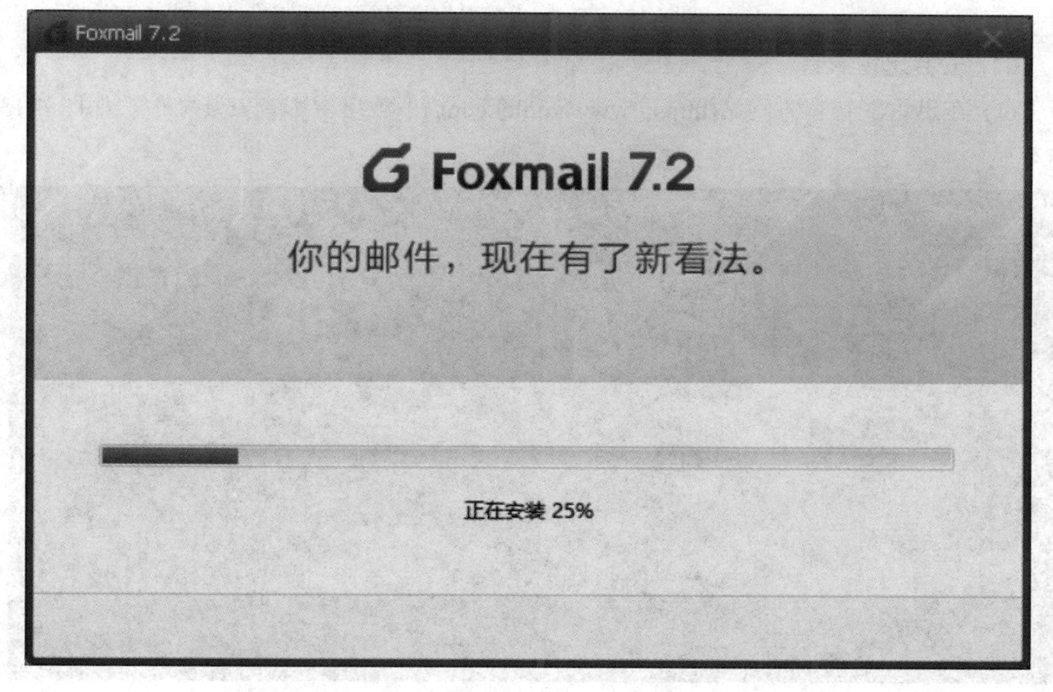

图 4-134　Foxmail 安装过程

(4) 等待安装完成，去掉“开机自动启动”和“加入体验改进计划，帮助改进 Foxmail”选项，然后点击“完成”按钮即可，如图 4-135 所示。

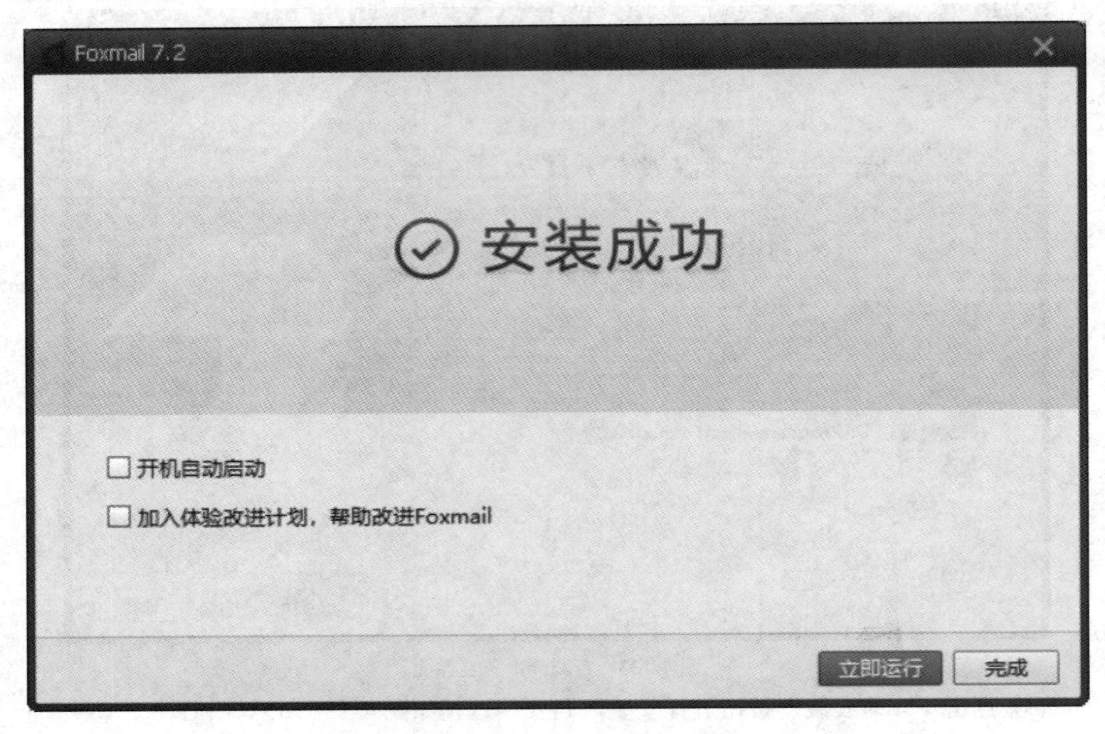

图 4-135　Foxmail 安装完成界面

11. 安装迅雷影音

(1) 在迅雷影音官方网站(https://www.xunlei.com/)下载迅雷影音安装文件，如图 4-136 所示。

图 4-136　迅雷影音下载页面

(2) 运行下载的迅雷影音安装文件，其安装界面如图 4-137 所示。

图 4-137　迅雷影音安装界面

(3) 更改安装路径，去掉推荐软件，点击“开始安装”按钮，其安装过程如图 4-138 所示。

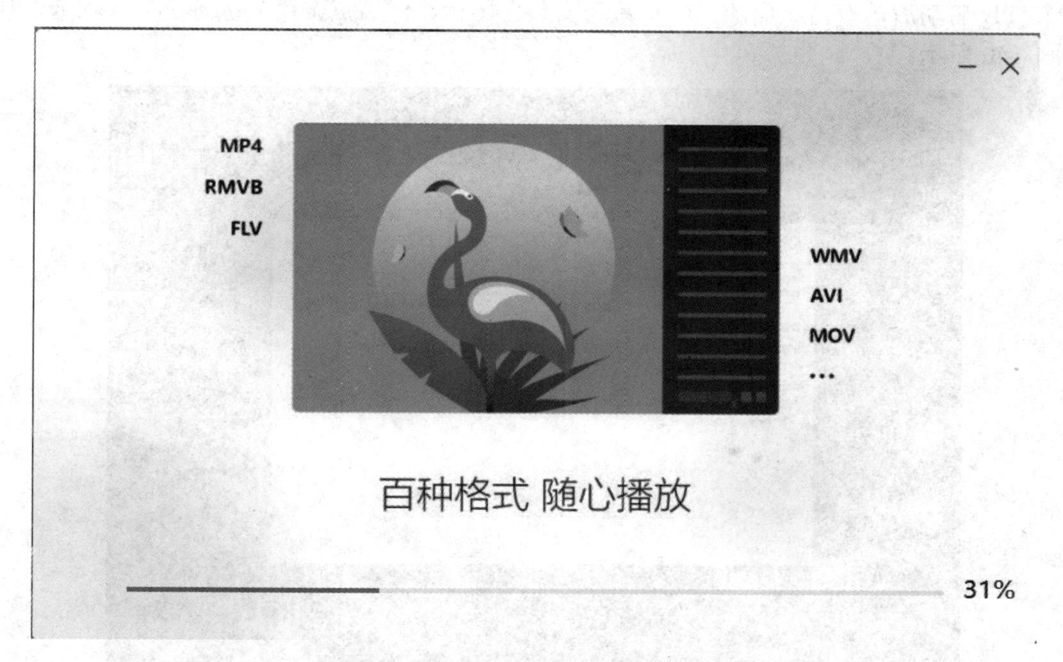

图 4-138　迅雷影音安装过程

(4) 安装完毕，其运行界面如图 4-139 所示。

图 4-139　迅雷影音运行界面

4.6　案例六：系统的备份与还原

1. 系统备份

(1) 用“优启通”USB 启动盘启动计算机，并选择“启动 Windows 10 PE x64(新机型)”，等待 PE 启动后，双击桌面的“EIX 系统安装”图标，然后点击“分区备份”选项卡，如图 4-140 所示。

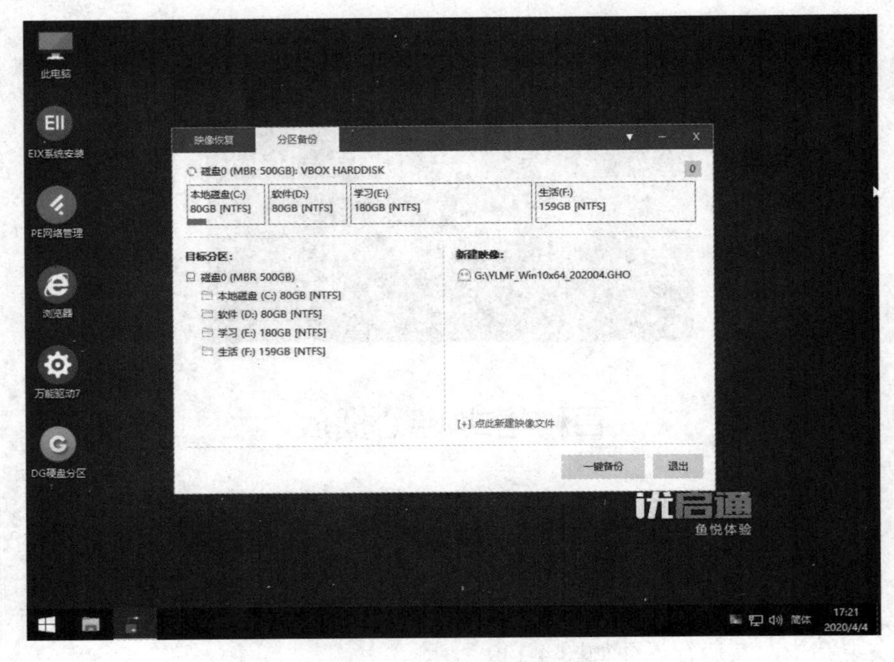

图 4-140　分区备份界面

(2) 选择要备份的磁盘，并新建映像文件，如图 4-141 所示。

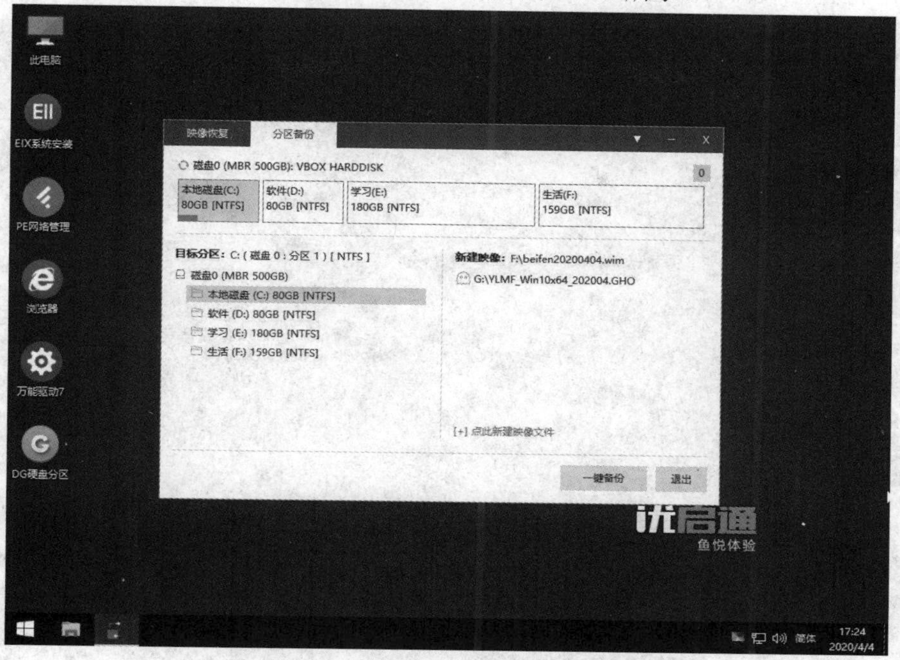

图 4-141　选择备份分区及新建映像

(3) 点击“一键备份”按钮，将弹出“确认执行”对话框，仔细检查备份分区及目标映像后点击“确认”按钮即可，如图 4-142 所示。

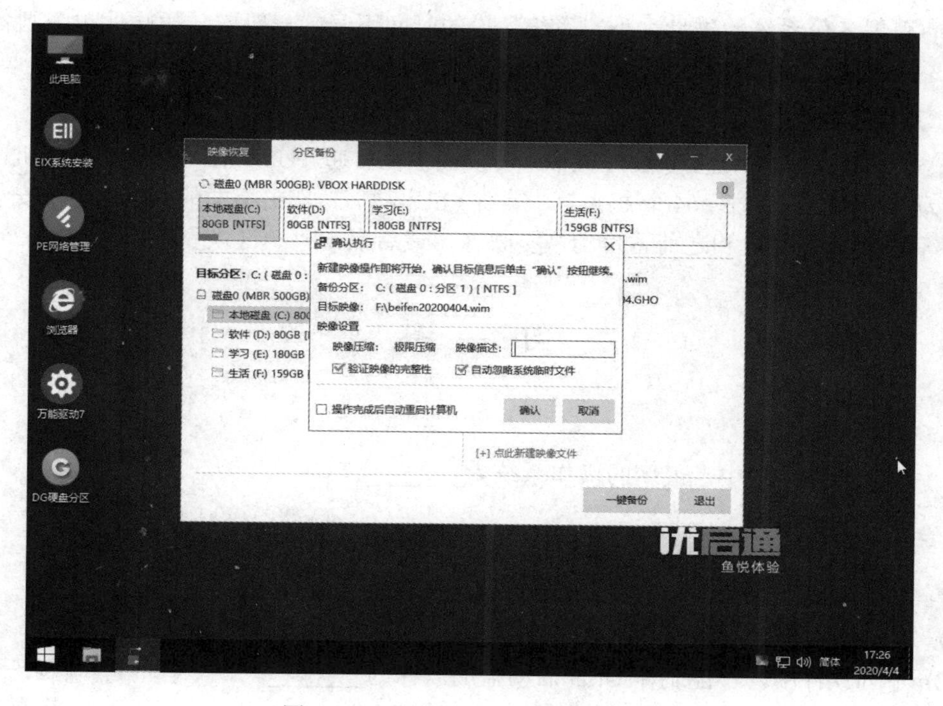

图 4-142　备份“确认执行”对话框

(4) 等待备份系统映像完成，其过程如图 4-143 所示。

图 4-143　备份系统映像的过程

(5) 根据备份系统的磁盘大小，系统备份的时间不同，一般安装的软件越多则备份时间越长，耐心等待系统映像备份完成即可。

2. 系统还原

系统还原过程与系统安装过程类似，可以用“优启通”USB 启动盘启动计算机，并选择“启动 Windows 10 PE x64(新机型)”，等待 PE 启动后，双击桌面的“EIX 系统安装”图标，然后选择恢复磁盘和之前备份的恢复映像，最后点击“一键恢复”即可。

习　　题

1. 单项选择题

(1) 下列操作系统中，最新的操作系统为_______。

A. Windows 98

B. Windows XP

C. Windows 7

D. Windows 10

(2) 下列软件中，不能制作 USB 启动盘的软件为_______。

A. 老毛桃

B. 大白菜

C. 微 PE

D. Office 2016

(3) 下列软件中，_______软件不属于应用软件。

A. 迅雷

B. QQ

C. Windows XP

D. 微信

(4) 下列软件中，能够进行磁盘分区的软件为_______。

A. DG 工具

B. 微信

C. 钉钉

D. 以上都不对

(5) 下列说法正确的是_______。

A. 系统只能安装不能备份

B. 系统不能还原

C. 安装系统后可以重新分区，且原系统能继续使用

D. 很多 GHOST 系统中都含有万能驱动

2. 操作题

(1) 练习启动盘的制作。

(2) 练习磁盘的分区及格式化。

(3) 练习 Windows 10 的安装、备份及还原。

(4) 练习杀毒软件的安装及使用。

(5) 练习常用软件的安装。

参考答案

1. (1) D；(2) D；(3) C；(4) A；(5) D。

第 5 章　计算机网络的配置

【学习目标】

通过前面的训练，大家对 USB 启动盘的制作、硬盘的分区及格式化、操作系统的安装和常用软件的安装有了一定的了解，现在可以进行计算机网络的配置训练了。本章学习目标主要包括以下几点：

(1) 掌握 IP 地址、子网掩码、网关及 DNS 服务器的设置。

(2) 掌握双绞线的制作。

(3) 掌握 Internet 的接入。

(4) 掌握无线路由器的配置。

5.1　案例一：IP 地址、子网掩码、网关及 DNS 服务器的设置

1. 知识准备

1) IP 地址

IP 地址(Internet Protocol Address，互联网协议地址)又称网际协议地址，是 IP 协议提供的一种统一的地址格式，它为每一台连入互联网的主机分配一个唯一的逻辑地址，以此来屏蔽物理地址的差异。

首先出现的 IP 地址是 IPv4，它是一个 32 位的二进制数，通常被分割为 4 组，占 4 个字节，一般用点分十进制表示，如 192.168.0.1。IP 地址由两部分组成：前一部分称为网络地址，后一部分称为主机地址。例如，192.168.0 为网络地址，1 为主机地址。IPv4 地址被分为五类，如图 5-1 所示。

⇓ 1～8 位 ◊	⇓ 9～16 位 ◊	⇓ 17～24 位 ◊	⇓ 25～32 位 ◊

类别	前缀	网络地址	主机地址
A 类地址	0	7 位网络地址	24 位主机地址
B 类地址	10	14 位网络地址	16 位主机地址
C 类地址	110	21 位网络地址	8 位主机地址
D 类地址	1110	28 位多播地址	
E 类地址	11110	保留地址，用于实验或将来使用	

图 5-1　IPv4 地址的分类

其中，A 类 IP 地址范围为 1.0.0.1 至 127.255.255.254，最大网络数为 126(2^7-2)，最大主机数为 16 777 214($2^{24}-2$)；B 类 IP 地址范围为 128.0.0.1 至 191.255.255.254，最大网络数为 16 382($2^{14}-2$)，最大主机数为 65 534($2^{16}-2$)。C 类 IP 地址范围为 192.0.0.1 至 223.255.255.254，最大网络数为 2 097 150($2^{21}-2$)，最大主机数为 254(2^8-2)。

IPv4 的最大问题就是地址资源有限，严重阻碍了互联网的发展。为了解决这一问题，互联网数字分配机构(IANA)提出了 IPv6，即互联网协议第 6 版。IPv6 的地址长度为 128 位，是 IPv4 地址长度的 4 倍。与 IPv4 不同，IPv6 地址被分为 8 段，采用点分十六进制表示。

2) 子网掩码

子网掩码(Subnet Mask)又称为网络掩码，与 IPv4 地址类似，也是一个 32 位的二进制数，也采用点分十进制表示。子网掩码的主要作用是将 IPv4 地址的网络地址和主机地址分离，从而分别获取 IPv4 地址的网络地址和主机地址。

3) 网关

网关(Gateway)又称协议转换器，是一种充当转换重任的计算机系统或设备，用于两个高层协议不同的网络互联。网关既可以用于广域网互联，也可以用于局域网互联。可以简单地将网关理解为局域网连接 Internet 的出口。例如，日常生活中家里的电脑、手机和平板等设备的网关都是家里的无线路由器的 IP 地址。

4) DNS

DNS(Domain Name System)即域名系统，是一种分布式网络目录服务，主要用于域名与 IP 地址的相互转换，并控制因特网的电子邮件的发送。另外，首选 DNS 服务器即优先访问的 DNS 服务器，备用 DNS 服务器即当首选 DNS 服务器无法访问时跳转的第二个备用的 DNS 服务器。

2. IP 地址、子网掩码、默认网关及 DNS 服务器的设置

目前大部分网络运营商仍采用 IPv4 地址，因此本书仍以 IPv4 地址为例介绍如何设置 IP 地址、子网掩码、默认网关及 DNS 服务器。

(1) 在桌面左下角“开始”菜单图标上点击鼠标右键，将弹出功能菜单，如图 5-2 所示。

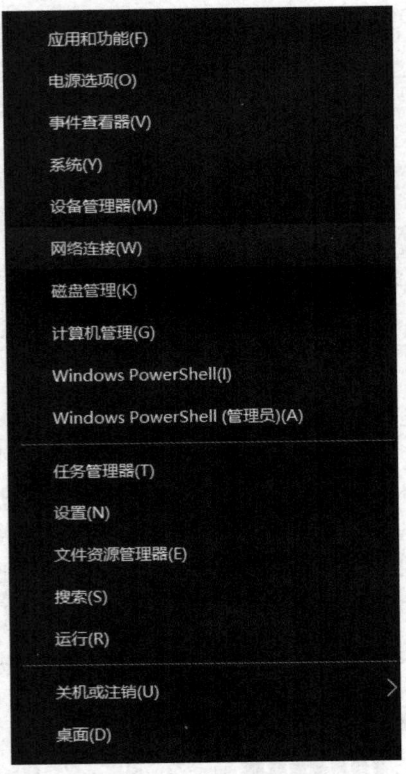

图 5-2　“开始”菜单图标的右键功能菜单

(2) 点击“网络连接”命令，将弹出网络设置界面，如图 5-3 所示。

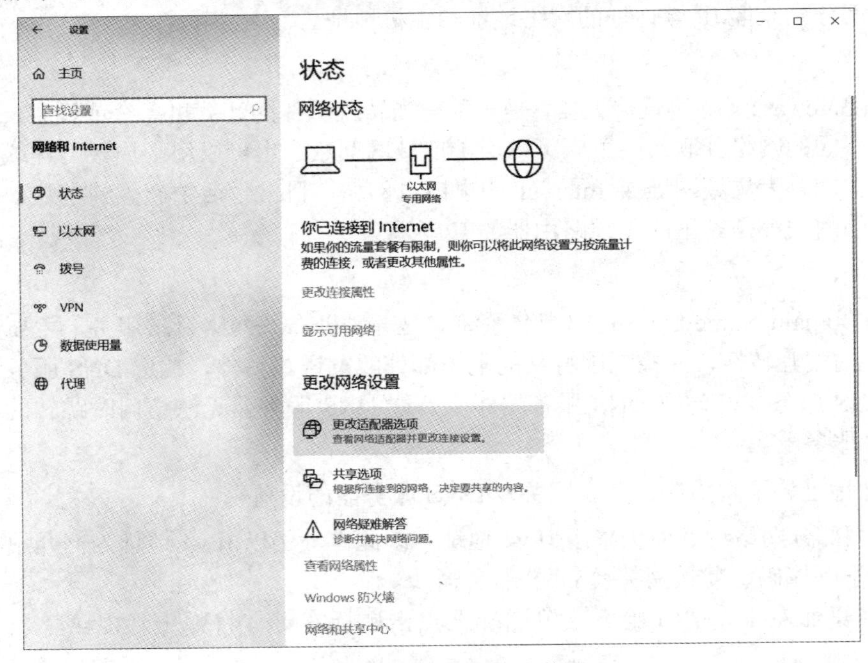

图 5-3　网络设置界面

(3) 点击“更改适配器选项”，将弹出“网络连接”界面，如图 5-4 所示。

图 5-4 “网络连接”界面

(4) 双击“以太网”网络连接，将弹出“以太网 状态”界面，如图 5-5 所示。

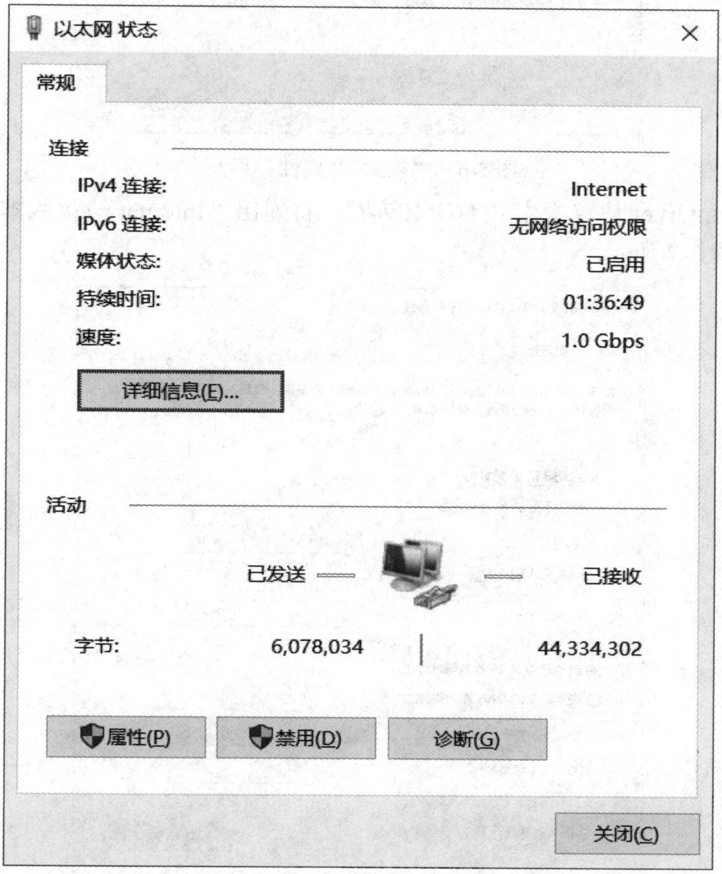

以太网 状态
常规
连接
IPv4 连接: Internet
IPv6 连接: 无网络访问权限
媒体状态: 已启用
持续时间: 01:36:49
速度: 1.0 Gbps
详细信息(E)...
活动
已发送 已接收
字节: 6,078,034 44,334,302
属性(P) 禁用(D) 诊断(G)
关闭(C)

图 5-5 “以太网 状态”界面

(5) 点击“属性”按钮，将弹出“以太网 属性”界面，如图 5-6 所示。

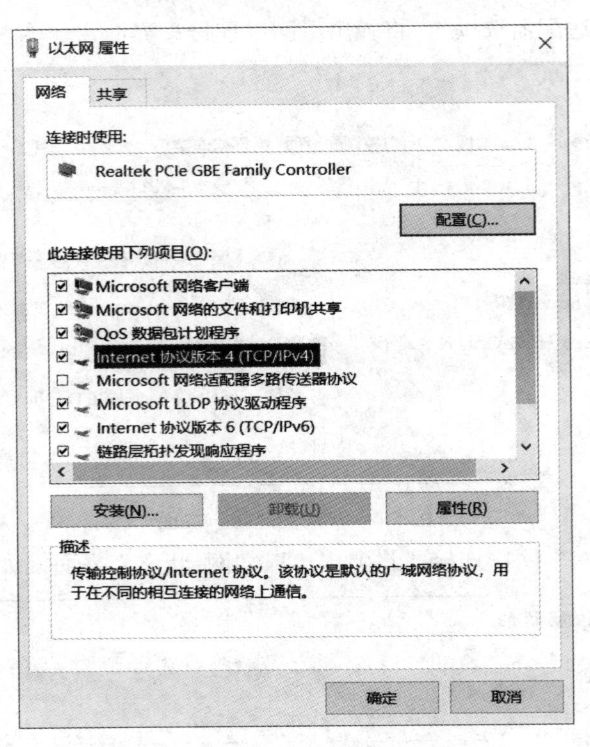

图 5-6　“以太网 属性”界面

(6) 双击“Internet 协议版本 4(TCP/IPv4)”，将弹出“Internet 协议版本 4(TCP/IPv4)属性”界面，如图 5-7 所示。

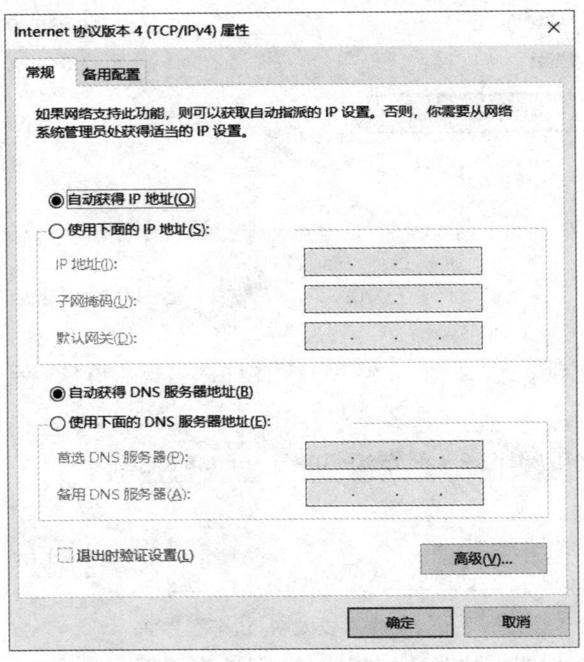

图 5-7　“Internet 协议版本 4(TCP/IPv4)属性”界面

(7) 大多数情况下，设置自动获取 IP 地址、子网掩码、默认网关和 DNS 服务器地址即可。也可以手动设置，例如家里的无线路由器地址为“192.168.2.1”，那么可以手动设置 IP 地址为“192.168.2.229”，子网掩码为“255.255.255.0”，默认网关为“192.168.2.1”，首选 DNS 服务器地址为“192.168.2.1”，备用 DNS 服务器地址为“202.97.224.69”，如图 5-8 所示。

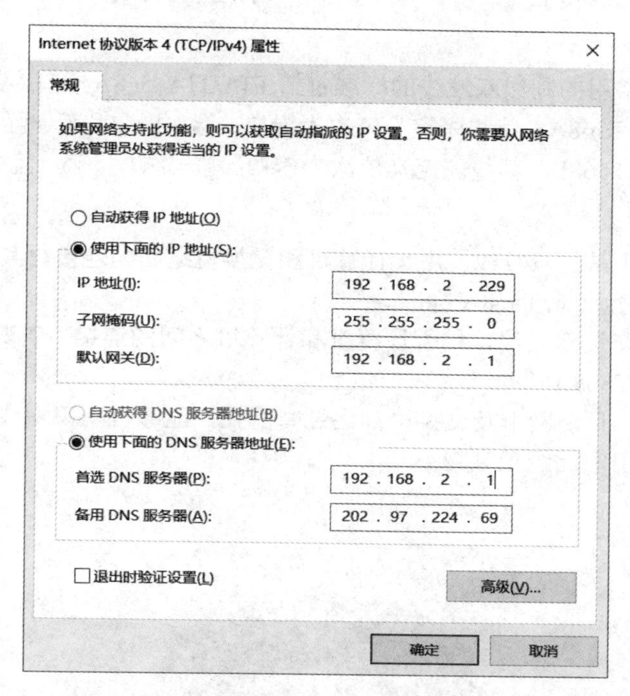

图 5-8　IP 地址、子网掩码、默认网关及 DNS 服务器设置界面

5.2　案例二：双绞线的制作

1. 知识准备

1) 双绞线简介

双绞线(Twisted Pair，TP)是综合布线工程中最常用的一种传输介质，是由两根具有绝缘保护层的铜导线组成的。常见的双绞线如图 5-9 所示。

图 5-9　常见的双绞线

2) 双绞线的分类

按有无屏蔽层可将双绞线分为屏蔽双绞线和非屏蔽双绞线，在日常生活中非屏蔽双绞线较为常见。

按频率和信噪比可将双绞线分为一类线、二类线、三类线、四类线、五类线、超五类线、六类线、超六类线和七类线等。其中，五类线、超五类线和六类线较为常见。

3) 双绞线的线序

目前，国际上常用的制作双绞线的标准包括 EIA/TIA 568A 和 EIA/TIA 568B 两种。EIA/TIA 568A 简称 T568A，其线序定义依次为绿白、绿、橙白、蓝、蓝白、橙、棕白、棕。EIA/TIA 568B 简称 T568B，其线序定义依次为橙白、橙、绿白、蓝、蓝白、绿、棕白、棕。

4) 直连与交叉

所谓直连，即正常的双绞线，用于计算机和交换机之间的连接，其两端线序一致，即两端都采用 T568B 标准或 T568A 标准。

所谓交叉，即交叉双绞线，用于计算机和计算机之间的连接，若其一端线序为 T568 标准，则另一端为 T568A 标准。

值得注意的是，目前网卡及交换机都已经智能化，能够自动识别线序，因此直连与交叉的区别在实际应用中已经越来越小。

2. 工具准备

(1) 双绞线，如图 5-10 所示。

图 5-10　双绞线

(2) RJ-45 水晶头，如图 5-11 所示。

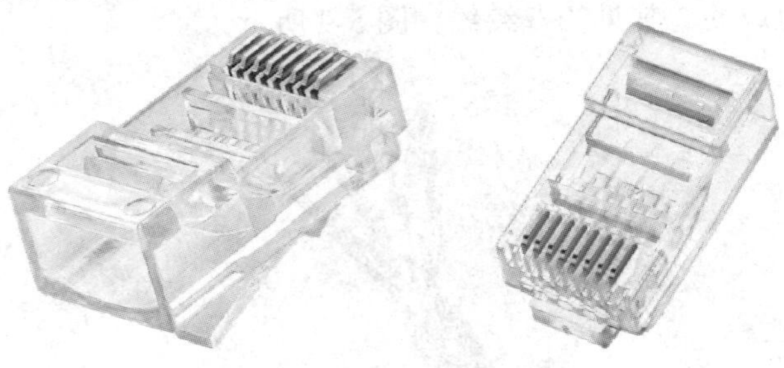

图 5-11　RJ-45 水晶头

(3) 双绞线压线钳，如图 5-12 所示。

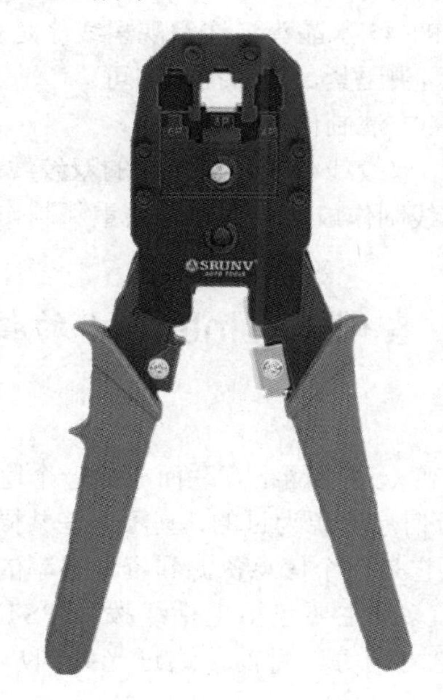

图 5-12　双绞线压线钳

(4) 双绞线测线器，如图 5-13 所示。

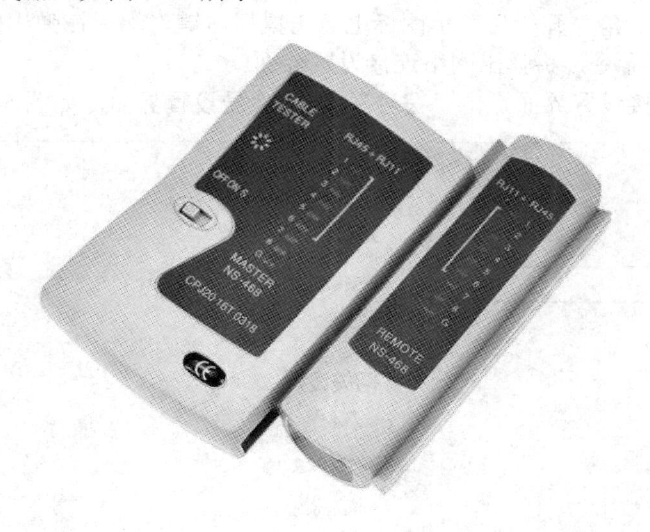

图 5-13　双绞线测线器

3. 双绞线制作步骤

(1) 用压线钳将双绞线外皮剥去 3 cm 左右，注意不要损伤双绞线。

(2) 将 4 对双绞线按 4 个方向分开，左边为橙白、橙，右边为棕白、棕，远离自己的方向为蓝、白蓝，靠近自己的方向为绿白、绿。

(3) 将 4 对双绞线分别展开，将绿白放到橙和蓝之间，将绿放到蓝白和棕白之间。

(4) 按照 T568B 国际标准排好、并拢。双绞线越直越好。

(5) 用双绞线压线钳将双绞线剪齐，留下 1.5 cm 左右的长度。

(6) 将剪齐的双绞线插入 RJ-45 水晶头，注意观察线序是否为 T568B 国际标准。

(7) 用双绞线压线钳将水晶头压紧，然后抽出即可。

(8) 网线另一端采用同样的方法制作。

(9) 网线制作完成后，应用双绞线测线器对制作的双绞线进行测试，观察 8 根线是否都能够连通，若连通则表示网线制作成功，否则需要重新制作。

5.3　案例三：Internet 的接入

1. 知识准备

(1) Internet 即因特网，是由众多小网络互联而成的一个巨大的逻辑网，是全球信息资源的总汇。Internet 以相互交流信息资源为目的，基于一些共同的协议，并通过许多路由器和公共互联网相互连接而成，它是一个信息资源和资源共享的集合。

(2) Internet 的接入方式较多，主要包括电话线拨号(PSTN)、一线通(ISDN)、ADSL、HFC、光纤、PON、无线和电力网等。目前，通过光纤到户实现 Internet 宽带上网较为常见。

2. 宽带接入 Internet 的设置

(1) 在桌面左下角“开始”菜单图标上点击鼠标右键，然后在弹出的右键功能菜单中点击“网络连接”命令，将弹出网络连接设置界面。

(2) 在网络连接设置界面点击“拨号”，进入拨号设置界面，如图 5-14 所示。

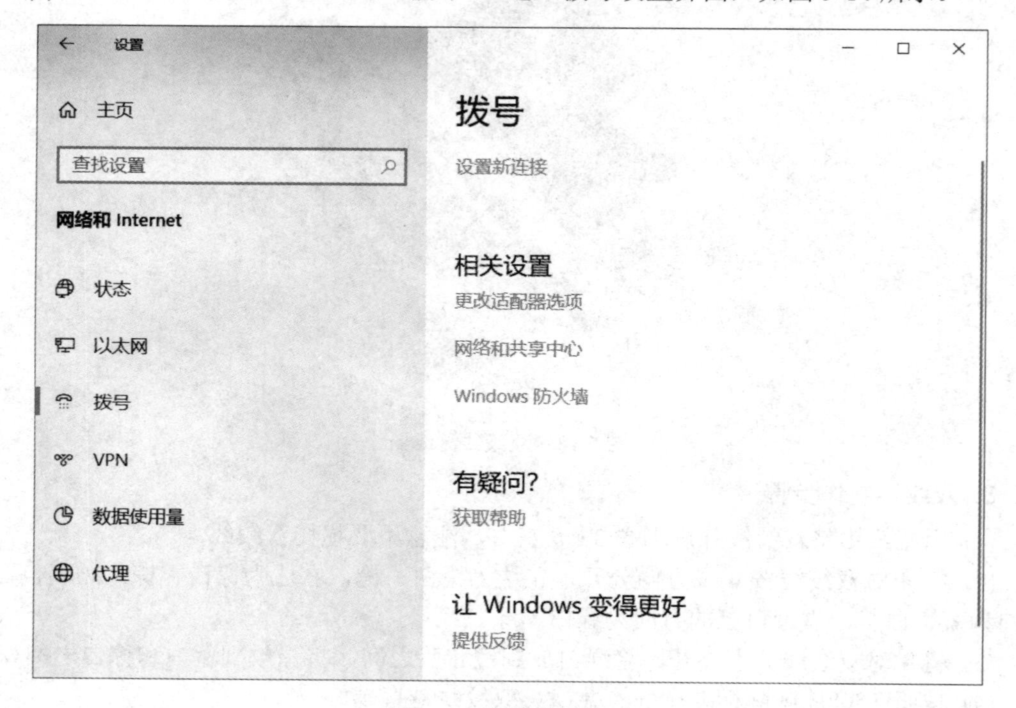

图 5-14　拨号设置界面

(3) 点击“设置新连接”，将弹出“设置连接或网络”界面，如图 5-15 所示。

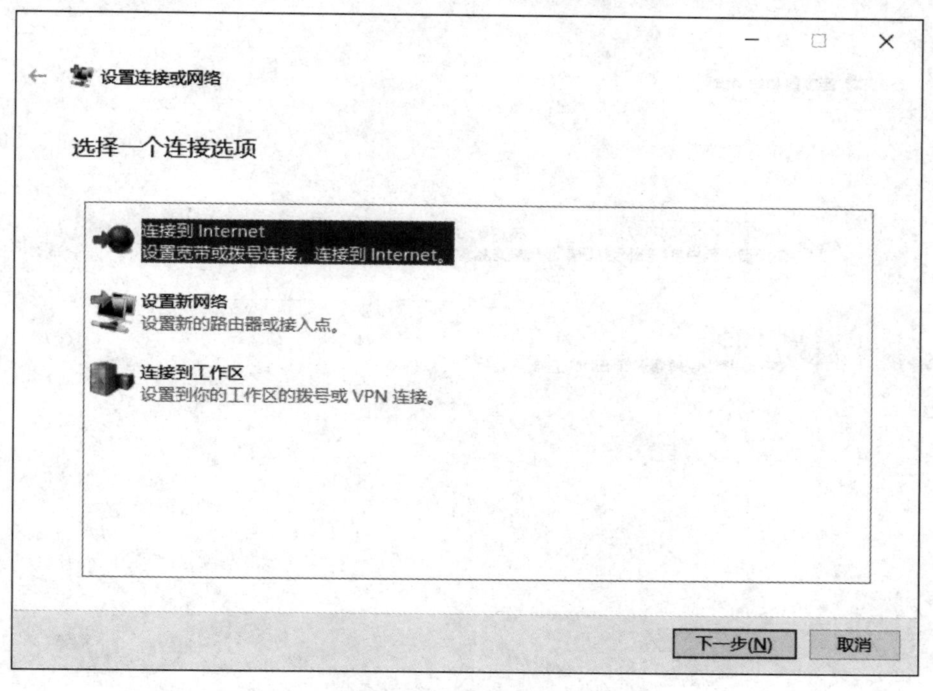

图 5-15　“设置连接或网络”界面

(4) 选择“连接到 Internet”，点击“下一步”按钮，将弹出“连接到 Internet”界面，如图 5-16 所示。

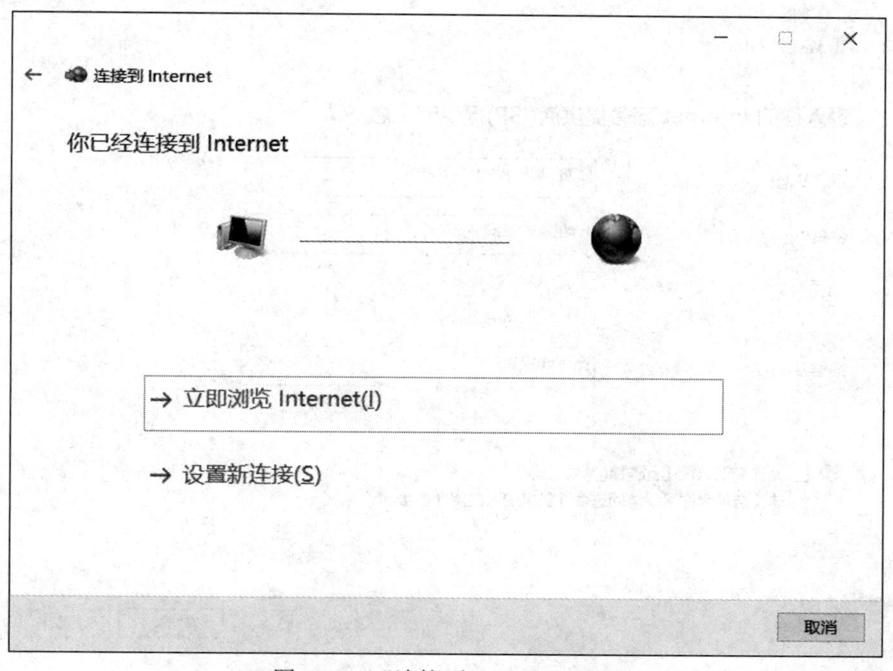

图 5-16　“连接到 Internet”界面

(5) 点击“设置新连接”，弹出连接选择界面，如图 5-17 所示。

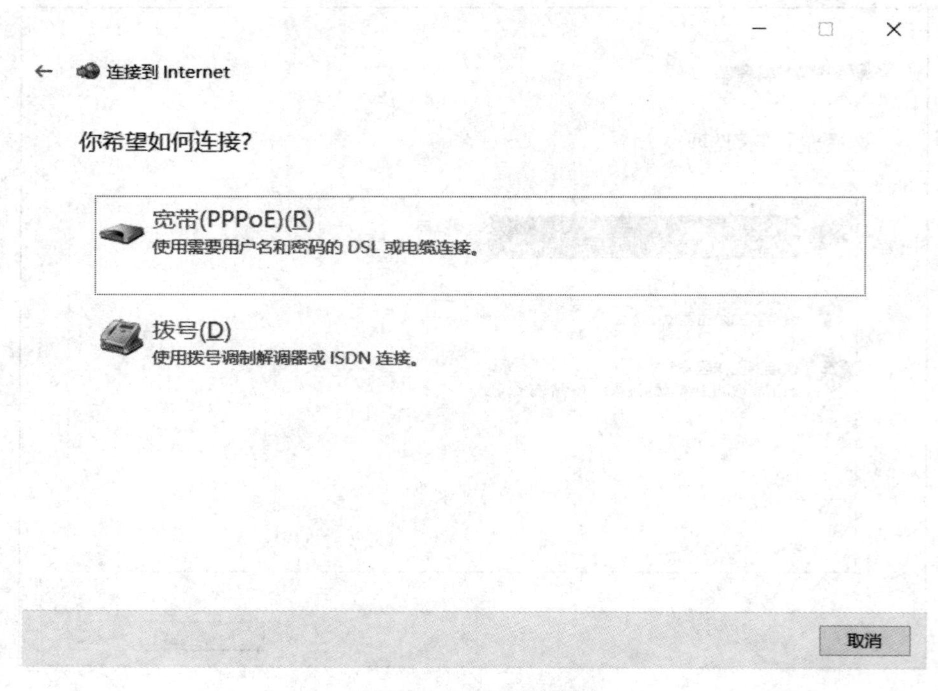

图 5-17　连接选择界面

(6) 点击“宽带(PPPoE)”，将弹出用户名及密码输入界面，如图 5-18 所示。

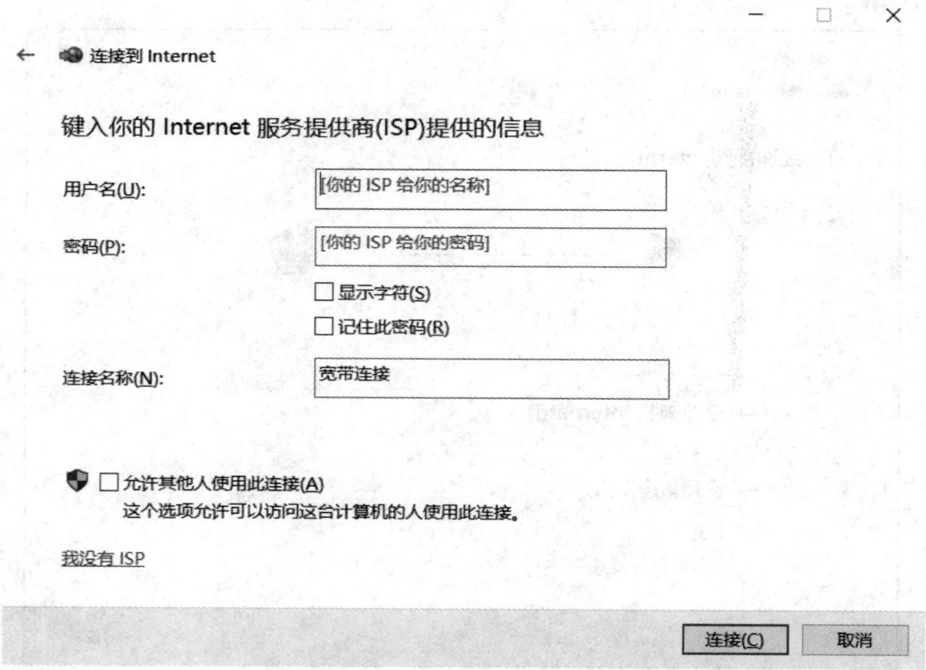

图 5-18　用户名及密码输入界面

(7) 输入用户名及密码后点击“连接”按钮，其过程如图 5-19 所示。

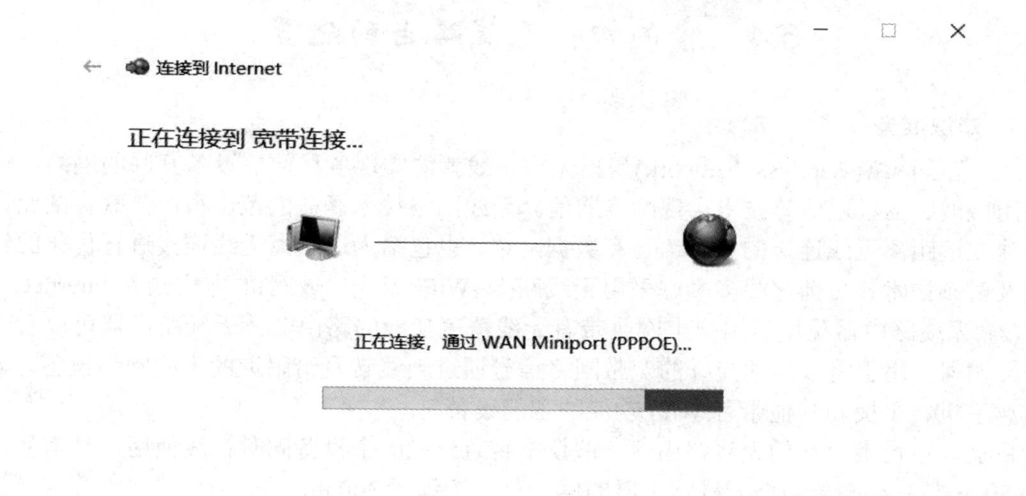

图 5-19　宽带连接过程

(8) 宽带连接设置成功后，在拨号连接界面将会增加“宽带连接”，点击“连接”按钮即可拨号上网，如图 5-20 所示。

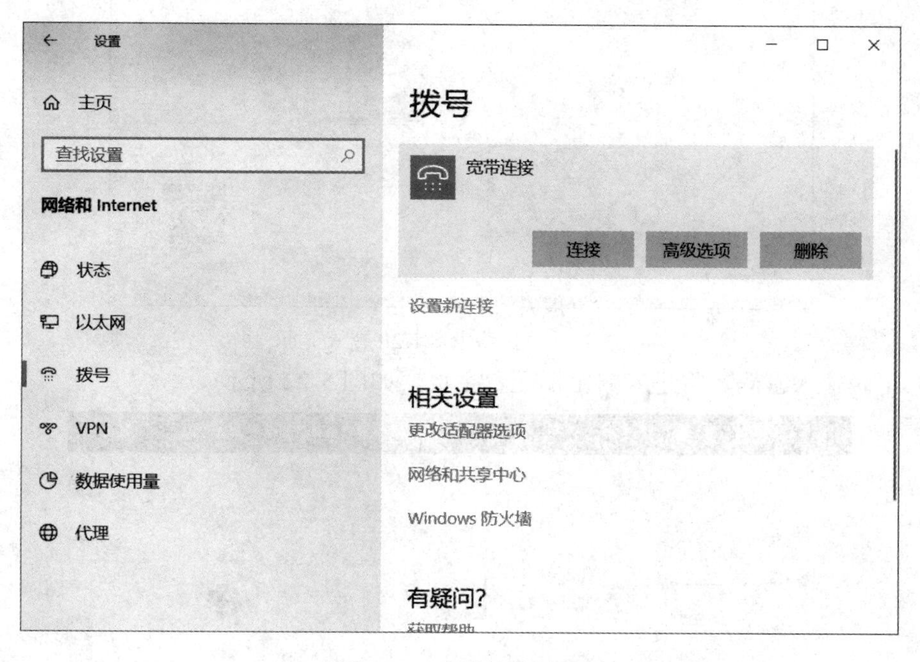

图 5-20　宽带拨号界面

5.4 案例四：无线路由的配置

1. 知识准备

(1) 无线网络(Wireless Network)是指无须布线就能实现各种通信设备互联的网络，一般采用微波、卫星通信等技术实现网络通信。无线网络技术涵盖的范围很广，既包括允许用户建立远距离无线连接的全球语音和数据网络，也包括为近距离无线连接进行优化的红外线及射频技术。目前，很多家庭采用无线网(即 WiFi 无线局域网)的方式接入 Internet。

(2) 无线路由器是用于用户上网且带有无线覆盖功能的路由器。无线路由器可以看作一个转发器，用于将入户的光纤的宽带网络信号通过天线转发给附近的无线网络设备，如电脑、手机、平板和其他带有 WiFi 功能的智能设备。

目前，市场上流行的无线路由器一般仅支持 15～20 个设备同时在线使用，且信号范围为 50 m 左右，部分高档无线路由器的信号范围达到了 300 m。

2. 家用无线路由器的设置

(1) 用网线将电脑和无线路由器连接起来，注意应将网线连接到无线路由器的 LAN 口。

(2) 在电脑中用浏览器登录无线路由器提供的配置地址，一般可以在路由器的背面查询到。例如，斐讯路由器 K2P 的配置地址为“192.168.2.1”，登录界面如图 5-21 所示。

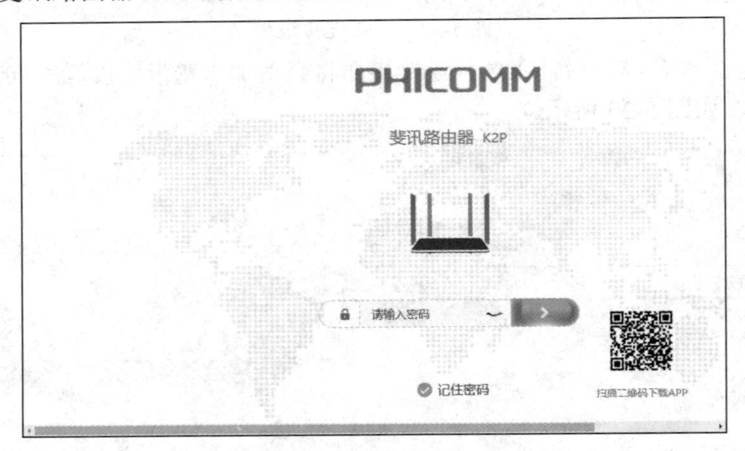

图 5-21 斐讯路由器 K2P 登录界面

(3) 正确输入密码，将进入路由器配置主页，如图 5-22 所示。

图 5-22 路由器配置主页

(4) 点击“互联网”图标，将进入“上网设置”界面，选择上网方式为“宽带拨号”，拨号模式为“正常拨号模式”，输入宽带账号和密码，点击“保存”按钮，如图 5-23 所示。

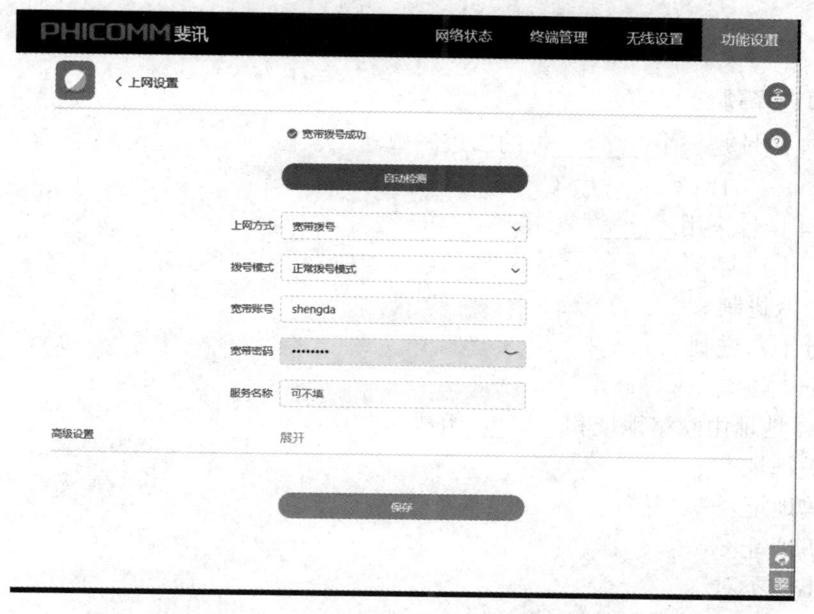

图 5-23　“上网设置”界面

(5) 点击“无线设置”，根据需要配置 2.4G 无线网络的名称和密码，以及 5G 无线网络的名称和密码，点击“保存”按钮，如图 5-24 所示。

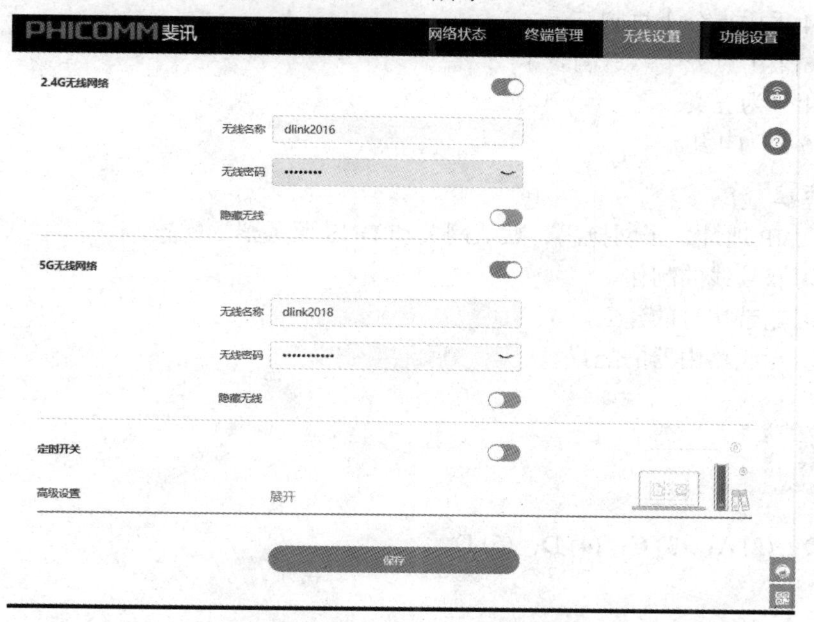

图 5-24　无线路由器的“无线设置”

(6) 配置完成后，根据提示重启路由器。路由器重启时间为 40 s 左右。

(7) 用网线将路由器 WAN 口和光纤猫的 LAN 口连接，即可上网。

习　题

1. 单项选择题

(1) IPv4 地址是一个_______位的二进制数。

A. 2　B. 8　C. 16　D. 32

(2) IPv4 地址采用_______表示。

A. 点分十进制

B. 点分八进制

C. 点分十六进制

D. 点分七进制

(3) IPv4 地址由网络地址和_______组成。

A. 网关地址

B. 掩码地址

C. 主机地址

D. 以上均不对

(4) IPv6 地址是一个_______位的二进制数。

A. 8　B. 16　C. 32　D. 128

(5) 下列说法错误的是_______。

A. IPv4 采用点分十进制表示

B. IPv6 采用点分十六进制表示

C. IPv4 分为五类

D. IPv6 分为 4 组

2. 操作题

(1) 练习 IP 地址、子网掩码、默认网关和 DNS 服务器的配置。

(2) 练习双绞线的制作。

(3) 练习宽带拨号的建立。

(4) 练习无线路由器的配置。

参考答案

1. (1) D；(2) A；(3) C；(4) D；(5) D。

第 6 章　计算机维护

【学习目标】

通过前面的训练，大家对 IP 地址、子网掩码、网关及 DNS 服务器的设置，以及网的制作、Internet 的接入和无线路由器的配置有了一定的了解，现在可以进行计算机维护训练了。本章学习目标主要包括以下几点：

(1) 分析计算机故障。

(2) 排除计算机故障。

6.1　案例一：计算机故障的分析

6.1.1　计算机故障分析的原则

1. 仔细观察原则

(1) 仔细观察计算机所表现的特征、显示的内容，以及与正常情况的异同。

(2) 仔细观察计算机硬件及软件配置。例如，仔细观察安装了哪些硬件，以及硬件资源的使用情况，指示灯状态是否正常，安装了哪种操作系统，安装了什么版本的驱动程序等。

(3) 仔细观察计算机的外部环境。例如，所在位置是否存在电磁波或磁场干扰，电源供电是否正常，与其他设备连接是否正确，环境温度是否太低或太高，湿度是否太大等。

(4) 仔细观察计算机的内部环境。例如，关闭电源后仔细观察机箱内部是否灰尘太多，电源线、数据线及信号控制线是否连接正确或接触不良，内存、显卡和声卡等是否接触不良，元器件是否有烧焦现象，各部件外形是否发生改变。

2. 先想后做原则

(1) 根据之前仔细观察到的故障现象，分析产生故障的原因，先想好怎样做、从何入手，然后实际动手排除故障。

(2) 对于观察到的现象，根据自己以前的经验尝试解决。若问题依然存在，则上网搜索相关的解决办法，结合具体情况，再着手维修。

(3) 对于自己不太了解或根本不了解的计算机故障，要向有经验的老师或技术支持人员求助。

3. 先软后硬原则

从整个计算机故障分析与排除过程来看，一般先分析是否为软件故障，排除软件故障后，再检查计算机硬件是否正常工作。据不完全统计，80%的计算机故障来自软件。

4. 主次分明原则

在计算机故障分析与排除的过程中应尽量复现故障现象，以了解真实的故障原因。有时一台故障机不止有一个故障现象。此时，应该先分析和排除主要的故障现象，当主要故障修复后，再维修次要故障现象。有时主要故障修好后，次要故障也跟着消失了，即次要故障已不需要维修了。

6.1.2 计算机故障分析的流程

计算机故障分为硬件故障和软件故障，其中计算机软件故障是最常见的计算机故障。分析计算机软件故障不能心急，应循序渐进，逐级深入，直至找到问题所在。从总体上说，计算机的硬件故障要少于计算机的软件故障，但计算机的硬件故障也较为繁杂，同样也应循序渐进、从外到内、逐级深入，才能逐步排除疑点，找到故障所在。

计算机故障分析的一般流程如图 6-1 所示。

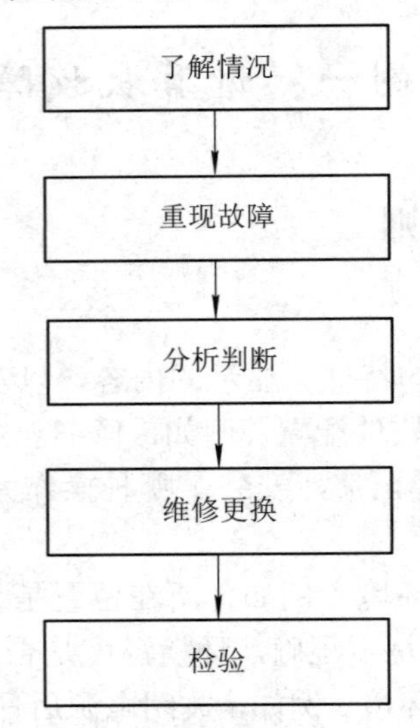

图 6-1　计算机故障分析的一般流程

6.2 案例二：计算机故障的排除

6.2.1 计算机故障的排除方法

1. 观察法

观察法即仔细观察系统外部环境、内部环境、各部件及连线是否正常。观察法一般包括看、听、闻、摸四个步骤。看故障现象和部件外观，听主板警报声音，闻是否有烧焦气味，摸元器件表面是否烫手。

2. 替换法

所谓替换法，是指用确保正常的部件去替换可能存在故障的部件，以此逐步判断故障部件的一种维修方法。值得注意的是，正常的部件与损坏的部件可以是同型号的，也可以是不同型号的。另外，替换法一般从容易替换的部件开始，例如先尝试替换内存，再替换电源，最后替换最难替换的主板。

3. 比较法

比较法与替换法类似，即用好的部件与怀疑有故障的部件进行外观、配置、运行现象等方面的比较。一般在两台电脑间进行比较，以判断发生故障的计算机在内外环境及硬件配置等方面的不同，从而逐步找出故障所在。

4. 最小系统法

所谓最小系统，是从故障分析的角度来看，能使计算机开机运行的最基本的硬件和软件环境。最小系统分为硬件最小系统和软件最小系统两种。其中，硬件最小系统由电源、主板、CPU、内存、显卡和显示器组成，通过主板 BIOS 警报声音来判断该最小硬件系统能否正常工作；软件最小系统由电源、主板、CPU、内存、显示卡、显示器、键盘和硬盘组成，启动操作系统进入安全模式来判断计算机能否正常启动与运行。

5. 诊断卡法

所谓诊断卡法，是指利用专门的计算机故障诊断卡对计算机进行检查的方法。诊断卡与声卡类似，一般插在 PCI 插槽上。计算机故障诊断卡上一般有故障指示灯，根据计算机各部件的运行情况显示出不同的代码，然后对照计算机故障诊断卡的说明书，找到故障所在。

6. 敲打法

所谓敲打法，是指敲打计算机、振动计算机各部件来使故障复现，从而判断故障部件的一种维修方法。值得注意的是，敲打法一般在怀疑计算机的某部件有接触不良的故障时才使用。

7. 清洁法

所谓清洁法，是指对计算机各部件进行清洁从而排除计算机故障的方法。有时一些计算机故障是由于机箱内灰尘大量聚集引起的，此时我们应该进行除尘操作，待清除计算机各部件的灰尘后，计算机可能就能够正常工作了。

6.2.2 不开机故障的排除

计算机无法正常开机，但屏幕有内容显示时，应根据提示信息进行故障排除处理。

1. 主板电池电量过低

1) 故障现象及分析

计算机发生该故障时，可能会在屏幕上显示错误的相关信息，如 CMOS 错误等提示信息。在恢复 BIOS 默认配置后，能够正常开机，但下次开机还是出现 CMOS 错误提示，甚至自检速度奇慢无比。该现象可能是主板电池电量不足导致 CMOS 中保存的 BIOS 参数出错造成的。

2) 故障排除方法

在出现这种现象后，首先更换主板给 CMOS 供电的纽扣电池，然后开机按 Del 键进入 BIOS 配置界面，最后恢复默认配置并保存即可。

2. BIOS 参数配置故障

1) 故障现象及分析

计算机发生该故障时，可能会卡在计算机自检阶段，无法继续引导操作系统启动。通过故障现象可以初步判断是 BIOS 参数配置错误导致的，此时应开机按 Del 键进入 BIOS 配置界面，然后检查 BIOS 参数配置。

2) 故障排除方法

进入 BIOS 后，检查 BIOS 能否识别硬盘，检查 BIOS 硬盘参数配置，检查启动项是否含有硬盘引导。另外，恢复默认出厂参数并保存退出也是一个比较好的解决办法。

3. 操作系统故障

1) 故障现象及分析

计算机发生该故障时，可能导致操作系统无法正常加载，总是卡在开机界面，甚至反复重启。引起这种现象的原因很多，可能是系统文件被损坏，驱动程序损坏，也可能是硬盘故障。值得注意的是，在关机时系统提示正在升级或者提示正在保存系统配置时，千万不要拔电源，否则容易导致系统文件损坏，从而出现这种故障现象。

2) 故障排除方法

当计算机出现该故障，可以开机按 F8 进入安全模式，看是否能够进入安全模式，若无法进入安全模式可能需要重新安装操作系统。若能够进入安全模式，则可以在安全模式中尝试通过设备管理器及系统文件检查器来查找故障，以及修复驱动程序；若无法修复，则需重新安装操作系统。

6.2.3　死机故障的排除

1. CPU 散热器相关故障

1) 故障现象及分析

计算机出现该故障，可能会导致 CPU 温度过高而死机。CPU 散热器相关故障较多，可能是灰尘过多导致散热效果不好，可能是 BIOS 参数配置的风扇转数过低导致散热效果不好，也可能是 CPU 风扇卡扣脱落导致 CPU 与 CPU 散热器接触不严等。

2) 故障排除方法

在计算机出现该故障后，应该开机观察 CPU 散热器风扇叶片是否正常工作，若风扇叶片完全不动，则更换风扇即可。检查风扇卡扣是否牢固，若发现脱落则重新卡上即可。风扇转数过低也可能出现这种现象，因此可以进入 BIOS 查看并更改风扇转数参数，通过提高风扇转数来提升散热效果。

2. 显卡或电源散热器相关故障

1) 故障现象及分析

很多显卡的散热方式为风冷，当出现风扇故障时，散热效果骤降，导致显卡芯片温度过高从而可能引发死机现象。电源风扇故障容易发现，只要用手感觉是否有风即可。

2) 故障排除方法

显卡风扇的排除方法与 CPU 风扇的排除方法类似。但电源风扇在电源内部，而电源内部存在高压，因此必须找专业维修人员修理，不要尝试自行修理。

3. 病毒、木马发作导致系统资源耗尽

1) 故障现象及分析

病毒及木马疯狂发作，将导致 CPU 及内存占用异常，最终由于温度过高而死机。

2) 故障排除方法

对于已经染毒的计算机，使用最新版的杀毒软件进行查杀。若已经造成系统文件损坏无法开机，则应在关机状态下插入 USB 启动盘，进入 PE 备份系统盘中重要的用户文件，如我的文档、桌面文件等，然后将系统盘格式化并重新安装操作系统。值得注意的是，平时应加强系统维护，及时更新系统补丁、杀毒软件和防火墙软件，做到防患于未然。

6.2.4 蓝屏故障的排除

1. 硬件导致的蓝屏

1) 故障现象及分析

蓝屏故障是 Windows 操作系统的一种自我保护机制。当系统中有硬件工作异常，可能会损坏系统文件时，Windows 会启动蓝屏机制。在发生蓝屏后，Windows 会在蓝屏界面显示错误提示信息，我们可以根据错误提示信息来分析产生蓝屏的原因。能够导致蓝屏的硬件故障很多，如超频过度、内存发生物理损坏、内存冲突、系统硬件冲突和劣质部件出错等。

2) 故障排除方法

应根据蓝屏页面的提示信息，尝试解决问题。若是由超频引起的蓝屏，则应增强散热或降低超频幅度；若是由内存损坏或不兼容而产生的蓝屏，则应更换内存。若由系统硬件冲突导致的蓝屏，则应删除硬件再重新安装驱动；若由劣质部件出错导致的蓝屏，则应更换该部件。

2. 软件导致的蓝屏

1) 故障现象及分析

软件导致的蓝屏现象较硬件产生的蓝屏现象更为普遍，造成软件蓝屏的原因也更多，主要包括病毒、木马、注册表错误、软件冲突、虚拟内存、dll 文件丢失和系统资源耗尽等。

2) 故障排除方法

一般通过病毒查杀、系统修复、插件清理、注册表修复、卸载产生冲突的软件、增加虚拟内存、修复丢失的 dll 文件和更新软件版本等手段解决问题。

6.2.5　黑屏故障的排除

1. 电源线、数据线及信号控制线连接故障

1) 故障现象及分析

电源线、数据线及信号控制线连接故障将导致计算机开机无反应，以及显示器黑屏等现象。这种情况可能是因为电源线、数据线及信号控制线老化损坏或接触不良。

2) 故障排除方法

遇到这种情况，一般先检查机箱电源线及显示器电源线是否正常，然后检查显示器数据线是否正常，最后检查信号控制线是否存在问题。若发现问题，则将其更换即可。

2. 开机后 CPU 风扇旋转但黑屏

1) 故障现象及分析

这种故障的现象为开机后能够听到或看到 CPU 风扇旋转，但显示器黑屏，无法看到 BIOS 启动界面。造成这种现象的问题较多，可能是内存接触不良、显示器损坏、CPU 损坏、主板损坏或显卡损坏等。

2) 故障排除方法

遇到这种故障，应先听主板 BIOS 是否报警，若 BIOS 发出警报声，则根据警报声判断故障所在。值得注意的是，不同的主板，其 BIOS 警报声不同，应根据具体品牌判断其警报含义。若为内存原因，则重新插拔或更换即可。若 BIOS 短响一声，表示正常开机，此时若硬盘指示灯正常，则重点排查显示器。若确定是显示器损坏，切勿自行修理，必须找专业维修人员维修。若硬盘指示灯常亮或长暗，可以尝试通过逐一插拔内存、显卡及硬盘等部件的方法排查故障所在。若全部尝试后，计算机依然黑屏，则可能是主板或 CPU 损坏。

3. 开机后 CPU 风扇不转且黑屏

1) 故障现象及分析

计算机开机后，CPU 风扇不转且黑屏，造成这种故障的原因很多，且较难处理。

2) 故障排除方法

遇到这种情况，可以尝试利用 CMOS 跳线清空 CMOS 参数，然后重新启动。若仍无法开机，可以尝试清理灰尘，然后重新组装并开机。若仍无法开机，可以尝试将主板上的机箱信号控制线拔下，然后用螺丝刀碰触主板电源控制针脚(PW_SW)，如果正常开机，则表明机箱开机按钮损坏。若仍无法开机，可以尝试更换电源。若仍无法开机，可能是主板或 CPU 损坏。

6.2.6　重启故障的排除

1. CPU 温度过高

1) 故障现象及分析

CPU 温度过高可能造成死机，也可能造成重启。BIOS 中可以设定系统能够允许的最

高温度，若超过该温度则可能会死机、关机或重新启动。

2) 故障排除方法

检查BIOS中允许的最高温度是否设置过低，检查BIOS中CPU风扇转数是否设置过低。另外，若之前自行设置过，但又不知道如何设置才好，那么恢复BIOS默认设置也是一个较好的解决办法。

2. 主板电容破损漏液造成主板不稳定而经常重启

1) 故障现象及分析

若主板质量不好，在长时间使用后，容易出现电容漏液等现象。若只是轻微漏液，则计算机仍可以正常使用，但随着使用时间增加，主板将变得越来越不稳定，容易经常出现重启的现象。

2) 故障排除方法

拆开机箱，清扫灰尘，然后观察电容情况，发现问题及时维修即可。

3. 硬盘磁道损坏导致重启

1) 故障现象及分析

当硬盘出现磁道损坏时，若损坏的位置出现在系统文件区域，则可能出现反复开机重启的现象。

2) 故障排除方法

遇到这种情况，应先对硬盘数据进行备份，然后利用 USB 启动盘所带的磁盘工具进行检查和修复。

习　题

1. 单项选择题

(1) 下列_______不是计算机故障分析的原则。

A. 仔细观察原则

B. 先做后想原则

C. 先软后硬原则

D. 主次分明原则

(2) 计算机故障率最高的是_______。

A. 软件故障

B. 主板故障

C. CPU 故障

D. 硬盘故障

(3) 下列计算机故障会导致系统关机或重启的是_______。

A. 计算机名称冲突

B. 计算机 IP 地址冲突

C. CPU 过热

D. 以上均不对

(4) 用好的部件代替可能故障的部件的方法称为________。

A. 观察法

B. 诊断卡法

C. 敲打法

D. 替换法

(5) 下列不属于观察法的是________。

A. 看

B. 听

C. 闻

D. 敲

2. 填空题

(1) 计算机故障分析的原则主要包括仔细观察、先想后做、先软后硬和________。

(2) 计算机故障的排除方法主要有________、替换法、比较法、最小系统法、诊断卡法、敲打法和清洁法。

(3) 硬件最小系统由________、主板、CPU、内存、显卡和显示器组成。

(4) 电源、主板、CPU、内存、显示卡、显示器、键盘和________组成。

(5) 假设某电脑无法开机，将其内存拔下擦除灰尘后重新插上，电脑正常开机，这种方法属于________。

参考答案

1. (1) B；(2) A；(3) C；(4) D；(5) D。

2. (1) 主次分明；(2) 观察法；(3) 电源；(4) 硬盘；(5) 清洁法。

第 7 章　Word 2010 文字处理

【学习目标】

通过前面的训练，大家对计算机维护有了一定的了解，现在可以进行 Word 2010 操作训练了，本章学习目标主要包括以下几点：

(1) 掌握 Word 2010 文档的简单排版。
(2) 掌握一首诗词的排版。
(3) 掌握 Word 2010 图文混排。
(4) 掌握出版集团介绍制作。
(5) 掌握表格制作。
(6) 掌握邮件合并。
(7) 了解 Word 2010 长文档排版。

7.1　案例一：Word 2010 文档简单排版——放假通知

1. 任务目的

(1) 掌握 Word 2010 的启动和退出方法。
(2) 了解 Word 2010 工作界面的基本组成。
(3) 认识并掌握工具栏的使用方法。
(4) 了解并掌握创建 Word 文档的基本操作，包括文档的建立、打开、保存和关闭。

2. 任务内容和任务要求

任务内容：制作放假通知，效果图如图 7-1 所示。

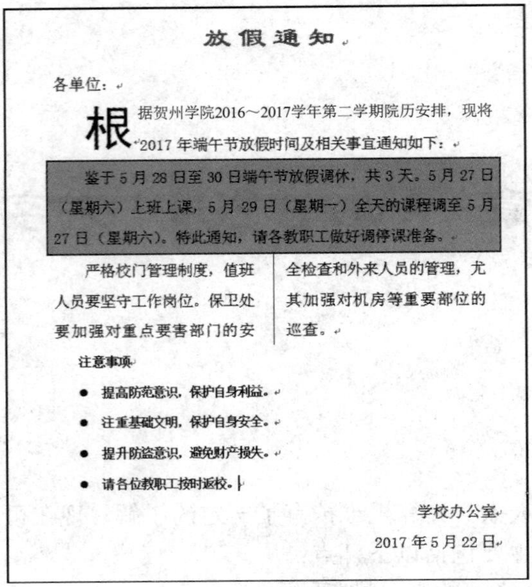

放假通知

各单位：

根据贺州学院2016～2017学年第二学期院历安排，现将2017年端午节放假时间及相关事宜通知如下：

鉴于5月28日至30日端午节放假调休，共3天。5月27日（星期六）上班上课，5月29日（星期一）全天的课程调至5月27日（星期六）。特此通知，请各教职工做好调停课准备。

严格校门管理制度，值班人员要坚守工作岗位。保卫处要加强对重点要害部门的安全检查和外来人员的管理，尤其加强对机房等重要部位的巡查。

注意事项

- 提高防范意识，保护自身利益。
- 注重基础文明，保护自身安全。
- 提升防盗意识，避免财产损失。
- 请各位教职工按时返校。

学校办公室

2017年5月22日

图 7-1　放假通知效果图

按照任务内容完成以下任务要求：

(1) 在新建的文档中录入如下内容。

放假通知

各单位：

根据贺州学院 2016~2017 学年第二学期院历安排，现将 2017 年端午节放假时间及相关事宜通知如下：

鉴于 5 月 28 日至 30 日端午节放假调休，共 3 天。5 月 27 日(星期六)上班上课，5 月 29 日(星期一)全天的课程调至 5 月 27 日(星期六)。特此通知，请各职工做好调停课准备。

严格校门管理制度，值班人员要坚守工作岗位。保卫处要加强对重点要害部门的安全检查和外来人员的管理，尤其加强对机房等重要部位的巡查。

注意事项

1、提高防范意识，保护自身利益。

2、注重基础文明，保护自身安全。

3、提升防盗意识，避免财产损失。

4、请各位职工按时返校。

学校办公室

2017 年 5 月 22 日

(2) 编辑文档的格式。

① 设置纸张大小为 16 开(18.4 厘米 × 26 厘米)，上、下页边距为 3 厘米，左、右页边距为 2 厘米，每页 39 行，每行 42 个字符。

② 将标题“放假通知”设为隶书、一号字、红色、加粗、加宽 2 磅、居中对齐，单

倍行距、段前段后间距为 0.5 行。

③ 设置为首行缩进 2 字符；设置正文第一段首字下沉 2 行，首字字体为黑体、距离正文 0.2 厘米；其余各段落(除小标题外)正文字体为宋体、小三号、两端对齐；设置 1.5 倍行距。

④ 为正文第二段(不计标题)设置 1.5 磅紫色带阴影边框，填充浅绿色底纹。

⑤ 将正文最后一段分为等宽两栏，加分隔线。

⑥ 将正文中“注意事项”的内容设置为小四号字、加粗并将数字编号改为实心圆项目符号。

⑦ 落款设置为右对齐。

⑧ 将“职工”替换为“教职工”。

3. 任务步骤

(1) 选择“开始”菜单的“所有程序”命令，然后单击“Microsoft Office”中的“Microsoft Office Word 2010”，即可启动 Word 2010 自动创建一个空白 Word 文档，命名为“案例一：放假通知.docx”。

(2) 将文本内容录入到文档中，当文档输入满一行到边距处时会自动换行，强行换行可敲回车(Enter)键。

(3) 对文档页边距、纸张等设置。在“页面布局”选项卡“页面设置”组中单击“页边距”按钮，在下拉列中选择“自定义边距(A)”命令，弹出“页面设置”对话框，如图 7-2 所示。选中“页边距”选项卡，将页边距上、下设置为“3 厘米”，左右设置为“2 厘米”。选中“纸张”选项卡，在“纸张大小(R)”下拉列表中选择“16 开(18.4 厘米×26 厘米)”，如图 7-3 所示。选中“文档网格”选项卡，在“网络”项中选中“指定行和字符网络(H)”，在“字符数”选项里的“每行”文本框中输入“42”，在“行数”选项里的“每页”文本框中输入“39”，如图 7-4 所示。最后单击“确定”按钮。

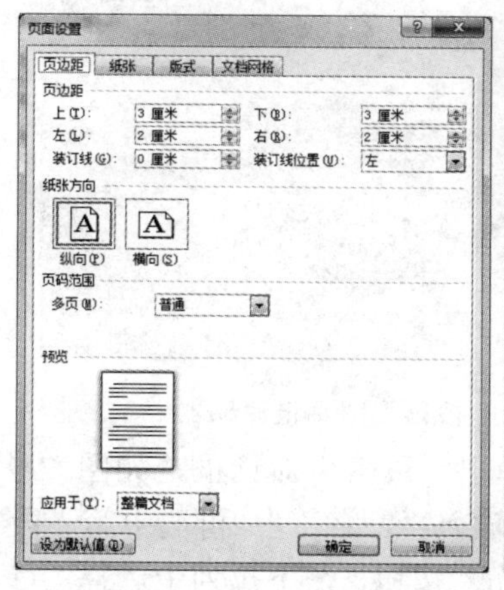

图 7-2　“页边距”选项卡

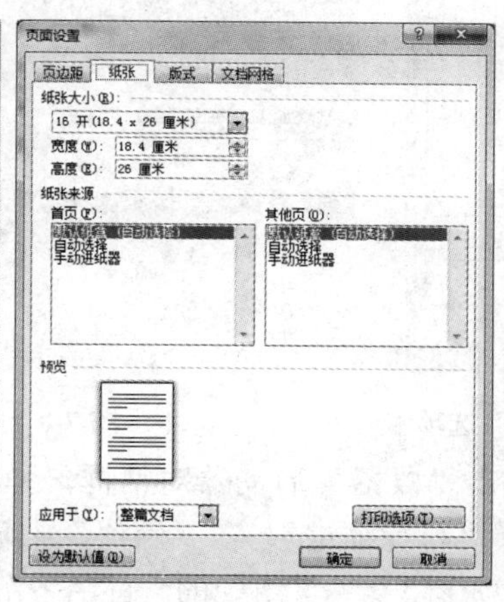

图 7-3　“纸张”选项卡

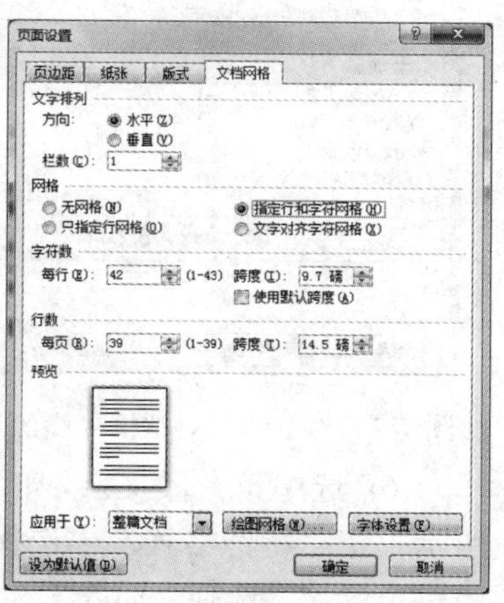

图 7-4　“文档网格”选项卡

(4) 选中标题“放假通知”。在“开始”选项卡“字体”组中，单击“字体对话框启动器”按钮，如图 7-5 所示，弹出“字体”对话框，选中“字体”选项卡，将“中文字体”设置为“隶书”，“字号”设置为“一号”，“字形”设置为“加粗”，“字体颜色”设置为“红色”，如图 7-6 所示。选中“高级”选项卡，将“间距”设置为“加宽”，“磅值”设置为“2 磅”，如图 7-7 所示。最后单击“确定”按钮。

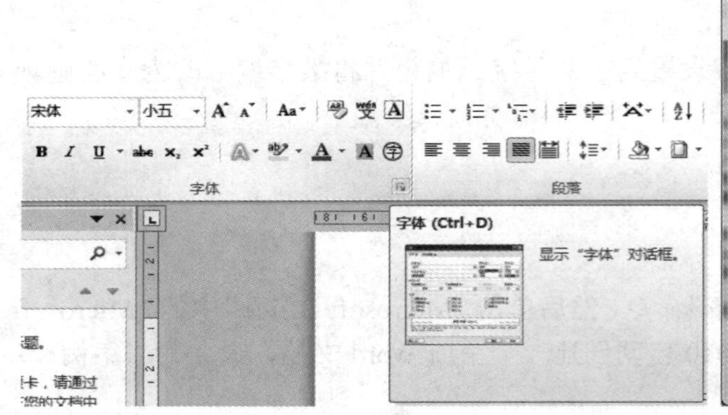

图 7-5　“字体”对话框启动器　　　　图 7-6　“字体”对话框

(5) 在“开始”选项卡“段落”组中，单击“对话框启动器”按钮，如图 7-8 所示。在弹出的“段落”对话框，选中“缩进和间距”选项卡，将“对齐方式”设置为“居中”，“行距”设置为“单倍行距”，“段前”设置为 0.5 行，“段后”设置为 0.5 行，如图 7-9 所示。最后单击“确定”按钮。

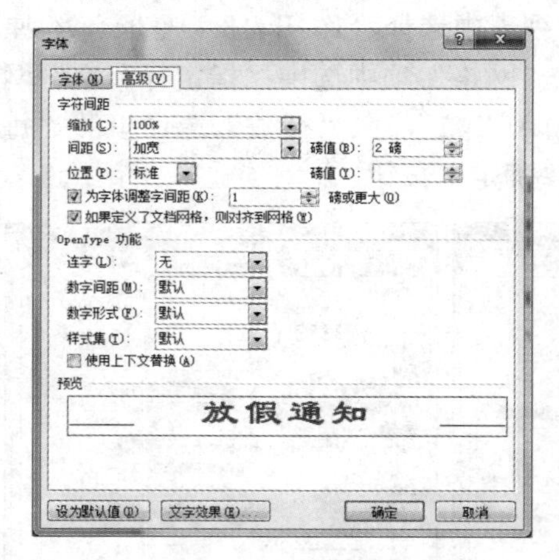

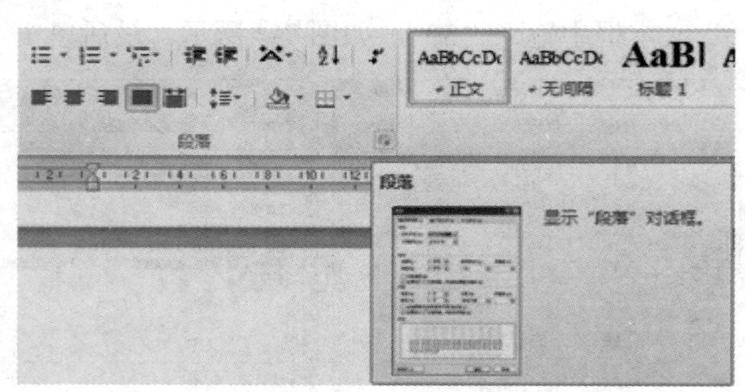

图 7-7　“字体”对话框“高级”选项卡　　　　图 7-8　“段落”对话框启动器

(6) 选中第一段文字，单击“段落”启动器对话框，弹出“段落”对话框，如图 7-9 所示。在“特殊格式”中选择“首行缩进”，在“磅值”中输入“2 字符”。再选中第一段中首个汉字，选择“插入”选项卡“文本”组中的“首字下沉”按钮，在下拉列中选择“首字下沉选项”命令，弹出“首字下沉”对话框，如图 7-10 所示。在“位置”中选择“下沉”选项。在“字体”下拉列表中选择“黑体”，“下沉行数”中选择“2”，“距正文”中输入“0.2 厘米”。单击“确定”按钮。正文字体设置按第(4)步进行操作，段落设置按第(5)步进行操作。

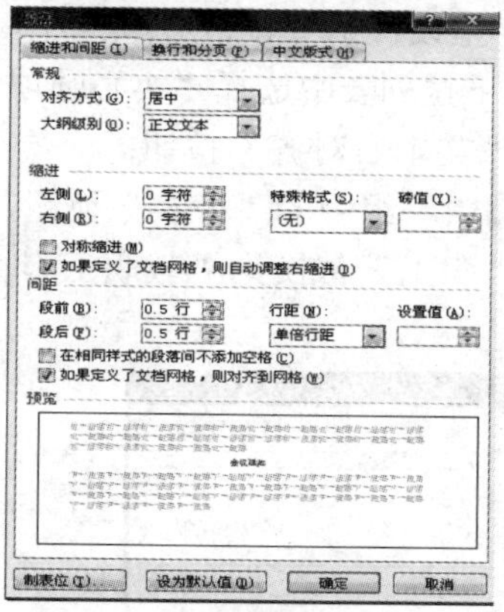

图 7-9 “段落”对话框

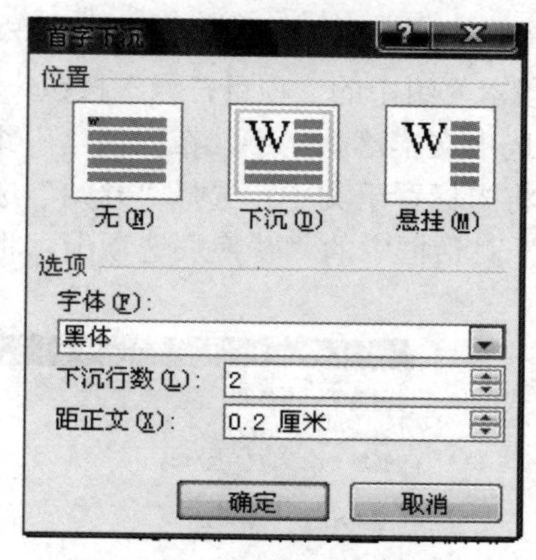

图 7-10 “首字下沉”对话框

(7) 选中第二段文字，单击“字体”选项卡“段落”组中“下框线”按钮，在下拉列中选择“边框和底纹”命令，在弹出的“边框和底纹”对话框中选择“边框”选项卡，如图 7-11 所示。在“设置”区域中选择“边框”样式中的“阴影”项，在“颜色”下拉列表框中选择“紫色”，在“宽度”下拉列表中选择“1.5 磅”，最后在“应用于”下拉列表中选择添加边框的是段落。选择“底纹”选项卡，如图 7-12 所示。在“填充”下拉列表中选择“浅绿色”，在“应用于”下拉表中选择“段落”。最后单击“确定”按钮。

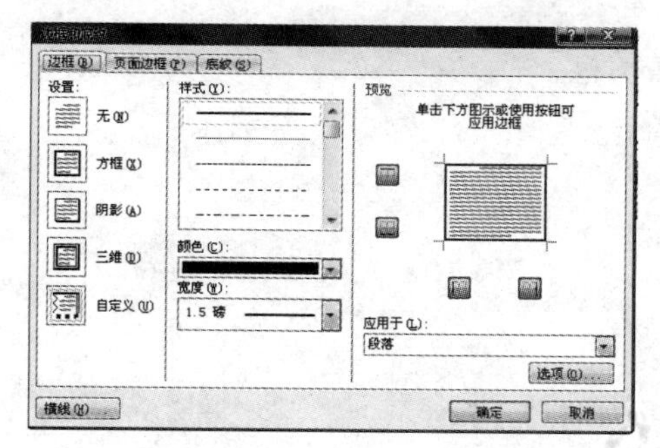

图 7-11 设置“边框”对话框

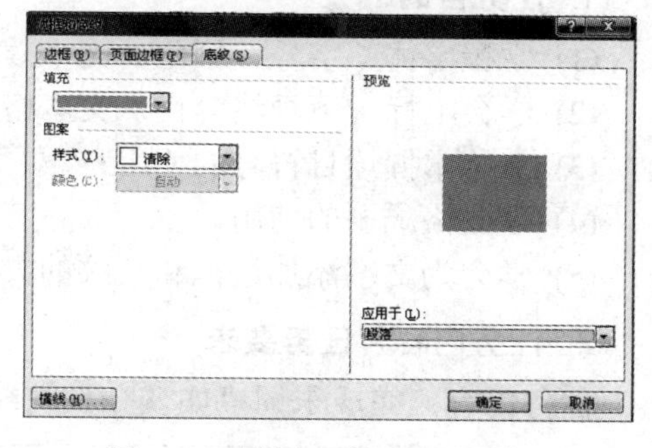

图 7-12 设置“底纹”对话框

(8) 选中第三段，单击“页面布局”选项卡“页面设置”组中“分栏”按钮，在下拉列表中选择“更多分栏”选项，弹出“分栏”对话框，在“预设”项中选择“两栏”或在“栏数”中输入“2”，勾选“分隔线”复选框。“应用于”选项中设置为“所选文字”，单击“确定”按钮，如图 7-13 所示。

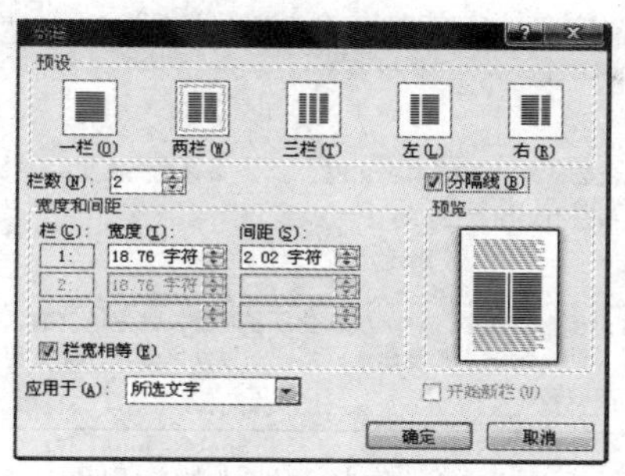

图 7-13 “分栏”对话框

(9) 选中“注意事项”等内容，在“浮动工具栏”里设置字号和字形；然后单击“字体”选项卡“段落”组中的“项目符号”按钮，在打开的下拉列表中选择“实心圆项目符号”。

(10) 选中文本落款文字，在“段落”组中单击“文本右对齐”按钮。

(11) 将光标置于文中，选择“开始”选项卡“编辑”组中的“替换”换钮，打开“查找和替换”对话框中的“替换”选项卡，将文中的“职工”替换为“教职工”，如图 7-14 所示。

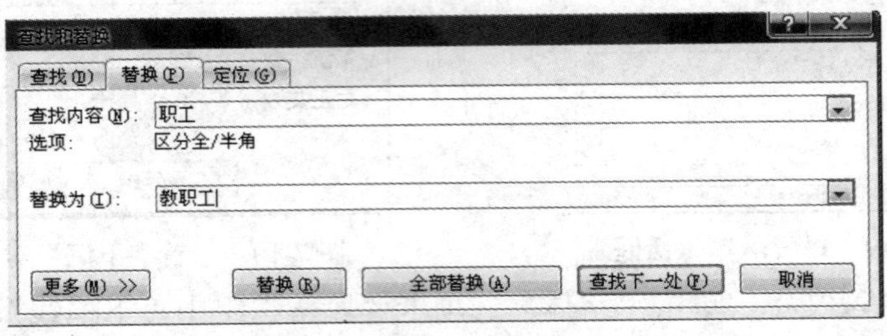

图 7-14　“查找与替换”对话框

7.2　案例二：一首诗词的排版

1. 任务目的

(1) 掌握字体、字号、颜色、文本效果的设置方法。

(2) 学会上标、下画线等特殊文本格式的设置。

(3) 熟练掌握项目符号的使用。

(4) 学会格式刷的使用。

(5) 学会为文字添加边框和底纹的方法。

2. 任务内容和任务要求

任务内容：完成宋词“如梦令”的编排，效果如图 7-15 所示。

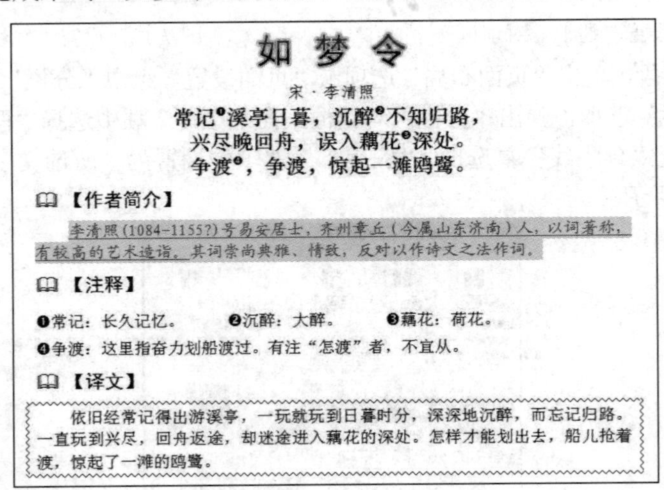

如　梦　令

宋 · 李清照

常记[1]溪亭日暮，沉醉[2]不知归路，

兴尽晚回舟，误入藕花[3]深处。

争渡[4]，争渡，惊起一滩鸥鹭。

【作者简介】

李清照(1084–1155?)号易安居士，齐州章丘（今属山东济南）人，以词著称，有较高的艺术造诣。其词崇尚典雅、情致，反对以作诗文之法作词。

【注释】

❶常记：长久记忆。　❷沉醉：大醉。　❸藕花：荷花。

❹争渡：这里指奋力划船渡过。有注“怎渡”者，不宜从。

【译文】

依旧经常记得出游溪亭，一玩就玩到日暮时分，深深地沉醉，而忘记归路。一直玩到兴尽，回舟返途，却迷途进入藕花的深处。怎样才能划出去，船儿抢着渡，惊起了一滩的鸥鹭。

图 7-15　如梦令编排的效果图

按照任务内容完成以下任务要求：

(1) 创建一个 Word 文档，输入如图 7-15 所示的文本，保存在“D:\学号-姓名”文件夹中，命名为“任务二：如梦令.docx”。

(2) 设置古诗部分的格式，要求如下：

① 标题：黑体、一号，文本效果为“渐变填充-黑色、轮廓-白色、外部阴影”，居中对齐。

② 作者：仿宋、小四号，居中对齐。

③ 正文：华文中宋、小三号、居中对齐。

④ 在“常记”“沉醉”“藕花”“争渡”等文字右侧插入数字序号□～□，并设置为上标。

(3) 设置作者简介部分格式，要求如下：

① 设置“作者简介”标题为黑体、四号，项目符号如样文所示。

② 介绍部分的字体为楷体、小四号、颜色为棕色、首行缩进 2 字符。

③ 为整段文字设置字符底纹。

④ 为“李清照 …… 的艺术造诣”这部分文字设置下画线。

(4) 设置注释部分格式，要求如下：

① 设置“注释”标题为黑体、四号，项目符号如样文所示。

② 设置字体为宋体、小四号、两端对齐。

(5) 设置译文部分格式，要求如下：

① 设置“译文”标题为黑体、四号，项目符号如样文所示。

② 设置字体为宋体、小四号、首行缩进 2 字符。

③ 为段落添加边框，样式参考样文。

3. 任务步骤

(1) 启动 Word 2010，参照样文输入文字。

(2) 按下 Ctrl+S 键，将文档保存在“D:\学号-姓名”文件夹中，名称为“任务二：如梦令.docx”。

(3) 选择标题“如梦令”，在“开始”选项卡的“字体”组中设置字体为“黑体”、字号为“一号”，然后单击“文本效果”按钮，在打开的列表中选择第 4 行第 3 列的文本效果；在“段落”组中单击“居中”按钮。

(4) 选择“宋 • 李清照”，在“开始”选项卡的“字体”组中设置字体为“仿宋”、字号为“小四号”，然后在“段落”组中单击“居中”按钮。

(5) 同时选择第 3～5 行，在“开始”选项卡的“字体”组中设置字体为“华文中宋”、字号为“小三号”，然后在“段落”组中单击“居中”按钮。

(6) 将光标定位在“常记”的后面，在“插入”选项卡的“符号”组中打开“符号”对话框，设置“字体”为“wingdings”，然后双击其中的数字符号“□”。

(7) 选择刚插入的符号“□”，在“开始”选项卡的“字体”组中单击“上标”按钮。用同样的方法，在文字“沉醉”“藕花”“争渡”后面插入符号□、□、□并设置为上标。

(8) 选择“作者简介”一行，在“开始”选项卡的“字体”组中设置字体为“黑体”、字号为“四号”。然后在“段落”组中单击“项目符号”按钮右侧的小箭头，在打开的列表中选择“定义新项目符号”选项。

(9) 在打开的“定义新项目符号”对话框中单击“符号”按钮，选择符号&作为项目符号。

(10) 选择作者介绍部分的文字(第 7～8 行)，在“开始”选项卡的“字体”组中设置字体为“楷体”、字号为“小四号”、颜色为棕色，然后单击“字符底纹”按钮。

(11) 在“开始”选项卡中单击“段落”组右下角的按钮，打开“段落”对话框，在“特殊格式”下拉列表中选择“首行缩进”，缩进量为“2 字符”。

(12) 选择“李清照 …… 的艺术造诣”这部分文字，在“开始”选项卡的“字体”组中单击“下画线”按钮。

(13) 选择“作者简介”一行，在“开始”选项卡的“剪贴板”组中双击“格式刷”按钮复制格式。

(14) 分别在第 9 行、第 12 行上拖动鼠标，即选择“注释”和“译文”文字，则这两行得到与“作者简介”一行相同的格式。

(15) 同时选择第 10 行和第 11 行，在“开始”选项卡的“字体”组中设置字体为“宋体”、字号为“小四号”，然后在“段落”组中单击“两端对齐”按钮。

(16) 选择译文的正文(第 13~15 行)，参照前面的方法设置字体为“宋体”、字号为“小四号”、首行缩进 2 字符。

(17) 在“开始”选项卡的“段落”组中单击按钮右侧的小箭头，在打开的列表中选择“边框和底纹”选项。

(18) 在“边框和底纹”对话框的“样式”列表中选择“单波浪线”，设置“应用于”为“段落”并确认。

(19) 按下 Ctrl+S 键保存所做的修改。

7.3　案例三：Word 2010 图文混排——制作一个生日贺卡

1. 任务目的

(1) 掌握形状的绘制与编辑方法。
(2) 掌握艺术字的插入及编辑方法。
(3) 掌握剪贴画的插入与编辑方法。
(4) 掌握文本框的使用。
(5) 掌握对象层次的调整。

2. 任务内容和任务要求

任务内容：完成生日贺卡的制作，效果如图 7-16 所示。

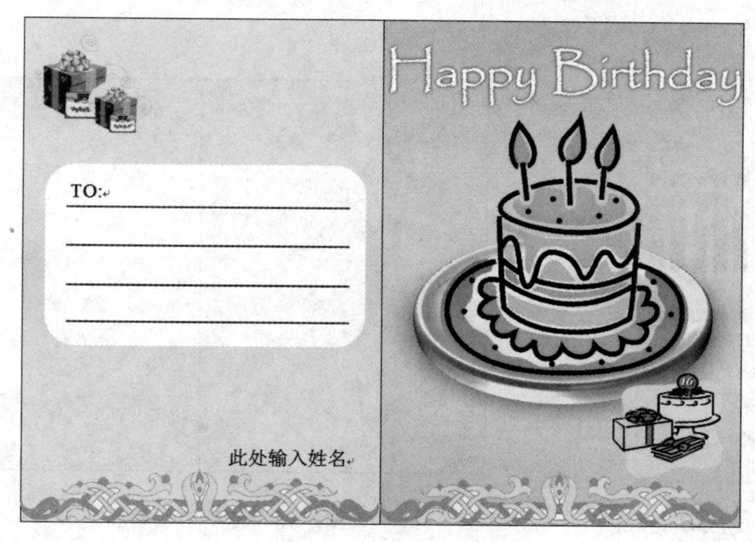

图 7-16　生日贺卡的效果图

按照任务内容完成以下任务要求：

(1) 新建一个 Word 文档，保存在“D:\学号-姓名”文件夹中，命名为“任务三：生日贺卡.docx”。

(2) 绘制一个大小为 9.7 厘米×6.72 厘米的矩形，填充为“橙色，淡色 80%”，然后进行复制使其并排，修改为渐变填充，作为贺卡的底图。

(3) 在左侧贺卡底部插入剪贴画，更改颜色，调整大小，使之与底图能够搭配起来；然后复制一个修改后的剪贴画，调整到右侧贺卡底图的下方，作为装饰图案。

(4) 插入艺术字“Happy Birthday”，设置艺术字样式为“白色，投影”。

(5) 插入几个“蛋糕”的剪贴画，作为主画面与修饰画面。

(6) 使用形状绘制文字区，用于书写祝福文字。

(7) 使用文本框制作提示信息。

3. 任务步骤

(1) 启动 Word 2010，创建一个新文档，命名为“任务三：生日贺卡.docx”，保存在“D:\学号-姓名”文件夹中。

(2) 在“插入”选项卡的“插图”组中单击“形状”按钮下方的三角箭头，在打开的下拉列表中选择矩形。

(3) 在页面中单击鼠标，则生成一个预定大小的形状，然后在“格式”选项卡的“大小”组中设置高度为 9.7 厘米、宽度为 6.72 厘米。

(4) 在“格式”选项卡的“形状样式”组中单击“形状轮廓”按钮，在打开的下拉列表中指向“粗细”选项，在其子列表中选择“0.5 磅”；在“形状轮廓”下拉列表中选择颜色为“黑色”。

(5) 在“格式”选项卡的“形状样式”组中单击“形状填充”按钮，在打开的下拉列表中选择“橙色，淡色 80%”，如图 7-17 所示。

(6) 按住 Ctrl 键拖动修改后的矩形形状，复制一个，将复制得到的矩形排列到右侧，如图 7-18 所示。

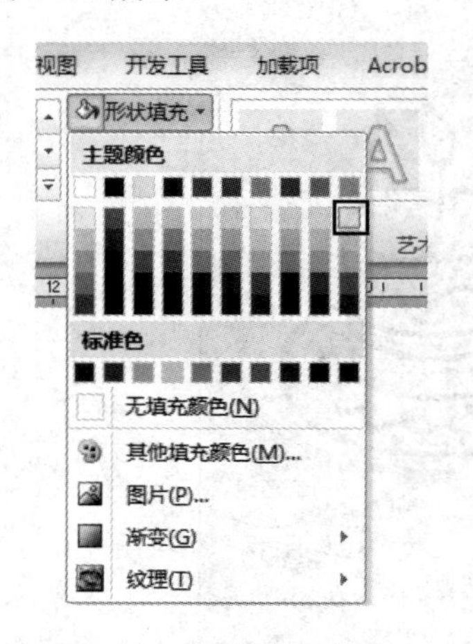

图 7-17　选择填充颜色

图 7-18　复制形状后的贺卡

(7) 选择右侧的矩形形状，单击鼠标右键，在弹出的快捷菜单中选择“设置形状格式”命令，则弹出“设置形状格式”对话框。

(8) 在对话框中选择“渐变填充”选项，设置左侧色标的颜色为红色，并分别设置亮度与透明度的值，使之呈现淡粉色；设置中间色标的颜色为“橙色，淡色 80%”；右侧色标的颜色为“橙色，淡色 60%”，如图 7-19 所示，关闭“设置形状格式”对话框。

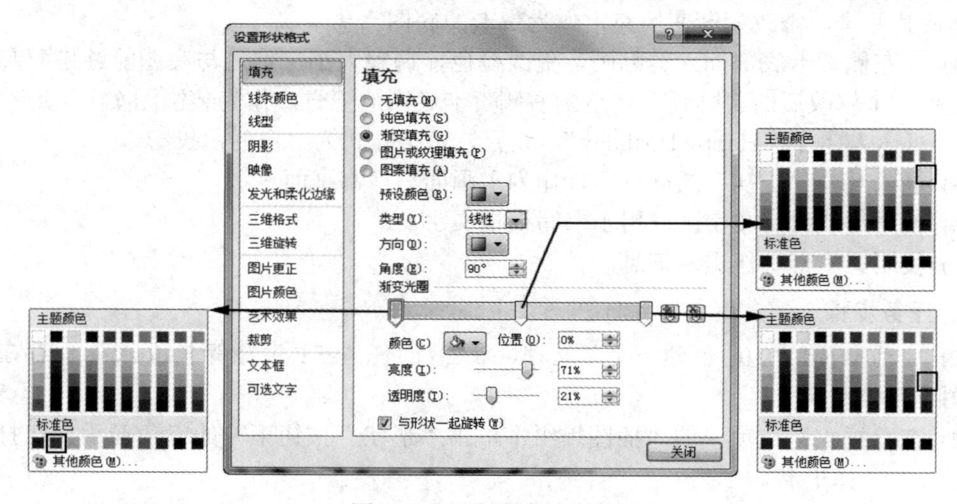

图 7-19　设置渐变填充色

(9) 在“插入”选项卡的“插图”组中单击“剪贴画”按钮，则弹出“剪贴画”任务窗格。

(10) 在“搜索文字”文本框中输入文字“装饰”，单击“搜索”按钮，则列出所有搜索到的剪贴画，在搜索到的结果中找到“漩涡图案和藤蔓装饰的边框”，如图 7-20 所示，单击该剪贴画，将其插入到文档中。

(11) 默认情况下插入的剪贴画是嵌入型的，不能移动位置。在“格式”选项卡中单击“自动换行”按钮，在打开的列表中选择“浮于文字上方”选项，如图 7-21 所示。

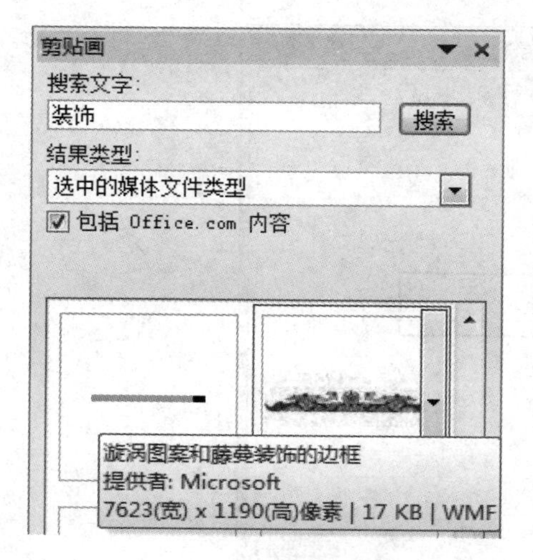

图 7-20　选择的剪贴画

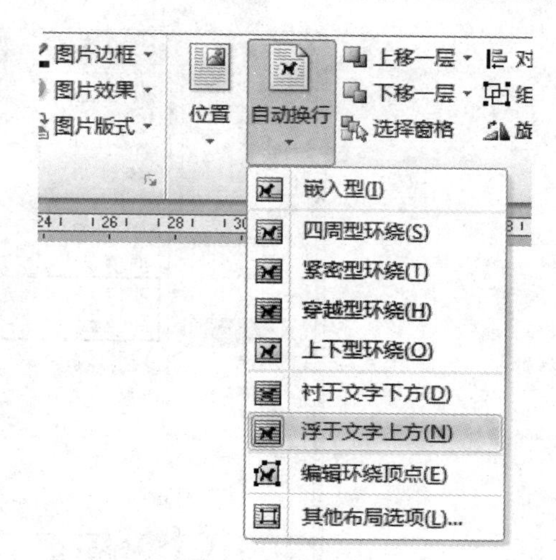

图 7-21　更改环绕方式

(12) 将光标指向剪贴画右上角的控制点，当光标变为双向箭头时按住左键拖曳鼠标，将剪贴画缩小到与矩形宽度一致，然后放置在下方，如图 7-22 所示。

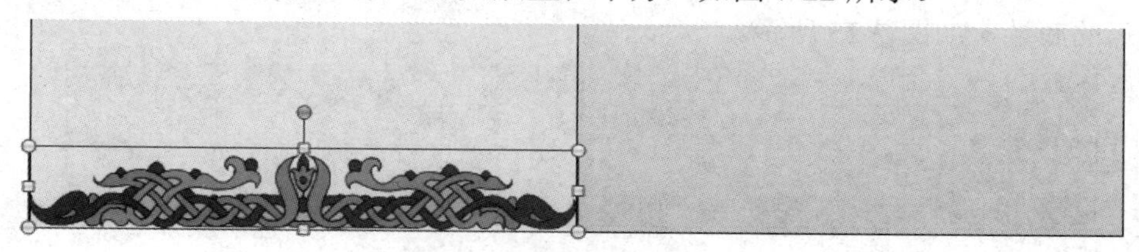

图 7-22　调整剪贴画的大小和位置

(13) 在“格式”选项卡的“调整”组中单击“颜色”按钮，在打开的列表中选择“橙色，强调文字颜色 6 浅色”，如图 7-23 所示。

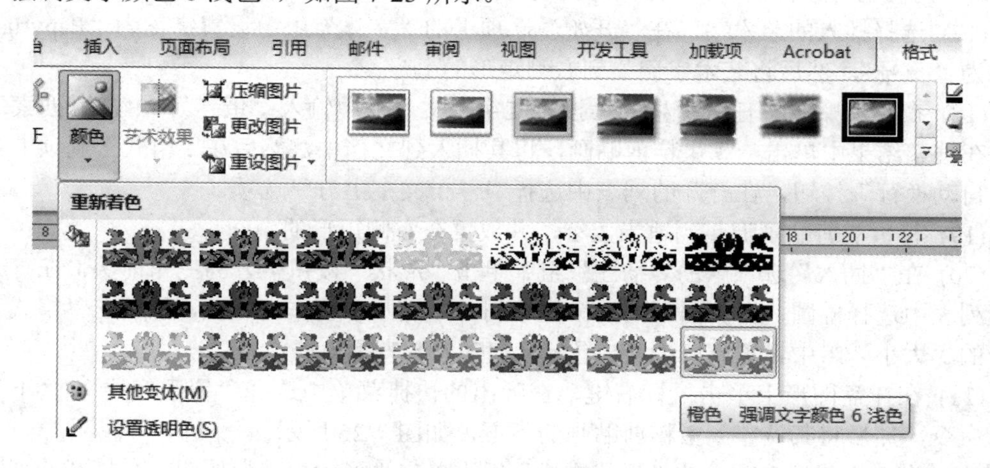

图 7-23　调整剪贴画的颜色

(14) 在调整颜色后的剪贴画上单击鼠标右键，在弹出的快捷菜单中选择“设置图片格式”命令，则弹出“设置图片格式”对话框，设置剪贴画的亮度为 20%，设置对比度为–21%，如图 7-24 所示，然后关闭该对话框。

图 7-24　“设置图片格式”对话框

(15) 将光标指向调整后的剪贴画，按住 Ctrl 键向右拖动鼠标，将其复制一份，放置到右侧矩形的底端，如图 7-25 所示。

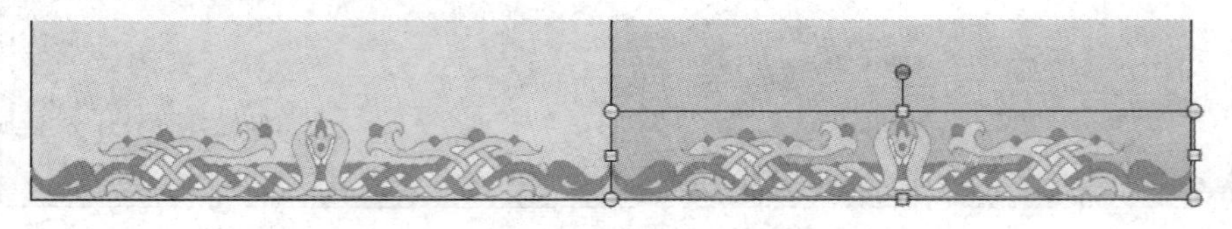

图 7-25　复制的剪贴画

(16) 在“插入”选项卡的“文本”组中单击“艺术字”按钮，在打开的列表中选择第 1 行第 3 列的艺术字样式，在文档中艺术字占位符上输入“Happy Birthday”。

(17) 选择插入的艺术字，在“开始”选项卡的“字体”组中设置字体为“Papyrus”，大小为“一号”，然后将艺术字调整到右侧矩形的上方。

(18) 在“剪贴画”任务窗格的“搜索文字”文本框中输入“蛋糕”，单击“搜索”按钮，在搜索结果中单击一款蛋糕剪贴画，将其插入到文档中，然后在“格式”选项卡中单击“自动换行”按钮，在打开的列表中选择“浮于文字上方”选项。

(19) 将蛋糕剪贴画调整到适当大小，并放置在右侧矩形的中间。

(20) 在“插入”选项卡的“插图”组中单击“形状”按钮下方的三角箭头，在打开的下拉列表中选择椭圆，在页面中拖动鼠标绘制一个椭圆形状作为托盘，然后在“格式”选项卡的“大小”组中设置高度为 4.5 厘米、宽度为 5.5 厘米。

(21) 在托盘图形上单击鼠标右键，在弹出的快捷菜单中选择“置于底层”/“下移一层”命令，然后将其调整到蛋糕剪贴画的下方，如图 7-26 所示。

(22) 在“格式”选项卡的“形状样式”组中单击“形状填充”按钮，在打开的列表中选择“橙色，淡色 80%”，然后单击“形状效果”按钮，在打开的列表中选择“预设”选项，在“预设”子列表中选择第 3 行第 2 个预设效果；再次单击“形状效果”按钮，在“三维旋转”子列表中选择“透视”组中第 2 行第 3 个效果，则托盘效果如图 7-27 所示。

图 7-26　调整托盘图形的位置

图 7-27　托盘效果

(23) 参照前面的方法，再插入几个不同的蛋糕剪贴画，并调整适当的大小，分别放置在左侧矩形的上方和右侧矩形的下方，如图 7-28 所示。

图 7-28　插入的剪贴画

(24) 参照前面的方法，再绘制一个高度为 3.5 厘米、宽度为 6 厘米的圆角矩形作为书写祝福文字的文字区，设置填充颜色为白色，轮廓颜色为无，放置在左侧矩形的中间，如图 7-29 所示。

(25) 用同样的方法，再绘制一条直线并将其复制 3 条，然后同时选择 4 条直线，在“格式”选项卡的“排列”组中单击“对齐”按钮，在打开的下拉列表中选择“纵向分布”命令，最后调整位置，如图 7-30 所示。

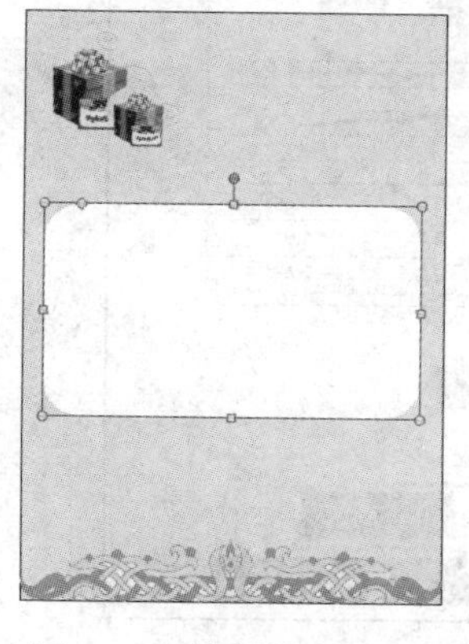

图 7-29　绘制的圆角矩形

图 7-30　绘制的直线

(26) 在“插入”选项卡的“文本”组中单击“文本框”按钮，在打开的列表中选择“绘制文本框”选项，然后在贺卡上拖动鼠标，创建一个文本框，并输入文字“TO:”；用同样的方法，在左侧矩形的右下角再创建一个文本框，并输入文字“此处输入姓名”。

(27) 同时选择两个文本框，在“格式”选项卡的“形状样式”组中单击“形状填充”按钮，在打开的列表中选择“无填充颜色”选项；再单击“形状轮廓”按钮，在打开的列表中选择“无轮廓”选项。

(28) 分别将两个文本框中的文字设置为适当的字体与大小，然后适当调整文本框的位置。

(29) 按下 Ctrl+S 键保存贺卡。

7.4　案例四：制作出版集团介绍

1. 任务目的

(1) 掌握插入图片并对图片进行编辑的方法。

(2) 掌握图文混排的方法。

(3) 掌握在 Word 中插入图表并编辑图表的方法。

(4) 掌握插入并修改 SmartArt 图形的方法。

2. 任务内容和任务要求

任务内容：制作一个出版集团介绍，效果如图 7-31 所示。

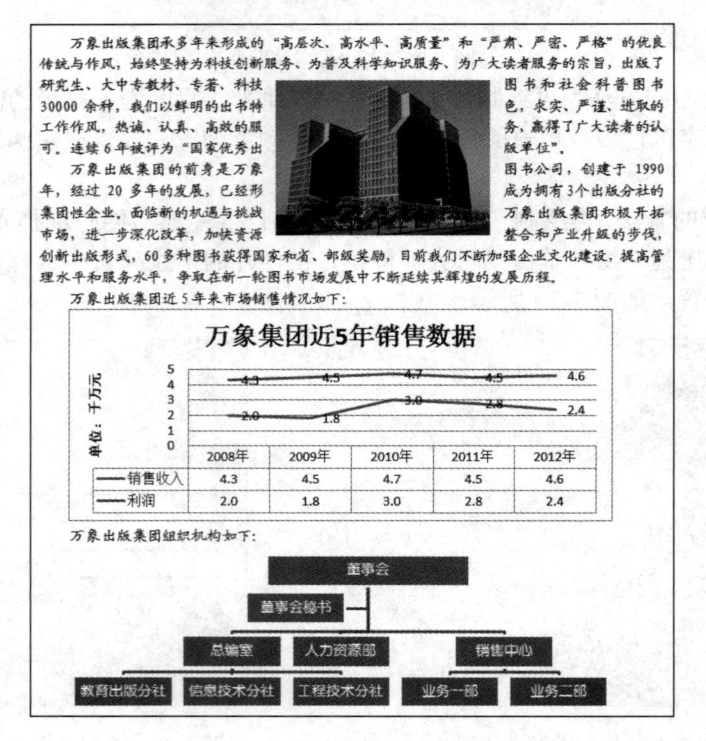

万象出版集团承多年来形成的“高层次、高水平、高质量”和“严肃、严密、严格”的优良传统与作风，始终坚持为科技创新服务、为普及科学知识服务、为广大读者服务的宗旨，出版了研究生、大中专教材、专著、科技图书和社会科普图书30000 余种，我们以鲜明的出书特色，求实、严谨、进取的工作作风，热诚、认真、高效的服务，赢得了广大读者的认可。连续 6 年被评为“国家优秀出版单位”。

万象出版集团的前身是万象图书公司，创建于 1990 年，经过 20 多年的发展，已经形成为拥有3个出版分社的集团性企业。面临新的机遇与挑战万象出版集团积极开拓市场，进一步深化改革，加快资源整合和产业升级的步伐，创新出版形式，60 多种图书获得国家和省、部级奖励，目前我们不断加强企业文化建设，提高管理水平和服务水平，争取在新一轮图书市场发展中不断延续其辉煌的发展历程。

万象出版集团近 5 年来市场销售情况如下：

万象集团近5年销售数据

单位：千万元

	2008年	2009年	2010年	2011年	2012年
销售收入	4.3	4.5	4.7	4.5	4.6
利润	2.0	1.8	3.0	2.8	2.4

万象出版集团组织机构如下：

图 7-31　出版集团介绍的效果图

按照任务内容完成以下任务要求：

(1) 创建一个 Word 文档，输入如图 7-31 所示的文本，保存在“D:\学号-姓名”文件夹中，命名为“任务四：出版集团介绍.docx”。

(2) 设置文字部分的格式为楷体、五号、首行缩进 2 字符。

(3) 插入一幅图片，并设置图文混排格式。

① 设置图片为“四周型环绕”方式。

② 适当调整图片的大小。

③ 设置“颜色饱和度”为 100%、色调为“色温 6500 K”、重新着色为“水绿色”。

④ 设置锐化为 0%、亮度为 0%、对比度为 0%。

(4) 插入一个图表。

① 图表标题位置为“图表上方”。

② 图表无横坐标轴，纵坐标轴为旋转过的标题。

③ 显示模拟运算表和图例项标示以及数据标签。

(5) 插入一个 SmartArt 图形并进行修改，要求如下：

① 插入一个组织结构图。

② 根据要求添加形状，并输入相关的文字。

3. 任务步骤

(1) 启动 Word 2010，创建一个新文档，命名为“任务四：出版集团介绍.docx”，保存在“D:\学号-姓名”文件夹中。

(2) 参照样文输入 4 段文字，也可以直接打开“素材”文件夹中的“出版集团介绍文字. docx”文档，将其另存一份进行操作。

(3) 按下 Ctrl+A 键全选文本，在“开始”选项卡的“字体”组中设置字体为“楷体”、字号为“五号”，单击“段落”组右下角的按钮，打开“段落”对话框，在“特殊格式”下拉列表中选择“首行缩进”，缩进量为“2 字符”，如图 7-32 所示。

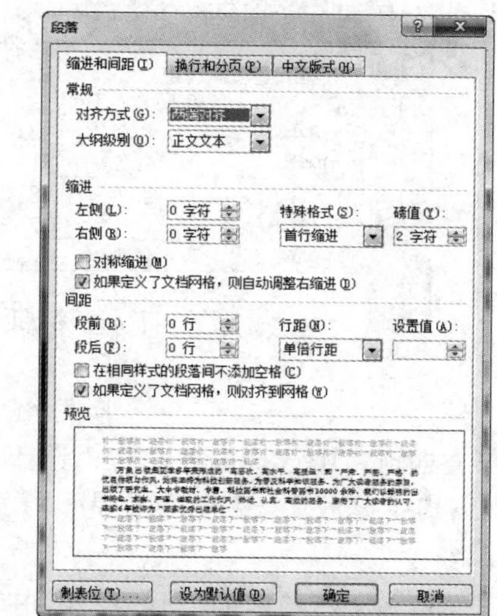

图 7-32　字体与段落格式的设置

(4) 将光标定位在任意位置处，在“插入”选项卡的“插图”组中单击“图片”按钮，在“插入图片”对话框中双击要插入的图片，将其插入到文档中。

(5) 选择插入的图片，在“格式”选项卡的“排列”组中单击“自动换行”按钮，设置图片环绕方式为“四周型环绕”。

(6) 在“格式”选项卡的“调整”组中单击“更正”按钮，在打开的列表中设置锐化为 0%、亮度为 0%、对比度为 0%；单击“颜色”按钮，在打开的列表中设置“颜色饱和度”为 100%、色调为“色温 6500 K”、重新着色为“水绿色”。

(7) 适当调整图片的大小，并调整至合适的位置，如图 7-33 所示。

万象出版集团承多年来形成的“高层次、高水平、高质量”和“严肃、严密、严格”的优良传统与作风，始终坚持为科技创新服务、为普及科学知识服务、为广大读者服务的宗旨，出版了研究生、大中专教材、专著、科技图书和社会科普图书30000余种，我们以鲜明的出书特色，求实、严谨、进取的工作作风，热诚、认真、高效的服务，赢得了广大读者的认可。连续6年被评为“国家优秀出版单位”。

万象出版集团的前身是万象图书公司，创建于1990年，经过20多年的发展，已经形成为拥有3个出版分社的集团性企业。面临新的机遇与挑战万象出版集团积极开拓市场，进一步深化改革，加快资源整合和产业升级的步伐，创新出版形式，60多种图书获得国家和省、部级奖励，目前我们不断加强企业文化建设，提高管理水平和服务水平，争取在新一轮图书市场发展中不断延续其辉煌的发展历程。

万象出版集团近5年来市场销售情况如下：

图 7-33　插入的图片

(8) 在“插入”选项卡的“插图”组中单击“图表”按钮，在“插入图表”对话框左侧选择“折线图”，在对话框右侧双击第一个“折线图”，则在文档中插入一个图表，同时打开 Excel 窗口。

(9) 在 Excel 窗口中修改数据，如图 7-34 所示，然后关闭 Excel 窗口。

F15　fx

	A	B	C	D	E	F
1		销售收入	利润			
2	2008年	4.3	2.0			
3	2009年	4.5	1.8			
4	2010年	4.7	3.0			
5	2011年	4.5	2.8			
6	2012年	4.6	2.4			
7						
8		若要调整图表数据区域的大小，请拖拽区域的右下角。				
9						

图 7-34　修改数据

(10) 在文档窗口中选择图表，在“设计”选项卡的“图表布局”组中选择“布局 5”，然后在文档窗口中修改图表标题文字为“万象集团近 5 年销售数据”，纵坐标轴标题为“单位：千万元”。

(11) 在“布局”选项卡的“标签”组中单击“数据标签”按钮，在打开的列表中选择“居中”，结果如图 7-35 所示。

万象出版集团承多年来形成的“高层次、高水平、高质量”和“严肃、严密、严格”的优良传统与作风，始终坚持为科技创新服务、为普及科学知识服务、为广大读者服务的宗旨，出版了研究生、大中专教材、专著、科技图书和社会科普图书30000余种，我们以鲜明的出书特色，求实、严谨、进取的工作作风，热诚、认真、高效的服务，赢得了广大读者的认可。连续6年被评为“国家优秀出版单位”。

万象出版集团的前身是万象图书公司，创建于1990年，经过20多年的发展，已经形成为拥有3个出版分社的集团性企业。面临新的机遇与挑战万象出版集团积极开拓市场，进一步深化改革，加快资源整合和产业升级的步伐，创新出版形式，60多种图书获得国家和省、部级奖励，目前我们不断加强企业文化建设，提高管理水平和服务水平，争取在新一轮图书市场发展中不断延续其辉煌的发展历程。

万象出版集团近5年来市场销售情况如下：

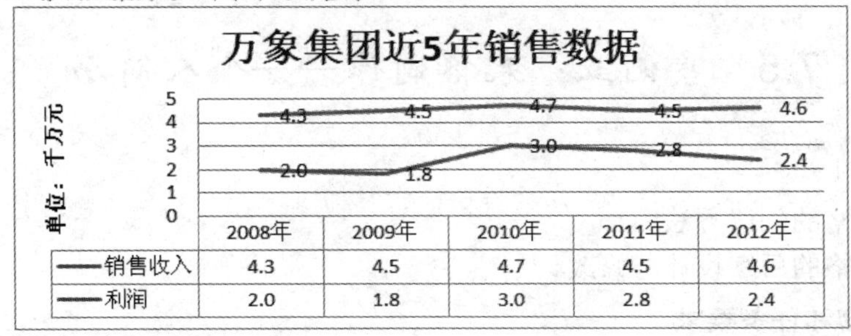

万象出版集团组织机构如下：

图 7-35 图表效果

(12) 将光标定位在文档的最后，在“插入”选项卡的“插图”组中单击“SmartArt”按钮，在“选择 SmartArt 图形”对话框左侧选择“层次结构”，在中间列表中双击第一个组织结构图，将其插入文档中，然后在图形中单击文本占位符，输入所需要的内容，如图 7-36 所示。

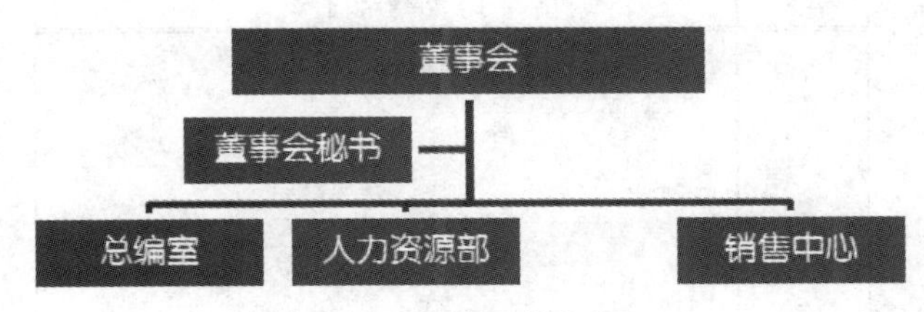

图 7-36 输入的内容

(13) 选择“总编室”形状，在“设计”选项卡的“创建图形”组中单击“添加形状”按钮右侧的三角形箭头，在打开的列表中选择“在下方添加形状”选项，在“总编室”形状的下方添加一个新形状，重复操作三次，添加三个新形状。

(14) 重新选择“总编室”形状，在“创建图形”组中单击“布局”按钮，在打开的列表中选择“标准”选项，使新添加的三个形状变为横排。

(15) 分别在三个新形状上单击鼠标右键，在快捷菜单中选择“编辑文字”命令，然后输入文字。

(16) 用第(15)步同样的方法，再在“销售中心”形状的下方添加两个新形状并输入文字，结果如图 7-37 所示。

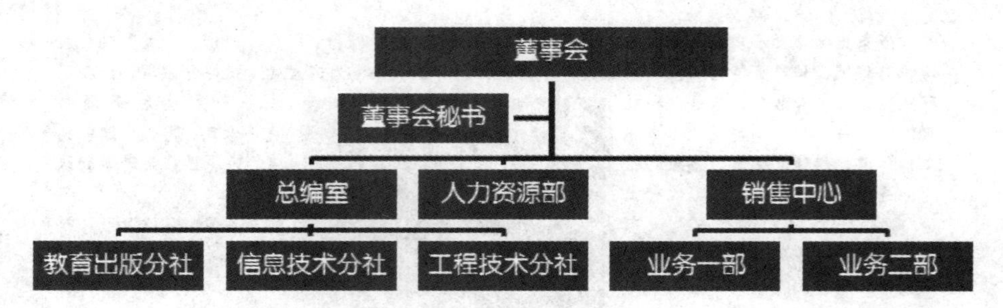

图 7-37　SmartArt 图形效果

(17) 按下 Ctrl+S 键保存文档。

7.5　案例五：表格制作——个人简历

1. 任务目的

(1) 掌握表格的创建方法。

(2) 了解表格的后续设计与修改。

2. 任务内容和任务要求

任务内容：制作个人简历表格，效果如图 7-38 所示。

个 人 简 历

姓名		性别		出生年月		政治面貌	
身份证号				户口所在地			
联系方式							
毕业院校				所学专业			
教育简历							
获得奖励							

图 7-38　排版后的效果图

按照任务内容完成以下任务要求：

(1) 创建 Word 文档，保存为“简历表”，保存在“D:\学号_姓名”文件夹内。

(2) 标题为“个人简历”，设置为黑体二号、居中对齐。

(3) 制作表格要求如下：

① 插入 6 行 8 列的表格。

② 利用合并或拆分单元格调整表格结构。

③ 将第四行上下边线设为双线型。

④ 表格中所有文字设置为宋体四号字、居中对齐。

3. 任务步骤

预备知识

创建表格常用以下两种方法：

(1) 选择“插入”选项卡“表格”组“表格”命令按钮，在打开的下拉列表中选择“插入表格”命令，将弹出“插入表格”对话框，如图 7-39 所示，在“插入表格”对话框中选择所需要的行数和列数，单击“确定”按钮。

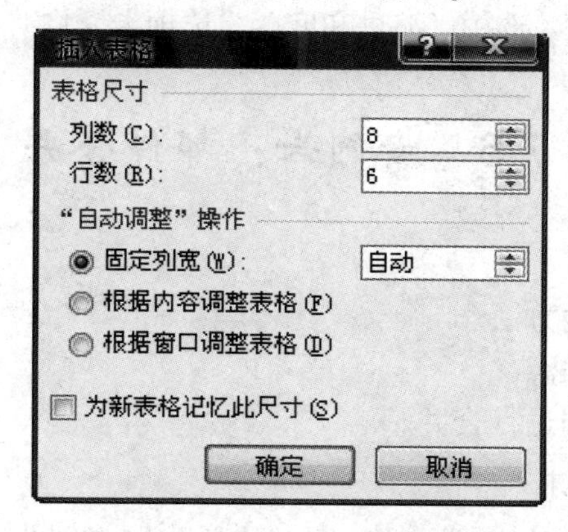

图 7-39　“插入表格”对话框

注：本方法一般适用于创建较为规则的表格。

(2) 选择“插入”选项卡“表格”组“表格”命令按钮，在打开的下拉列表中选择“绘制表格”命令，按住鼠标左键并拖动鼠标可进行表格的绘制。

(1) 选择“开始”菜单的“所有程序”命令，然后单击“Microsoft Office”中的“Microsoft Office Word 2010”，即可启动 Word 2010，自动创建一个空白 Word 文档。

(2) 根据效果图中最大行数和最大列数，确定插入 6 行 8 列的表格，选择“插入”选项卡“表格”组中“表格”命令按钮旁的下拉箭头，选择命令，拖动鼠标，可进行表格外框的绘制。此时，鼠标指针呈铅笔状，可用于在表格中画水平线、垂直线及斜线(在线段的起点单击鼠标左键并拖曳至终点释放)。

(3) 表格被创建后，选中需要合并的单元格，右击鼠标在弹出的快捷菜单中选合并单元格，完成不规则表格的绘制，如图 7-40 所示。

(4) 在“设计”选项卡中点击“线型”，在下拉列表中选择当前线型为“双实线”。选中“绘制表格”按钮，拖曳铅笔状鼠标将表格第四行的上下边框线替换为双线型，如图 7-41 所示。

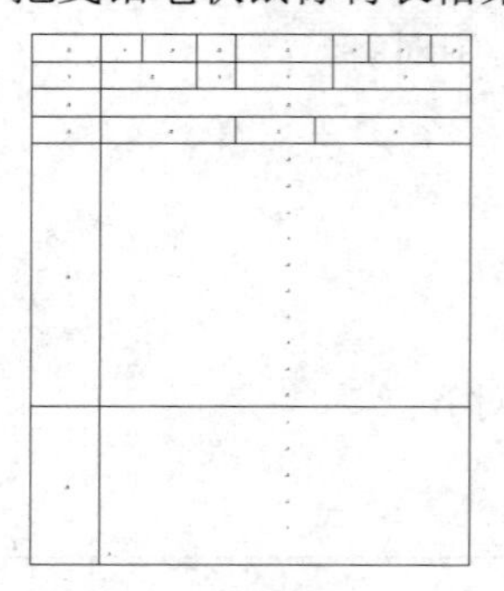

图 7-40　绘制表格效果

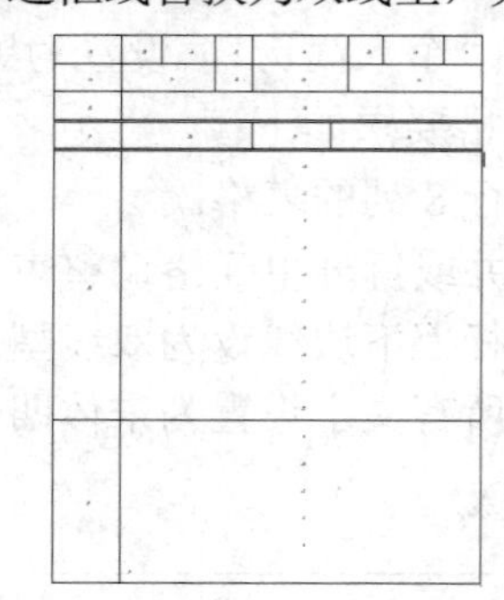

图 7-41　第四行的上下边框为双线型

(5) 对照样张输入文字。

(6) 选择表格中所有文字，在“开始”选项卡中单击“字体”组中的显示字体“对话框启动器”按钮，弹出“字体”对话框，选中“字体”选项卡，将“中文字体”设置为“宋体”，“字号”设置为“四号”。在“开始”选项卡中单击“段落”组中的“对话框启动器”按钮，弹出“段落”对话框，选中“缩进和间距”选项卡，将“对齐方式”设置为“居中”。

7.6　案例六：邮件合并

1. 任务目的

(1) 掌握建立主文档的方法。

(2) 使用各类型的数据源。

(3) 将数据源与主文档进行合并。

2. 任务内容和任务要求

任务内容：某高校学生会计划举办一场“大学生网络创业交流会”的活动，拟邀请部分专家和老师给在校学生进行演讲。因此，校学生会外联部需作制一批邀请函，并分别递送给相关的专家和老师。

按照任务内容完成以下任务要求：

(1) 完成邮件合并，首先要准备数据源。请新建文档，创建表格，按样张输入，如表 7-1 所示，并保存文件名为“通讯录.docx”。

表 7-1　通　讯　录

编号	姓名	性别	公　司	地　址
BY001	邓建威	男	电子工业出版社	北京市太平路 23 号
BY002	郭小春	男	中国青年出版社	北京市东城区东四十条 94 号
BY007	陈岩捷	女	天津广播电视大学	天津市南开区迎水道 1 号
BY008	胡光荣	男	正同信息技术发展有限公司	北京市海淀区二里庄
BY005	李达志	男	清华大学出版社	北京市海淀区知春路西格玛中心

请按如下要求，完成邀请函的制作：

(2) 调整文档版面，要求页面高度为 18 厘米、宽度为 30 厘米，页边距(上、下)为 2 厘米，页边距(左、右)为 3 厘米。

(3) 将页面颜色设置为“雨后实晴”。

(4) 创建主文档。输入如下文本，并参考样张设置文字的字体、字号和颜色。样张如图 7-42 所示。

大学生网络创业交流会

邀请函

尊敬的________：

校学生会兹定于 2013 年 10 月 22 日，在本校大礼堂举办“大学生网络创业交流会”的活动，并设立了分会场演讲主题的时间，特邀请您为我校学生进行指导和培训。

谢谢您对我校学生会工作的大力支持。

校学生会 外联部

2013 年 9 月 8 日

① 将标题“大学生网络创业交流会”居中，字体为“微软雅黑”，字号为“一号”，字体颜色为“蓝色”。设置“邀请函”字体为“微软雅黑”，字号为“一号”，字体颜色为“自动”。把正文部分字体设置为“微软雅黑”，字号为“五号”，字体颜色为“自动”。

② 将正文“首行缩进”2 字符，将文档最后两行的文字“右对齐”。

③ 设置“大学生网络创业交流会”和“邀请函”段前、段后 0.5 行。

(5) 在“尊敬的”和“：”文字之间插入拟请的专家和老师姓名，拟邀请的专家和老师姓名在“通讯录”中，每页邀请函中只能包含 1 位专家或老师的姓名，所有的邀请函页面请另保存在一个名为“Word-邀请函.docx”文件中。

(6) 邀请函文档制作完成后，如图 7-42 所示，请保存为“案例六：邮件合并.docx”。

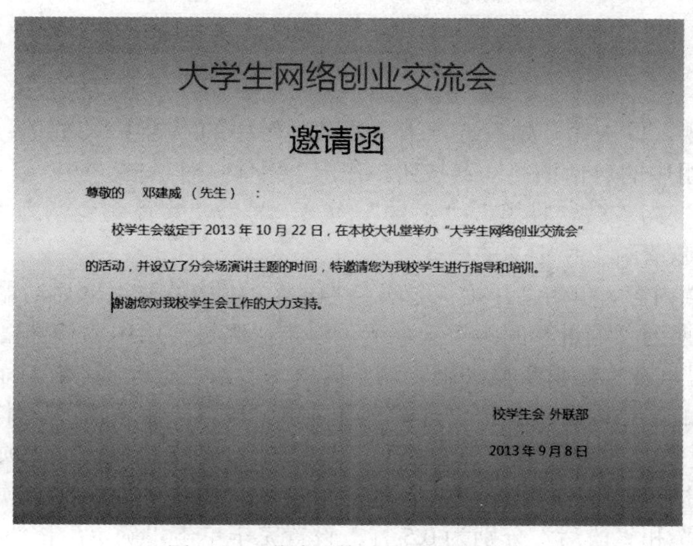

图 7-42　邀请函格式设置的效果图

3. 任务步骤

(1) 选择“开始”菜单的“所有程序”命令，然后单击“Microsoft Office”中的“Microsoft Office Word 2010”，即可启动 Word 2010，自动创建一个空白 Word 文档。选择“插入”选项卡“表格”组中“表格”命令按钮旁的下拉箭头，选择命令，拖动鼠标，插入 6 行 6 列表格，按表 7-1 内容输入即可，并保存文件名为“通讯录.docx”。

(2) 新建一个空白 Word 文档，按要求输入文本框里的文字。单击“页面布局”选项卡下“页面设置”组中的对话框启动器按钮，弹出“页面设置”对话框。切换到“纸张”选项卡，在“高度”微调框中设置为“18 厘米”，“宽度”微调框中设置为“30 厘米”，单击“确定”按钮。再切换到“页边距”选项卡，在“上”微调框中都设置为“2 厘米”，在“左”微调框和“右”微调框中都设置为“3 厘米”。设置完毕后单击“确定”按钮即可。

(3) 单击“页面布局”选项卡“页面背景”组中的“页面颜色”按钮，在弹出的下拉列中选择“填充效果”命令，弹出“填充效果”对话框，在“渐变”选项卡的“颜色”中选择“预设”，如图 7-43 所示。在“预设颜色”下拉表中选择“雨后初晴”选项。

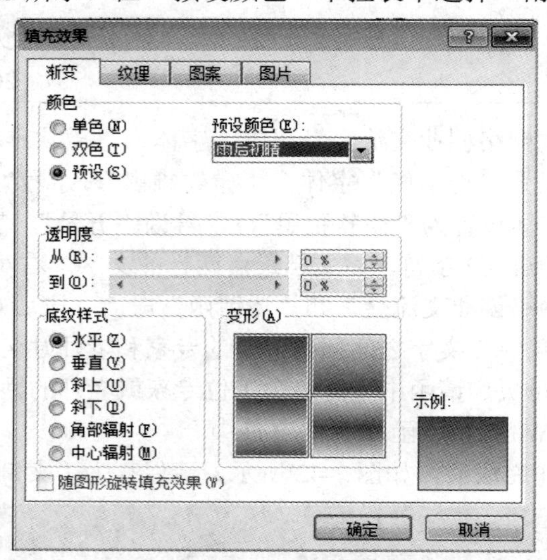

图 7-43　“填充效果”对话框

(4) 选中标题，单击“开始”选项卡“段落”组中的“居中”按钮。再单击“开始”选项卡“字体”组中的对话框启动器按钮，弹出“字体”对话框。切换到“字体”选项卡，设置“中文字体”为“微软雅黑”，“字号”为“一号”，“字体颜色”为“蓝色”。按照同样的方式设置“邀请函”和正文的格式。

(5) 选中文档内容，单击“开始”选项卡“段落”组中的对话框启动器按钮，弹出“段落”对话框，切换到“缩进和间距”选项卡，单击“缩进”组中“特殊格式”下拉按钮，选择“首行缩进”，在“磅值”微调框中调整磅值为“2 字符”，单击“确定”按钮。再选中文档最后两行的文字内容，单击“开始”选项卡“段落”组中的“文本右对齐”按钮。

(6) 选中“大学生网络创业交流会”和“邀请函”，单击“开始”选项卡“段落”组中的对话框启动器按钮，弹出“段落”对话框，切换到“缩进和间距”选项卡，在“间距”组中设置“段前”和“段后”分别为 0.5 行。设置完毕单击“确定”按钮。

(7) 下面进行“邮件”选项卡“开始邮件合并”组下拉框命令的应用。

① 把鼠标定位在“尊敬的”和“：”文字之间，在“邮件”选项卡“开始邮件合并”组中，单击“开始邮件合并”下的“邮件合并分步向导”命令。

② 打开“邮件合并”任务窗格，进入“邮件合并分步向导”的第 1 步。在“选择文档类型”中选择一个希望创建的输出文档的类型，此处我们选择“信函”。

③ 单击“下一步：正在启动文档”超链接，进入“邮件合并分步向导”的第 2 步。在“选择开始文档”选项区域中选中“使用当前文档”单选按钮，以当前文档作为邮件合并的文档。

④ 接着单击“下一步：选取收件人”超链接，进入第 3 步，在“选择收件人”选项区域中选中“使用现有列表”单选按钮。

⑤ 单击“浏览”超链接，打开“选取数据源”对话框，选择“通讯录.docx”文件后单击“打开”按钮，进入“邮件合并收件人”对话框，单击“确定”按钮完成现有工作表的链接工作。

⑥ 选择了收件人的列表之后，单击“下一步：撰写信函”超链接，进入第 4 步。在“撰写信函”区域中选择“其他项目”超链接。打开“插入合并域”对话框，在“域”列表框中，按照题意选择“姓名”域，单击“插入”按钮。插入完所需的域后，单击“关闭”按钮，在“邮件”选项下的“编写和插入域”中，点击“规则”的“如果……那么……否则……”选项，在弹出的对话框中的“域名”下拉列表中选择性别，在“比较条件”下拉列表中选择“等于”，在“比较对象”中输入“男”，在“则插入此文字”中输入“(先生)”，在“否则插入此文字”中输入“(女士)”。完成后点击“确定”按钮。

⑦ 在“邮件合并”任务窗格中，单击“下一步：预览信函”超链接，进入第 5 步。在“预览信函”选项区域中单击“《”或“》”按钮，可查看具有不同邀请人的姓名和称谓信函。

⑧ 预览并处理输出文档后，单击“下一步：完成合并”超链接，进入“邮件合并分步向导”的最后一步。此处，我们选择“编辑单个信函”超链接，打开“合并到新文档”对话框，在“合并记录”选项区域中，选中“全部”单选按钮。

⑨ 设置完成后单击“确定”按钮，即可在文中看到，每页邀请函中只包含 1 位专家或老师的姓名，单击“文件”选项卡下的“另存为”按钮保存文件名为“Word-邀请函.docx”，并关闭文档。

⑩ 单击“保存”按钮，保存文件名为“任务六：邮件合并.docx”。

7.7　案例七：Word 2010 长文档排版——毕业论文

1. 任务目的

毕业论文是检验学生在校学习成果的重要措施，也是提高教学质量的重要环节。大学生在毕业前须完成毕业论文的撰写任务，则运用本任务中给出的参考知识点即可完成毕业论文的排版。

2. 任务内容和任务要求

任务内容：

(1) 熟练掌握页面设置的使用。

(2) 掌握分隔符的使用。

(3) 学习样式的定义及使用。

(4) 掌握页眉和页脚、页码的设置。

(5) 掌握自动生成目录的设置。

按照任务内容完成以下任务要求：

(1) 页面设置

① 纸张：A4。

② 页边距：上、下边距为 2.5 厘米，左边距为 3 厘米，右边距为 2 厘米。

③ 版式：页眉为 1.5 厘米，页脚为 1.5 厘米。

④ 文档网格：指定行和字符网络；字符：每行 35 字；行：每页 38 行。

⑤ 注意："应用于"选择"整篇文档"。

(2) 插入分节符、分页符。

① 分节符：在目录和第一章之间插入"分节符"，类型为"下一页"。

② 分页符：将插入点放在每章的起始位置，依次设置各部分的分页符，完成各章的分页。

设置完成后在"开始"选项卡"段落"组中单击按钮将显示编辑标记帮助用户完成排版。

(3) 使用样式。

① 依次设置章名或论文结构名为"标题 1"，节名为"标题 2"，小节名为"标题 3"。

② 修改标题样式，如表 7-2 所示。

表 7-2　论文标题样式

名称	字体	字号	段落格式
标题 1	黑体	小二号	居中对齐，段前、段后 0.5 行，单倍行距
标题 2	黑体	小三号	居中对齐，单倍行距
标题 3	黑体	四号	首行缩进 2 字符，段前、段后 0 行，单倍行距

③ 将论文正文的格式设置为小四号、宋体、单倍行距、首行缩进 2 个字符。

(4) 添加页眉页脚。

页眉要求：

① 从中文摘要开始设置页眉，内容为"黑龙江财经学院毕业设计(论文)"。

页脚要求：

② 第 1 节的页码位置：底端，外侧，居中对齐；页码格式为：Ⅰ，Ⅱ，Ⅲ，…，起始页码为Ⅰ。

③ 第 2 节的页码位置：底端，外侧，居中对齐；页码格式为：1，2，3，…，起始页码为 1。

(5) 添加自动生成目录。

① 将插入点置于文字"目录"之后的空行中。

② 设置目录：显示 3 级标题，显示页码，页码右对齐，制表位前导符为第 1 种。

③ 自动生成的目录文字都是宋体、五号字，与论文格式中的目录文字样式(如表 7-3 所示)有所不同。在“开始”选项卡“样式”组中，单击“对话框启动器”按钮，请按照表 7-3 中格式要求设置目录字体样式。

表 7-3 目录文字样式

名 称	字体	字号	段落格式
目录 1	黑体	小四	单倍行距
目录 2	宋体	小四	单倍行距
目录 3	宋体	小四	单倍行距

(6) 浏览修改，直到满意为止。若有变动，则更新目录。

3. 任务步骤

1) 页面设置

(1) 在“页面布局”选项卡“页面设置”组中单击“页边距”按钮，选择“自定义边距”命令，弹出“页面设置”对话框，选中“页边距”选项卡，将页边距上、下边距设为 2.5 厘米；左边距设为 3 厘米，右边距设为 2 厘米，如图 7-44 所示。

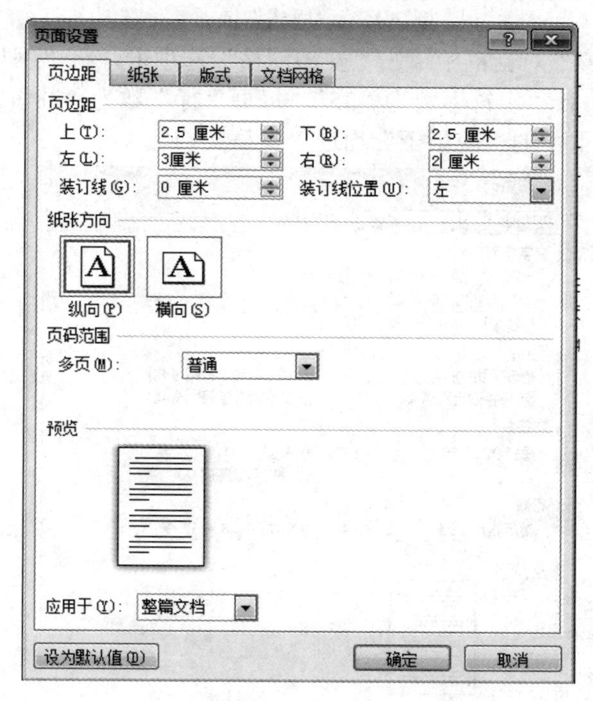

图 7-44 “页面设置”/“页边距”选项卡

(2) 在“页面设置”对话框中单击“纸张”选项卡，将纸张大小设置为“A4”。

(3) 在“页面设置”对话框中单击“版式”选项卡，将页眉设为 1.5 厘米，页脚设为 1.5 厘米，如图 7-45 所示。

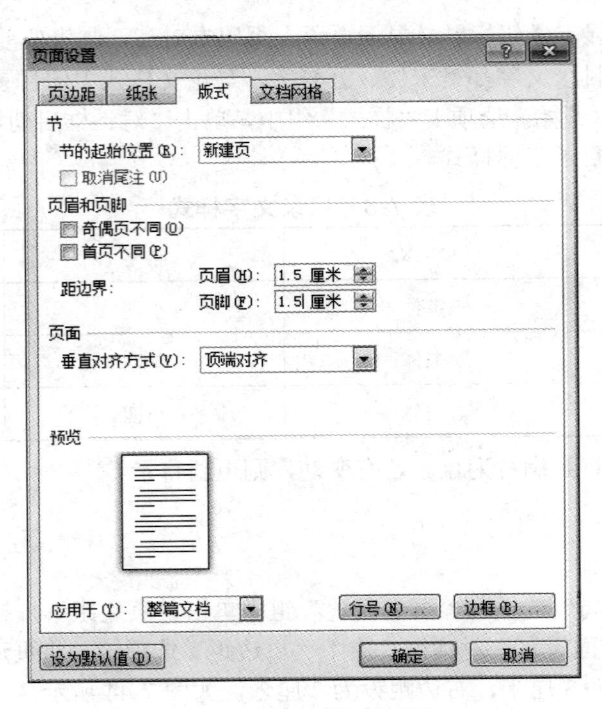

图 7-45　“版式”选项卡

(4) 在“页面设置”对话框中单击“文档网格”选项卡，将“网格”设置为“指定行和字符网格”，设置每行“字符”数为“35”，每页“行”数为“38”，如图 7-46 所示。

注意：每个选项卡中的“应用于”均选“整篇文档”。

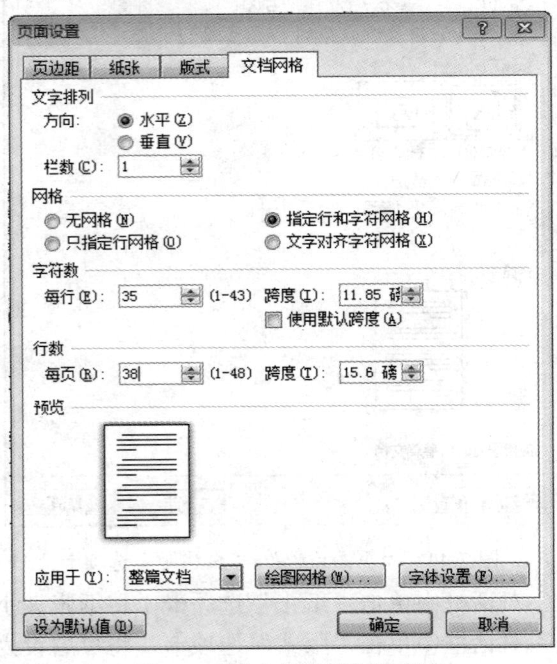

图 7-46　“文档网格”选项卡

2) 插入分节符、分页符

(1) 光标定位在目录和第 1 章之间。

(2) 在“页面布局”选项卡“页面设置”组中单击“分隔符”按钮，设置“分节符类型”为“下一节”，将论文摘要目录部分、第 1 章之后的部分分为 2 节，这样就可以在每一节中设置单独的格式了。

说明：论文的封面、文前附表、前言、目录、正文等部分设置了不同的页眉和页脚，封面、文前附表等部分没有页眉也不设置页码(本例中不涉及封面及文前附表，如包含此内容需要在文前附表与中文摘要之间插入一个分页符)。中、英文摘要、目录的页码编号格式为“Ⅰ，Ⅱ，Ⅲ…”；正文部分设置了页眉和页脚。

(3) 将插入点放在欲分页的起始位置，即每章起始位置。

(4) 在“页面布局”选项卡“页面设置”组中单击“分隔符”按钮，设置“分隔符”为“分页符”即可。

(5) 依次设置各部分的分页符，完成各章节的分页。

3) 使用样式

(1) 将插入点置于“标题 1”样式的文本中。在“开始”选项卡“样式”组中右键单击“标题 1”，在弹出的菜单中选择“修改”命令，如图 7-47 所示。

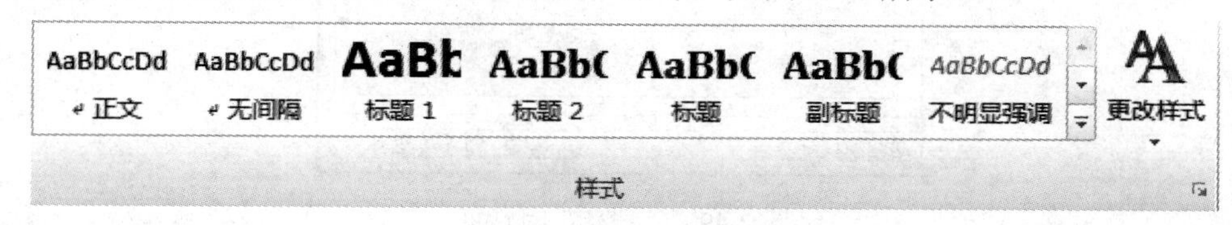

图 7-47　样式窗格

(2) 在“修改样式”对话框中的“格式”区域中，选择“字体”为“黑体”，“字号”为“小二号”，如图 7-48 所示。

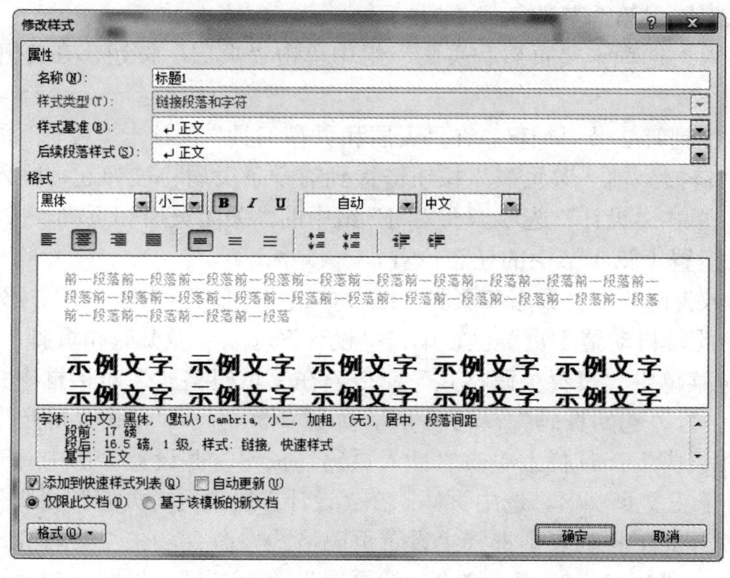

图 7-48　“修改样式”对话框

(3) 单击“格式”按钮，在弹出的菜单中选择“段落”命令，在打开的“段落”对话框中设置“对齐方式”为“居中”，“段前”“段后”间距为“0.5 行”，“行距”为“单倍行距”，如图 7-49 所示。

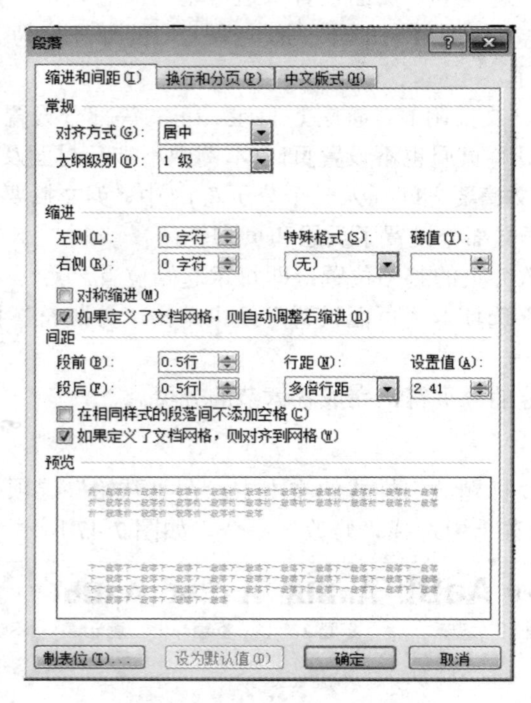

图 7-49　“段落”对话框

(4) 依次修改标题 2、标题 3 的格式，要求见表 7-2，方法同上。

4) *添加页眉、页脚*

(1) 将插入点置于第 2 节的任意位置。

(2) 在“插入”选项卡“页眉和页脚”组中单击“页眉”按钮，在打开的下拉列表中选择“页眉”样式。

(3) 光标定位到第 2 节页眉区，在“页眉和页脚工具”选项卡“设计”的子选项卡“导航”组中单击“链接到前一条页眉”按钮链接到前一条页眉将被弹起，输入“贺州学院毕业设计(论文)”，单击“设计”选项卡“关闭”组中的“关闭页眉和页脚”按钮回到正文区。

(4) 将插入点置于第 1 节中的任意位置。

(5) 在“插入”选项卡“页眉和页脚”组中单击“页脚”按钮，在下拉列表中选择“页脚”式样。光标此时自动置于页脚区，单击“设计”选项卡“页眉和页脚”组中的“页码”按钮，单击下拉菜单中“设置页码格式”命令，在“页码格式”对话框中将“数字格式”改为“Ⅰ,Ⅱ,Ⅲ…”，“起始页码”设为“Ⅰ”，如图 7-50 所示。单击“确定”按钮退出对话框，在“页眉和页脚”工具栏上单击“插入页码”按钮，并设置“居中对齐”。

(6) 光标置于正文页脚区，选中页码。在“设计”选项卡“页眉和页脚”组中单击“页码”按钮，在打开的下拉列表中选择“设置页码格式”命令，在“页码格式”对话框中将“数字格式”改为“1，2，3…”，将“起始页码”改为“1”，如图 7-51 所示。

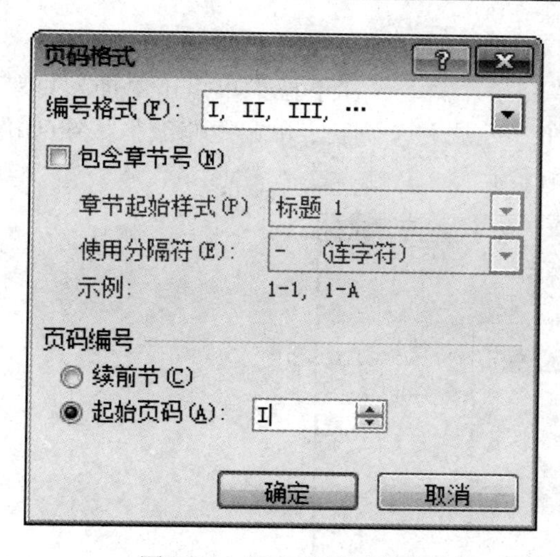

图 7-50　第 1 节的页码格式

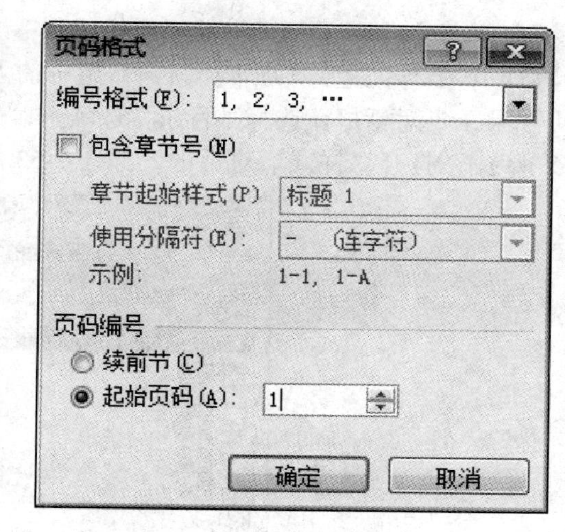

图 7-51　第 2 节的页码格式

注意：滚动滑块，发现英文摘要和目录分别设为 II 和 III 不做更改，滚动到第 1 章，若发现页码为 4，而不是 1，这是由于“页码格式”对话框的“页码编排”默认为“续前节”的缘故。

5) 添加自动生成目录

(1) 将文本“目录”二字格式设置为“黑体、小二号、居中对齐、段前段后 0.5 行、单倍行距”。

(2) 将插入点置于文字“目录”之后的空行中。

(3) 选择“引用”选项卡“目录”组中的“目录”命令，在下拉菜单中点击“插入目录”打开“目录”对话框，选择“目录”选项卡，在“显示级别”中选择“3”，单击“确定”按钮，即可自动生成三级目录，如图 7-52 所示。

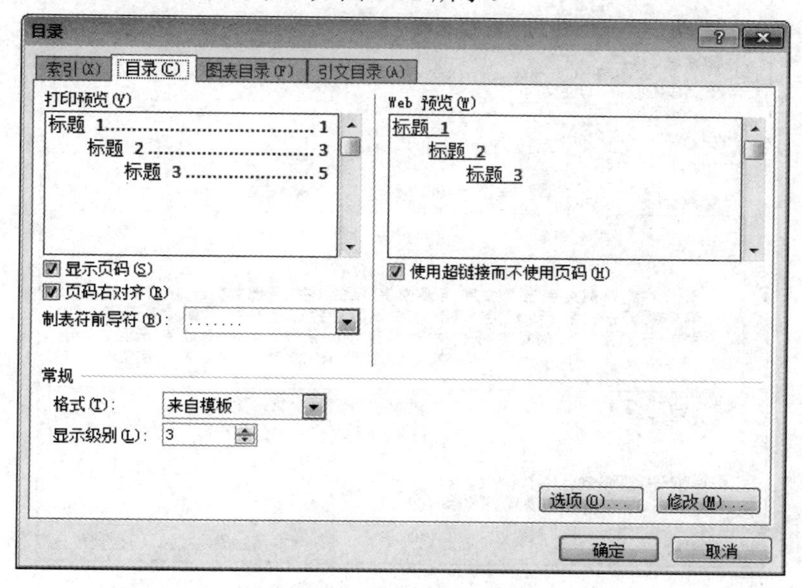

图 7-52　“目录”对话框

(4) 将插入点置于目录中的任意位置。

(5) 选择“引用”选项卡“目录”组中的“目录”命令，在下拉菜单点击“插入目录”打开“目录”对话框，选择“目录”选项卡，在“目录”选项卡下单击“修改”按钮(如图7-52 所示)，打开“样式”对话框，如图 7-53 所示。

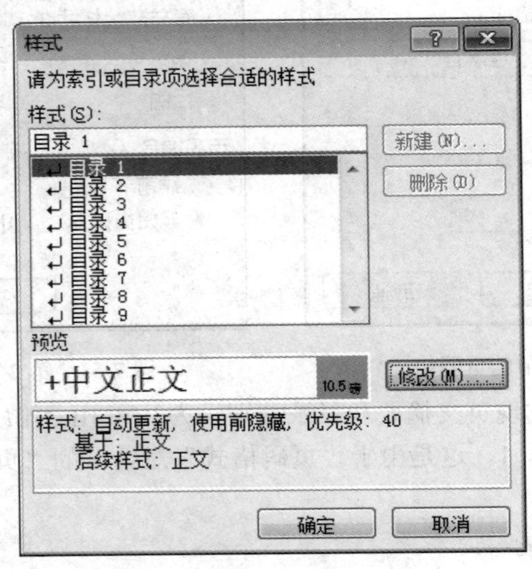

图 7-53　“样式”对话框

(6) 在“样式”列表框中选择“目录 1”，单击“修改”按钮，弹出“修改样式”对话框，将格式改为“黑体、小四、单倍行距”，如图 7-54 所示，单击“确定”按钮。

(7) 按表 7-3 的要求依次修改目录 2、目录 3 的格式，方法同上。

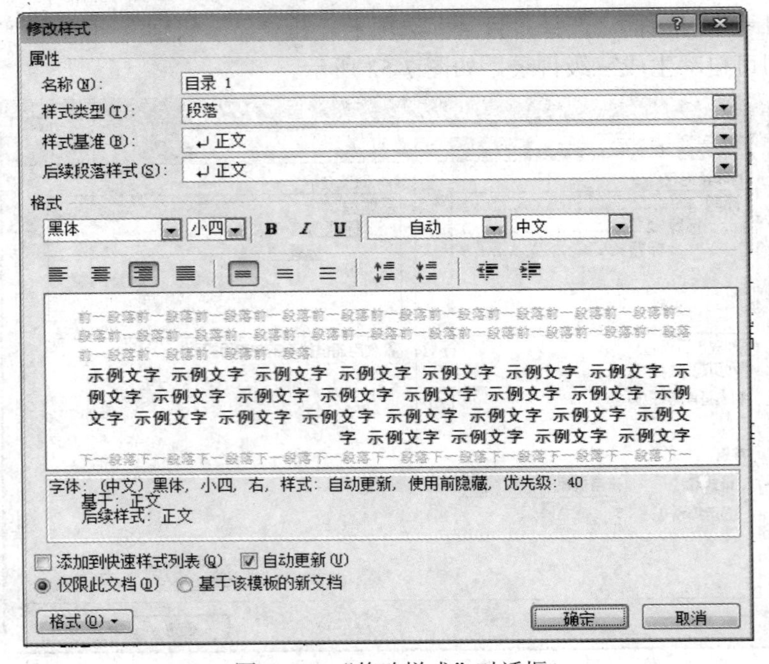

图 7-54　“修改样式”对话框

(8) 目录制作完成后，如论文内容或标题发生了变化，则目录应进行相应的修改。单击“引用”选项卡“目录”组中的“更新目录”按钮，或选中目录，单击鼠标右键弹出菜单，选择“更新域”均可打开“更新目录”对话框，然后按实际情况选择“只更新页码”或“更新整个目录”，如图 7-55 所示。

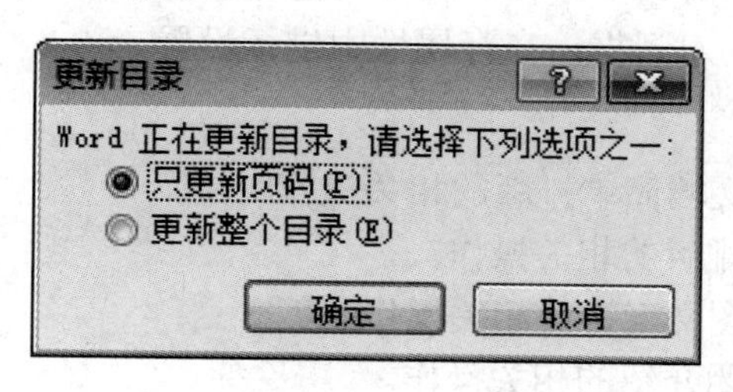

图 7-55　“更新目录”对话框

习　　题

1. 单项选择题

(1) 以下不属于 Word 文档视图的是_______。

A. 阅读视图

B. 放映视图

C. Web 版式视图

D. 大纲视图

(2) 小王计划邀请客户参加答谢会，并为客户发送邀请函。快速制作邀请函的最优操作方法是_______。

A. 发动同事帮忙制作邀请函，每个人写几份

B. 先在 Word 中制作一份邀请函，通过复制、粘贴功能生成多份，然后分别添加客户名称

C. 先制作好一份邀请函，然后复印多份，在每份上添加客户名称

D. 利用 Word 的邮件合并功能自动生成

(3) 在 Word 文档中，不可直接操作的是_______。

A. 录制屏幕操作视频

B. 插入 Excel 图表

C. 插入 SmartArt

D. 屏幕截图

(4) 在 Word 中，邮件合并功能支持的数据源不包括_______。

A. Word 数据源

B. Excel 工作表

C. PowerPoint 演示文稿

D. HTML 文件

(5) Word 文档中有一个跨页存在的表格，如需将表格的标题行设置为出现在每页表格

的首行，最优的操作方法是________。

A. 将表格的标题行复制到另外页中

B. 利用“重复标题行”功能

C. 打开“表格属性”对话框，在列属性中进行设置

D. 打开“表格属性”对话框，在行属性中进行设置

2. 操作题

(1) 练习 Word 2010 文档简单排版的相关操作。

(2) 练习一首诗词的排版的相关操作。

(3) 练习 Word 2010 图文混排的相关操作。

(4) 练习制作出版集团介绍的相关操作。

(5) 练习表格制作的相关操作。

(6) 练习邮件合并的相关操作。

(7) 练习 Word 2010 长文档排版的相关操作。

参考答案

1. (1) B；(2) D；(3) A；(4) C；(5) B。

第 8 章　Excel 2010 表格处理

【学习目标】

通过前面的训练，大家对 Word 2010 操作有了一定的了解，现在可以进行 Excel 2010 操作训练了。本章学习目标主要包括以下几点：

(1) 掌握制作产品销售表。

(2) 掌握格式化员工工资统计表。

(3) 掌握制作学生成绩表。

(4) 掌握对学生成绩表进行排序和筛选。

(5) 掌握对销售数据进行分类汇总。

(6) 掌握对工作表进行综合处理。

8.1　案例一：制作产品销售表

1. 任务目的

(1) 掌握启动和退出 Excel 的操作方法。

(2) 熟悉 Excel 的工作界面，理解工作簿、工作表和单元格的概念。

(3) 熟练掌握 Excel 工作簿的建立和保存方法。

(4) 熟练掌握数据的录入方法。

2. 任务内容和任务要求

任务内容：制作一个产品销售表，练习数据的录入，效果如图 8-1 所示。

	A	B	C	D	E	F	G	H
1	某电器公司上半年产品销售表（单位:元）							
2	制表日期	2013/6/17						
3	产品编号	类别	一月	二月	三月	四月	五月	六月
4	001	平板电视	53680	62780	57860	62480	58680	75000
5	002	洗衣机	75600	83650	68340	74650	69800	87350
6	003	电冰箱	43520	65340	87500	76800	67560	73580
7	004	笔记本电脑	65460	58700	64560	54560	78300	65000
8	005	数码相机	89050	108500	79580	93480	86750	88760
9	006	空调	108050	98650	76540	68570	65480	79850
10	007	手机	87960	97680	109800	89650	97650	118500

图 8-1　产品销售表的效果图

按照任务内容完成以下任务要求：

(1) 新建一个工作簿文件，将当前的工作簿文件保存在“D:\学号-姓名”文件夹中，命名为“任务一：产品销售表.xlsx”，关闭该文件。

(2) 重新打开创建的“任务一：产品销售表.xlsx”文件，在 Sheet1 工作表中输入如图 8-1 所示的内容。

① 在 A1 单元格中输入表格标题。

② 在 A2 单元格中输入“制表日期”，在 B2 单元格中输入系统当前的日期。

③ 在第 3 行中使用自动填充功能输入月份。

④ 在 A4～A10 单元格中使用自动填充功能输入产品编号(该编号是数字字符串)。

⑤ 参照效果图输入产品及销售额。

(3) 将 Sheet1 中的表格内容复制到 Sheet2 的相同区域中，并将 Sheet2 重新命名为“销售表”。

3. 任务步骤

(1) 启动 Excel 2010。

(2) 按下 Ctrl+S 键，将工作簿保存在“D:\学号-姓名”文件夹中，名称为“任务一：产品销售表.xlsx”，然后单击标题栏右侧的“关闭”按钮，退出 Excel。

(3) 重新启动 Excel 2010，在“文件”选项卡中将光标指向“最近所用文件”命令，在其子菜单中选择“任务一：产品销售表.xlsx”命令，打开刚才创建的新文件。

(4) 在 A1 单元格中单击鼠标，输入表格标题。

(5) 在 A2 单元格中输入文字“制表日期”，然后按下键盘中的 Tab 键，进入 B2 单元格，输入系统当前的日期。

(6) 在第 3 行的前三个单元格中分别输入“产品编号”“类别”和“一月”，然后将光标指向“一月”所在的 C3 单元格右下角的填充柄，拖动鼠标至 H3 单元格处，则自动填充了月份，如图 8-2 所示。

	A	B	C	D	E	F	G	H
1	某电器公司上半年产品销售表（单位:元）							
2	制表日期	2013/6/17						
3	产品编号	类别	一月	二月	三月	四月	五月	六月
4								

图 8-2　自动填充月份的效果图

(7) 在 A4 单元格中输入“’001”，则输入的数字为数字字符串。

(8) 选择 A4 单元格，然后拖动填充柄至 A10 单元格处，自动填充其他产品编号。

(9) 参照效果图输入产品及销售额，输入时通过按键盘中的 Tab 键或方向键跳转到相应的单元格中。

(10) 单击工作表左上角的全选按钮，选择工作表中的所有内容，按下 Ctrl+C 键复制选择的内容。

(11) 单击工作簿左下方的 Sheet2 工作表标签，切换到该工作表中，这时 A1 单元格自动处于选择状态，按下 Ctrl+V 键粘贴复制的内容。

(12) 在 Sheet2 名称上双击鼠标，激活工作表名称，输入新名称“销售表”，然后按下回车键确认。

(13) 按下 Ctrl+S 键保存对工作簿所做的修改。

8.2　案例二：格式化员工工资统计表

1. 任务目的

(1) 掌握单元格的合并操作。

(2) 掌握单元格格式的设置方法。

(3) 熟练设置行高与列宽。

(4) 掌握单元格边框与填充的设置。

2. 任务内容和任务要求

任务内容：制作员工工资统计表，并对表格进行格式化设置，效果如图 8-3 所示。

员工工资统计表							
编号	姓名	工作时间	基本工资	奖金	加班工资	通讯补贴	应发工资
001	郑琬如	1994年7月28日	¥2,500	¥1,500	¥100	¥200	
002	李宝岩	2000年6月5日	¥1,900	¥2,050	¥300	¥200	
003	郭希希	1996年7月3日	¥2,300	¥2,100	¥0	¥200	
004	刘瑞玉	1998年6月8日	¥2,000	¥1,700	¥0	¥200	
005	张龙文	2003年5月12日	¥1,800	¥1,900	¥400	¥200	
006	王玉尧	2000年1月20日	¥2,100	¥2,150	¥300	¥200	
007	孙博学	1993年4月21日	¥3,000	¥2,300	¥200	¥400	
008	赵新亮	1998年6月15日	¥2,400	¥3,000	¥0	¥200	
009	王晓璐	1997年7月23日	¥2,600	¥1,650	¥0	¥200	
010	杨迅	2001年9月5日	¥1,800	¥2,400	¥400	¥200	

图 8-3　员工工资统计表的效果图

按照任务内容完成以下任务要求：

(1) 新建一个工作簿文件，将当前的工作簿文件保存在“D:\学号-姓名”文件夹中，命名为“任务二：员工工资统计表.xlsx”。

(2) 参照效果图在 Sheet1 工作表中输入文字内容。

(3) 设置行高与列宽。

① 行高：第 1 行为 30，第 2～12 行为 20。

② 列宽：第 1 列为 4，第 2 列为 8，第 3 列为 16，第 4～8 列为 10。

③ 将单元格区域 A1:H1 合并为一个。

(4) 设置单元格内容格式。

① 第 1 行：黑体、18 磅、加粗。

② 第 2 行：黑体、11 磅、居中显示。

③ 其他文字：华文中宋、11 磅。

④ 参照效果图设置日期格式和数字格式。

(5) 设置单元格边框与底纹。

① 外边框与第 1 行下边框：粗线。

② 内边框：细线。

③ 填充设置：第 1 行为淡粉色，第 2 行为淡黄色，其他行为淡青色。

3. 任务步骤

(1) 启动 Excel 2010。

(2) 按下 Ctrl+S 键，将工作簿保存在“D:\学号-姓名”文件夹中，名称为“任务二：员工工资统计表.xlsx”。

(3) 在 Sheet1 工作表中输入表格内容，如图 8-4 所示。

(4) 在行号 1 上单击鼠标右键，在弹出的快捷菜单中选择“行高”命令，在打开的“行高”对话框中设置行高为 30，如图 8-5 所示。

	A	B	C	D	E	F	G	H
1	员工工资统计表							
2	编号	姓名	工作时间	基本工资	奖金	加班工资	通讯补贴	应发工资
3	001	郑琬如	1994/7/28	2500	1500	100	200	
4	002	李宝岩	2000/6/5	1900	2050	300	200	
5	003	郭希希	1996/7/3	2300	2100	0	200	
6	004	刘瑞玉	1998/6/8	2000	1700	0	200	
7	005	张龙文	2003/5/12	1800	1900	400	200	
8	006	王玉尧	2000/1/20	2100	2150	300	200	
9	007	孙博学	1993/4/21	3000	2300	200	400	
10	008	赵新亮	1998/6/15	2400	3000	0	200	
11	009	王晓璐	1997/7/23	2600	1650	0	200	
12	010	杨迅	2001/9/5	1800	2400	400	200	

图 8-4　输入的表格内容

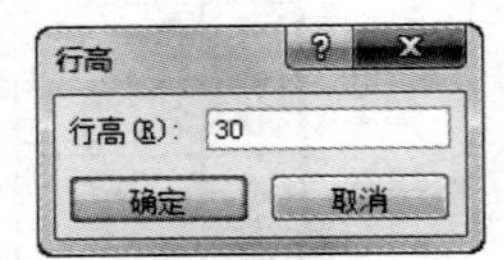

图 8-5　“行高”对话框

(5) 在行号 2～12 上拖动鼠标选择多行，参照上一步中的方法，设置行高为 20。

(6) 在列标 A 上单击鼠标右键，在弹出的快捷菜单中选择“列宽”命令，在打开的“列宽”对话框中设置列宽为 4；用同样的方法，设置 B 列为 8，C 列为 16，D～H 列为 10。

(7) 拖动鼠标同时选择 A1:H1 单元格，在“开始”选项卡的“对齐方式”组中单击“合并后居中”按钮，将其合并为一个单元格，并使内容居中显示。

(8) 选择 A1 单元格，在“开始”选项卡的“字体”组中设置字体为黑体，字号为 18 磅，然后单击 **B** 按钮将其加粗，如图 8-6 所示。

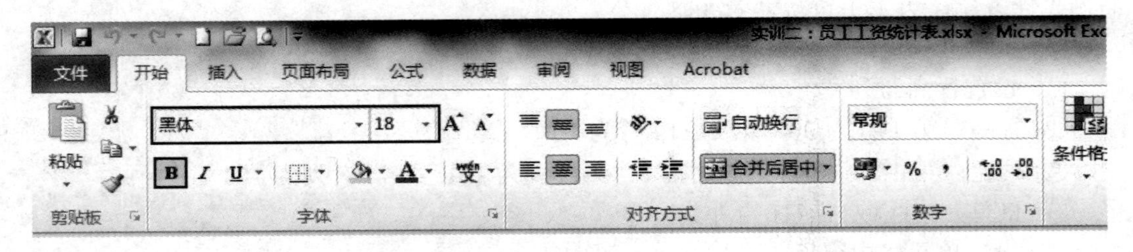

图 8-6　设置字体属性

(9) 选择第 2 行，在“字体”组中设置字体为黑体，字号为 11 磅，然后在“对齐方式”

组中单击按钮，将文字居中显示。

(10) 同时选择表格中的 A3:H12 单元格，设置字体为华文中宋，字号为 11 磅，此时的表格效果如图 8-7 所示。

	A	B	C	D	E	F	G	H
1	员工工资统计表							
2	编号	姓名	工作时间	基本工资	奖金	加班工资	通讯补贴	应发工资
3	001	郑琬如	1994/7/28	2500	1500	100	200	
4	002	李宝岩	2000/6/5	1900	2050	300	200	
5	003	郭希希	1996/7/3	2300	2100	0	200	
6	004	刘瑞玉	1998/6/8	2000	1700	0	200	
7	005	张龙文	2003/5/12	1800	1900	400	200	
8	006	王玉尧	2000/1/20	2100	2150	300	200	
9	007	孙博学	1993/4/21	3000	2300	200	400	
10	008	赵新亮	1998/6/15	2400	3000	0	200	
11	009	王晓璐	1997/7/23	2600	1650	0	200	
12	010	杨迅	2001/9/5	1800	2400	400	200	

图 8-7　表格效果

(11) 同时选择表格中的 C3:C12 单元格，在“开始”选项卡的“数字”组中打开“日期”下拉列表，选择“长日期”选项。

(12) 同时选择表格中的 D3:H12 单元格，单击鼠标右键，在弹出的快捷菜单中选择“设置单元格格式”命令，在打开的“设置单元格格式”对话框中设置格式，如图 8-8 所示。

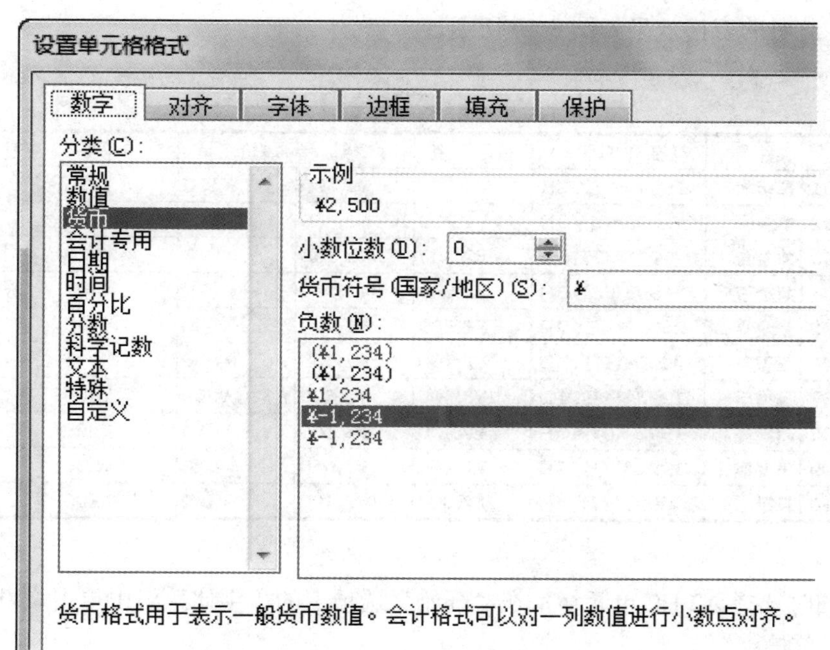

图 8-8　“设置单元格格式”对话框

(13) 单击“确定”按钮，则设置了数字格式，效果如图 8-9 所示。

	A	B	C	D	E	F	G	H
1	员工工资统计表							
2	编号	姓名	工作时间	基本工资	奖金	加班工资	通讯补贴	应发工资
3	001	郑琬如	1994年7月28日	¥2,500	¥1,500	¥100	¥200	
4	002	李宝岩	2000年6月5日	¥1,900	¥2,050	¥300	¥200	
5	003	郭希希	1996年7月3日	¥2,300	¥2,100	¥0	¥200	
6	004	刘瑞玉	1998年6月8日	¥2,000	¥1,700	¥0	¥200	
7	005	张龙文	2003年5月12日	¥1,800	¥1,900	¥400	¥200	
8	006	王玉尧	2000年1月20日	¥2,100	¥2,150	¥300	¥200	
9	007	孙博学	1993年4月21日	¥3,000	¥2,300	¥200	¥400	
10	008	赵新亮	1998年6月15日	¥2,400	¥3,000	¥0	¥200	
11	009	王晓璐	1997年7月23日	¥2,600	¥1,650	¥0	¥200	
12	010	杨迅	2001年9月5日	¥1,800	¥2,400	¥400	¥200	

图 8-9　设置数字格式后的效果

(14) 选择 A1 单元格，在“开始”选项卡的“字体”组中单击按钮，在打开的下拉列表中选择“粗匣框线”选项；再单击按钮，在下拉列表中选择淡粉色作为填充色。

(15) 选择 A2:H12 单元格，在“开始”选项卡的“字体”组中单击按钮，在打开的下拉列表中选择“所有框线”选项，然后再次单击按钮，在打开的下拉列表中选择“粗匣框线”选项。

(16) 继续在“开始”选项卡的“字体”组中单击按钮，在下拉列表中选择青色作为填充色，此时的表格效果如图 8-10 所示。

	A	B	C	D	E	F	G	H
1	员工工资统计表							
2	编号	姓名	工作时间	基本工资	奖金	加班工资	通讯补贴	应发工资
3	001	郑琬如	1994年7月28日	¥2,500	¥1,500	¥100	¥200	
4	002	李宝岩	2000年6月5日	¥1,900	¥2,050	¥300	¥200	
5	003	郭希希	1996年7月3日	¥2,300	¥2,100	¥0	¥200	
6	004	刘瑞玉	1998年6月8日	¥2,000	¥1,700	¥0	¥200	
7	005	张龙文	2003年5月12日	¥1,800	¥1,900	¥400	¥200	
8	006	王玉尧	2000年1月20日	¥2,100	¥2,150	¥300	¥200	
9	007	孙博学	1993年4月21日	¥3,000	¥2,300	¥200	¥400	
10	008	赵新亮	1998年6月15日	¥2,400	¥3,000	¥0	¥200	
11	009	王晓璐	1997年7月23日	¥2,600	¥1,650	¥0	¥200	
12	010	杨迅	2001年9月5日	¥1,800	¥2,400	¥400	¥200	

图 8-10　表格效果

(17) 同时选择 A2:H2 单元格，在“开始”选项卡的“字体”组中单击按钮，更改填充色为淡黄色。

(18) 按下 Ctrl+S 键保存对文件所做的修改。

8.3　案例三：制作学生成绩表

1. 任务目的

(1) 学习单元格的引用方法。

(2) 掌握公式的表达方法。

(3) 熟练常用函数的使用方法。

(4) 了解图表的制作。

2. 任务内容和任务要求

任务内容：制作一个学生成绩表，并对其中的数据进行计算，效果如图 8-11 所示。

学生成绩表											
学号	姓名	性别	语文	数学	外语	物理	化学	生物	总成绩	平均分	总评
351049	王为	男	95	93	94	93	75	81	531	88.5	良好
351029	张可新	男	89	94	99	98	80	83	543	90.5	优秀
351041	许佳	女	85	93	92	81	79	92	522	87.0	良好
351033	马滕飞	男	68	91	76	86	83	67	471	78.5	及格
351014	韩文博	男	92	89	90	67	76	78	492	82.0	良好
351027	王雪	女	82	87	95	90	74	85	513	85.5	良好
351052	赵玉起	女	88	92	93	90	99	79	541	90.2	优秀
351011	李晓玉	女	98	65	88	57	86	88	482	80.3	良好
351026	刘浩	男	91	92	86	79.5	73	89	510.5	85.1	良好
351047	张一成	男	80	55	96	78	85	64	458	76.3	及格
351046	张涵	女	70	92	93	86	84	80	505	84.2	良好
351043	刘民乐	男	60	50	60	69	60	58	357	59.5	不及格

	语文	数学	外语	物理	化学	生物
平均分	83.17	82.75	88.5	81.21	79.5	78.67
最高分	98	94	99	98	99	92
最低分	60	50	60	57	60	58
总人数	12					
不及格人数	0	2	0	1	0	1

图 8-11　学生成绩表效果

按照任务内容完成以下任务要求：

(1) 打开“学生成绩表.xlsx”，计算出每人的总成绩、平均分和总评。

① 总成绩＝语文+数学+外语+物理+化学+生物。

② 平均分＝总成绩÷6。

③ 总评：平均分≥90，优秀；平均分≥80，良好；平均分≥60，及格；否则，不及格。

(2) 对整体成绩进行分析。

① 计算每科的平均分、最高分、最低分。

② 计算参加考试的“总人数”以及各科的“不及格人数”。

(3) 根据“学生成绩表”制作图表，放置在 Sheet2 工作表中，图表布局使用“布局 5”，图表标题为“学生成绩图表”，纵坐标轴标题为“分数”，如图 8-12 所示。

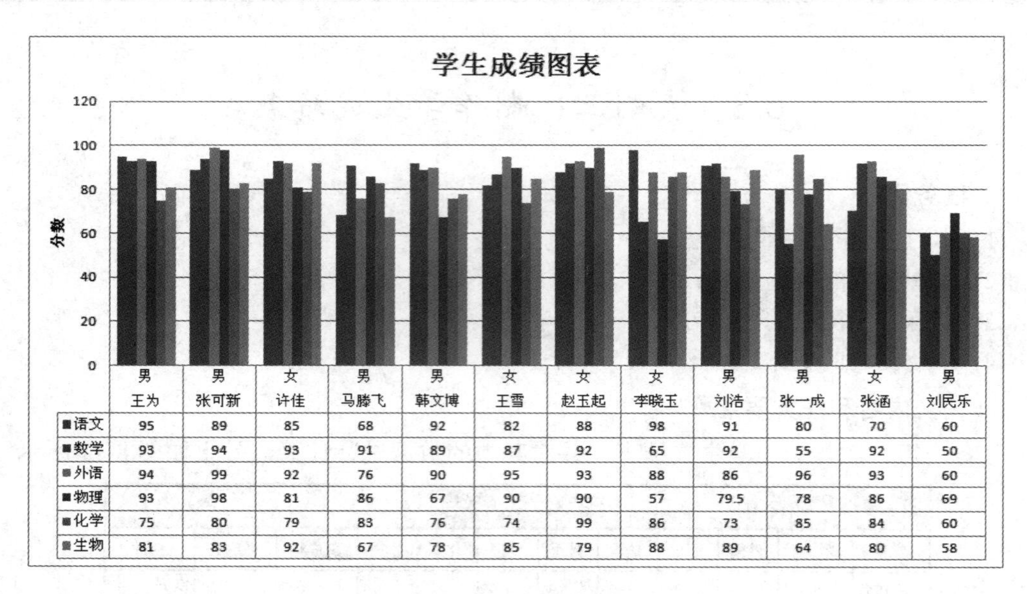

	男 王为	男 张可新	女 许佳	男 马滕飞	男 韩文博	女 王雪	女 赵玉起	女 李晓玉	男 刘浩	男 张一成	女 张涵	男 刘民乐
■语文	95	89	85	68	92	82	88	98	91	80	70	60
■数学	93	94	93	91	89	87	92	65	92	55	92	50
■外语	94	99	92	76	90	95	93	88	86	96	93	60
■物理	93	98	81	86	67	90	90	57	79.5	78	86	69
■化学	75	80	79	83	76	74	99	86	73	85	84	60
■生物	81	83	92	67	78	85	79	88	89	64	80	58

图 8-12　学生成绩图表

3. 任务步骤

(1) 启动 Excel 2010，按下 Ctrl+O 键，打开“素材”文件夹中的“学生成绩表.xlsx”，如图 8-13 所示。

	A	B	C	D	E	F	G	H	I	J	K	L
1	学生成绩表											
2	学号	姓名	性别	语文	数学	外语	物理	化学	生物	总成绩	平均分	总评
3	351049	王为	男	95	93	94	93	75	81			
4	351029	张可新	男	89	94	99	98	80	83			
5	351041	许佳	女	85	93	92	81	79	92			
6	351033	马滕飞	男	68	91	76	86	83	67			
7	351014	韩文博	男	92	89	90	67	76	78			
8	351027	王雪	女	82	87	95	90	74	85			
9	351052	赵玉起	女	88	92	93	90	99	79			
10	351011	李晓玉	女	98	65	88	57	86	88			
11	351026	刘浩	男	91	92	86	79.5	73	89			
12	351047	张一成	男	80	55	96	78	85	64			
13	351046	张涵	女	70	92	93	86	84	80			
14	351043	刘民乐	男	60	50	60	69	60	58			
15												
16		平均分										
17		最高分										
18		最低分										
19		总人数										
20		不及格人数										

图 8-13　打开的学生成绩表

(2) 在 J3 单元格中定位光标，输入“=”，然后输入“D3+E3+F3+G3+H3+I3”，按下回车键得到求和结果。

(3) 拖动 J3 单元格的填充柄至 J14 单元格处，则自动复制了公式并出现计算结果。

(4) 在 K3 单元格中定位光标，在“公式”选项卡的“函数库”组中单击 Σ 按钮下方的小箭头，在打开的列表中选择“平均”选项，然后选择 D3:I3 单元格区域，按下回车键得到求平均结果。

(5) 拖动 K3 单元格的填充柄至 K14 单元格处，自动复制函数并出现计算结果。

(6) 在 L3 单元格中单击鼠标，输入公式内容“=IF(K3>=90, "优秀", IF(K3>=80, "良好", IF(K3>=60, "及格", "不及格")))”，按下回车键，则单元格中将直接显示总评结果，而编辑框中显示的是公式，如图 8-14 所示。

L3　=IF(K3>=90,"优秀",IF(K3>=80,"良好",IF(K3>=60,"及格","不及格")))

	A	B	C	D	E	F	G	H	I	J	K	L
1	学生成绩表											
2	学号	姓名	性别	语文	数学	外语	物理	化学	生物	总成绩	平均分	总评
3	351049	王为	男	95	93	94	93	75	81	531	88.5	良好
4	351029	张可新	男	89	94	99	98	80	83	543	90.5	
5	351041	许佳	女	85	93	92	81	79	92	522	87.0	
6	351033	马滕飞	男	68	91	76	86	83	67	471	78.5	
7	351014	韩文博	男	92	89	90	67	76	78	492	82.0	
8	351027	王雪	女	82	87	95	90	74	85	513	85.5	
9	351052	赵玉起	女	88	92	93	90	99	79	541	90.2	
10	351011	李晓玉	女	98	65	88	57	86	88	482	80.3	
11	351026	刘浩	男	91	92	86	79.5	73	89	510.5	85.1	
12	351047	张一成	男	80	55	96	78	85	64	458	76.3	
13	351046	张涵	女	70	92	93	86	84	80	505	84.2	
14	351043	刘民乐	男	60	50	60	69	60	58	357	59.5	

图 8-14　输入总评公式

(7) 拖动 L3 单元格的填充柄至 L14 单元格处，则复制公式并出现总评结果。

接下来对表格中的整体成绩进行分析，将分析结果放置在成绩表的下方，如图 8-15 所示。

	A	B	C	D	E	F	G	H	I	J	K	L
13	351046	张涵	女	70	92	93	86	84	80	505	84.2	良好
14	351043	刘民乐	男	60	50	60	69	60	58	357	59.5	不及格
15												
16		平均分										
17		最高分										
18		最低分										
19		总人数										
20		不及格人数										

图 8-15　要分析的项目

(8) 将光标定位在 D16 单元格中，在“公式”选项卡的“函数库”组中单击 Σ 按钮下方的小箭头，在打开的列表中选择“平均”选项，则对其上方的数据区域进行求平均，按下回车键得到语文学科的平均分。

(9) 拖动 D16 单元格的填充柄至 I16 单元格处，则复制函数并出现各学科的平均分。

(10) 将光标定位在 D17 单元格中，在“函数库”组中单击 Σ 按钮下方的小箭头，在打开的列表中选择“最大值”选项，然后选择 D3:D14 单元格区域，按下回车键则显示语文学科的最高分。

(11) 拖动 D17 单元格的填充柄至 I17 单元格处，则复制函数并出现各学科的最高分。

(12) 将光标定位在 D18 单元格中，在“函数库”组中单击 Σ 按钮下方的小箭头，在打开的列表中选择“最小值”选项，然后选择 D3:D14 单元格区域，按下回车键则显示语文学科的最低分。

(13) 拖动 D18 单元格的填充柄至 I18 单元格处，则复制函数并出现各学科的最低分。

(14) 将光标定位在 D19 单元格中，在“函数库”组中单击 Σ 按钮下方的小箭头，在打开的列表中选择“计数”选项，然后选择 D3:D14 单元格区域，按下回车键则显示学生的总人数。

(15) 将光标定位在 D20 单元格中，输入公式“=COUNTIF(D3:D14,"<60")”，按下回车键，则单元格中将直接显示语文学科的不及格人数。

(16) 拖动 D20 单元格的填充柄至 I20 单元格处，则自动复制函数并出现各学科的不及格人数，如图 8-16 所示。

15								
16	平均分	83.17	82.75	88.5	81.21	79.5	78.67	
17	最高分	98	94	99	98	99	92	
18	最低分	60	50	60	57	60	58	
19	总人数	12						
20	不及格人数	0	2	0	1	0	1	

图 8-16　成绩分析结果

(17) 在成绩表中同时选择 B2:I14 区域，在“插入”选项卡的“图表”组中单击按钮，在打开的下拉列表中选择第 1 种二维柱形图，则生成了一个图表，如图 8-17 所示。

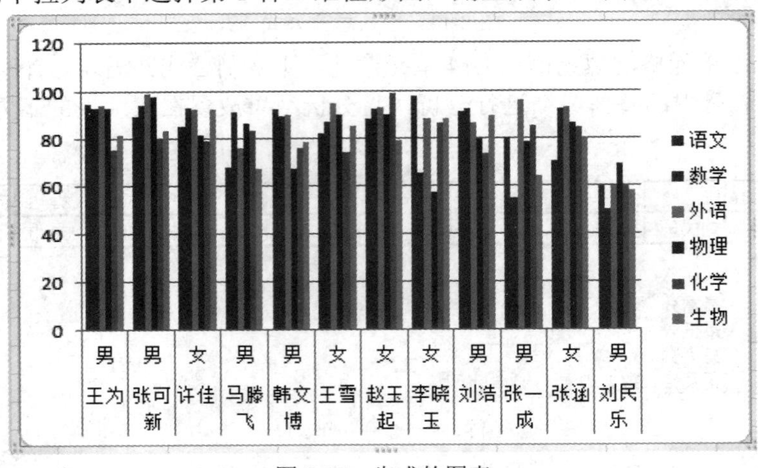

图 8-17　生成的图表

(18) 在“设计”选项卡的“图表布局”组中单击右下角的按钮，在打开的下拉列表中选择“布局 5”。

(19) 在图表中输入图表标题“学生成绩图表”，再输入纵坐标标题为“分数”，然后将图表适当放大。

(20) 在“设计”选项卡的“位置”组中单击“移动图表”按钮，则弹出“移动图表”对话框中，在“对象位于”下拉列表中选择“Sheet2”，如图 8-18 所示，然后单击“确定”按钮，将图表移动到 Sheet2 工作表中。

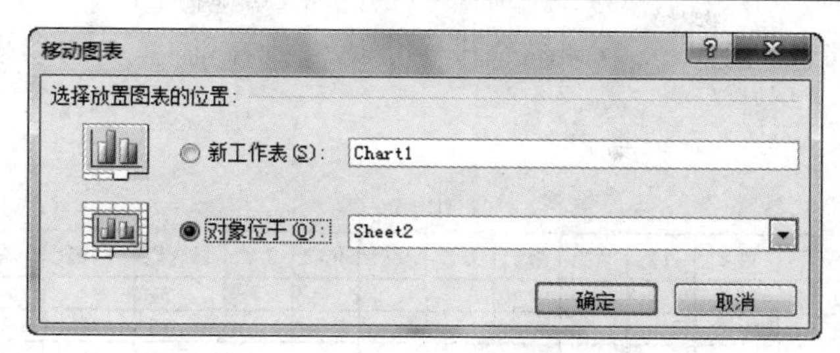

图 8-18　【移动图表】对话框

(21) 按下 Ctrl+S 键保存对文件所做的修改。

8.4　案例四：学生成绩表的排序和筛选

1. 任务目的

(1) 了解 Excel 的数据库管理功能。

(2) 掌握数据记录的排序操作。

(3) 掌握数据记录的筛选(自动筛选和高级筛选)操作。

2. 任务内容和任务要求

任务内容：

(1) 在“任务三：学生成绩表.xlsx”的基础上完成排序操作。

(2) 在“任务三：学生成绩表.xlsx”的基础上完成筛选操作。

按照任务内容完成以下任务要求：

(1) 将完成的“任务三：学生成绩表.xlsx”中的内容复制到 4 个新表中，并将复制所得的新表分别重命名为“排序”“自动筛选”“自定义筛选”和“高级筛选”。

(2) 在“排序”工作表中，以“数学”为关键字按递减方式排序，若数学成绩相同，则按“语文”递减排序，结果如图 8-19 所示。

学生成绩表

学号	姓名	性别	语文	数学	外语	物理	化学	生物	总成绩	平均分	总评
351029	张可新	男	89	94	99	98	80	83	543	90.5	优秀
351049	王为	男	95	93	94	93	75	81	531	88.5	良好
351041	许佳	女	85	93	92	81	79	92	522	87.0	良好
351026	刘浩	男	91	92	86	79.5	73	89	510.5	85.1	良好
351052	赵玉起	女	88	92	93	90	99	79	541	90.2	优秀
351046	张涵	女	70	92	93	86	84	80	505	84.2	良好
351033	马滕飞	男	68	91	76	86	83	67	471	78.5	及格
351014	韩文博	男	92	89	90	67	76	78	492	82.0	良好
351027	王雪	女	82	87	95	90	74	85	513	85.5	良好
351011	李晓玉	女	98	65	88	57	86	88	482	80.3	良好
351047	张一成	男	80	55	96	78	85	64	458	76.3	及格
351043	刘民乐	男	60	50	60	69	60	58	357	59.5	不及格

图 8-19　排序结果

(3) 在“自动筛选”工作表中，筛选出“英语”排在前 3 名的学生，结果如图 8-20 所示。

	A	B	C	D	E	F	G	H	I	J	K	L
1	学生成绩表											
2	学号	姓名	性别	语文	数学	外语	物理	化学	生物	总成绩	平均分	总评
3	351029	张可新	男	89	94	99	98	80	83	543	90.5	优秀
4	351047	张一成	男	80	55	96	78	85	64	458	76.3	及格
5	351027	王雪	女	82	87	95	90	74	85	513	85.5	良好

图 8-20　自动筛选结果

(4) 在“自定义筛选”工作表中，筛选出“平均分”在 80～90 分之间的学生，结果如图 8-21 所示。

	A	B	C	D	E	F	G	H	I	J	K	L
1	学生成绩表											
2	学号	姓名	性别	语文	数学	外语	物理	化学	生物	总成绩	平均分	总评
3	351049	王为	男	95	93	94	93	75	81	531	88.5	良好
5	351041	许佳	女	85	93	92	81	79	92	522	87.0	良好
7	351014	韩文博	男	92	89	90	67	76	78	492	82.0	良好
8	351027	王雪	女	82	87	95	90	74	85	513	85.5	良好
10	351011	李晓玉	女	98	65	88	57	86	88	482	80.3	良好
11	351026	刘浩	男	91	92	86	79.5	73	89	510.5	85.1	良好
13	351046	张涵	女	70	92	93	86	84	80	505	84.2	良好

图 8-21　自定义筛选结果

(5) 在“高级筛选”工作表中，筛选出至少有一门课程不及格的学生(在输入筛选条件时，输入到同一行中表示“且”的关系，输入到不同行中表示“或”的关系)，如图 8-22 所示。

	A	B	C	D	E	F	G	H	I	J	K	L
1	学生成绩表											
2	学号	姓名	性别	语文	数学	外语	物理	化学	生物	总成绩	平均分	总评
3	351049	王为	男	95	93	94	93	75	81	531	88.5	良好
4	351029	张可新	男	89	94	99	98	80	83	543	90.5	优秀
5	351041	许佳	女	85	93	92	81	79	92	522	87.0	良好
6	351033	马滕飞	男	68	91	76	86	83	67	471	78.5	及格
7	351014	韩文博	男	92	89	90	67	76	78	492	82.0	良好
8	351027	王雪	女	82	87	95	90	74	85	513	85.5	良好
9	351052	赵玉起	女	88	92	93	90	99	79	541	90.2	优秀
10	351011	李晓玉	女	98	65	88	57	86	88	482	80.3	良好
11	351026	刘浩	男	91	92	86	79.5	73	89	510.5	85.1	良好
12	351047	张一成	男	80	55	96	78	85	64	458	76.3	及格
13	351046	张涵	女	70	92	93	86	84	80	505	84.2	良好
14	351043	刘民乐	男	60	50	60	69	60	58	357	59.5	不及格
15												
16				语文	数学	外语	物理	化学	生物			
17				<60								
18					<60							
19						<60						
20							<60					
21								<60				
22									<60			
23												
24	学号	姓名	性别	语文	数学	外语	物理	化学	生物	总成绩	平均分	总评
25	351011	李晓玉	女	98	65	88	57	86	88	482	80.3	良好
26	351047	张一成	男	80	55	96	78	85	64	458	76.3	及格
27	351043	刘民乐	男	60	50	60	69	60	58	357	59.5	不及格

图 8-22　高级筛选结果

3. 任务步骤

(1) 启动 Excel 2010，按下 Ctrl+O 键，打开任务三中完成的“学生成绩表.xlsx”，然后删除表格下方的内容(只保留一个表格)，如图 8-23 所示。

(2) 在 Sheet1 工作表标签上单击鼠标右键，在弹出的快捷菜单中选择“移动或复制”命令，在打开的“移动或复制工作表”对话框中勾选“建立副本”选项，然后设置其他选项，如图 8-24 所示。

学生成绩表												
学号	姓名	性别	语文	数学	外语	物理	化学	生物	总成绩	平均分	总评
351049	王为	男	95	93	94	93	75	81	531	88.5	良好
351029	张可新	男	89	94	99	98	80	83	543	90.5	优秀
351041	许佳	女	85	93	92	81	79	92	522	87.0	良好
351033	马滕飞	男	68	91	76	86	83	67	471	78.5	及格
351014	韩文博	男	92	89	90	67	76	78	492	82.0	良好
351027	王雪	女	82	87	95	90	74	85	513	85.5	良好
351052	赵玉起	女	88	92	93	90	99	79	541	90.2	优秀
351011	李晓玉	女	98	65	88	57	86	88	482	80.3	良好
351026	刘浩	男	91	92	86	79.5	73	89	510.5	85.1	良好
351047	张一成	男	80	55	96	78	85	64	458	76.3	及格
351046	张涵	女	70	92	93	86	84	80	505	84.2	良好
351043	刘民乐	男	60	50	60	69	60	58	357	59.5	不及格

图 8-23　删除后的学生成绩表

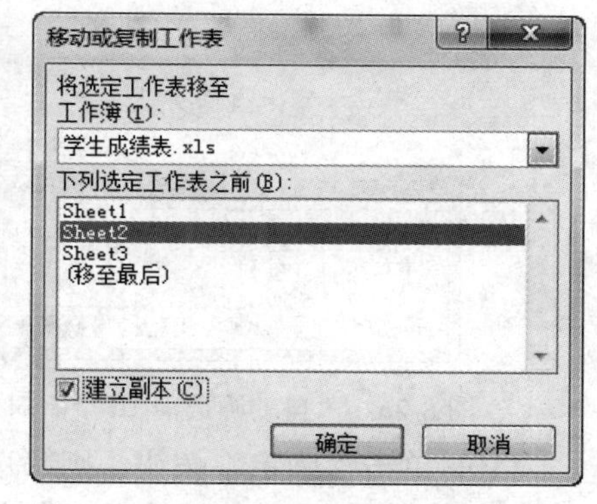

图 8-24　【移动或复制工作表】对话框

(3) 单击“确定”按钮，则在 Sheet2 的左侧复制了一个工作表，然后将其重新命名为“排序”。

(4) 用同样的方法，再将 Sheet1 工作表复制三次，将复制得到三个工作表分别命名为“自动筛选”“自定义筛选”和“高级筛选”。

(5) 切换到“排序”工作表，在数据表中定位光标，在“数据”选项卡的“排序和筛选”组中单击“排序”按钮，打开“排序”对话框，然后单击“添加条件”按钮，再分别设置主要关键字为“数学”，次要关键字为“语文”，并且都以“降序”排列，如图 8-25 所示。

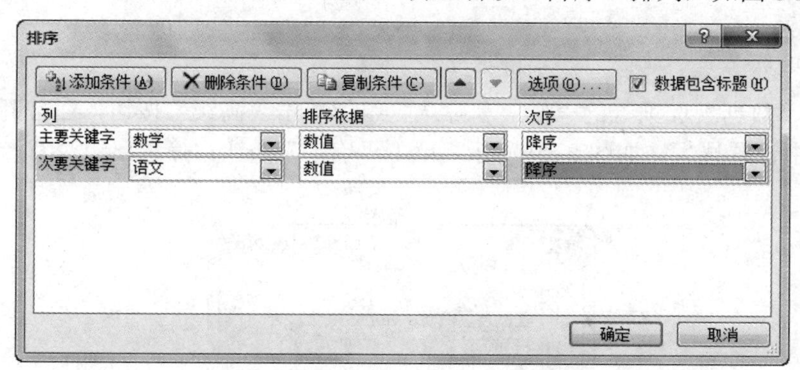

图 8-25　“排序”对话框

(6) 单击“确定”按钮，则以“数学”为关键字按递减方式排序，当数学成绩相同时，则按“语文”递减排序。

(7) 切换到“自动筛选”工作表，在数据表中定位光标，在“数据”选项卡的“排序和筛选”组中单击“筛选”按钮，则每个字段右侧都出现了筛选按钮。

(8) 单击“英语”字段右侧的筛选按钮，在下拉列表中选择“数字筛选”/“10 个最大的值”选项，在弹出的“自动筛选前 10 个”对话框中设置选项，如图 8-26 所示。单击“确定”按钮，则自动筛选出英语成绩的前 3 名。

(9) 切换到“自定义筛选”工作表，在数据表中定位光标，在“数据”选项卡的“排序和筛选”组中单击“筛选”按钮，然后单击“平均分”字段右侧的筛选按钮，在下拉列表中选择“数字筛选”/“自定义筛选”选项，在弹出的“自定义自动筛选方式”对话框中设置选项，如图 8-27 所示。

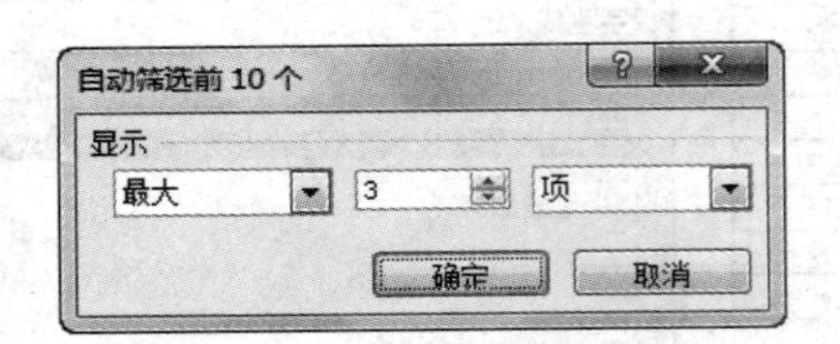

图 8-26 “自动筛选前 10 个”对话框

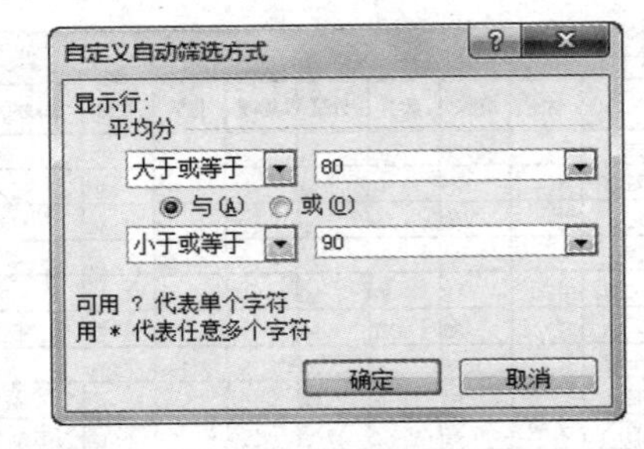

图 8-27 “自定义自动筛选方式”对话框

(10) 单击“确定”按钮，则筛选出“平均分”在 80～90 分之间的学生。

(11) 切换到“高级筛选”工作表，在数据表的下方输入筛选条件，创建条件区域，如图 8-28 所示。由于条件不在同一行中，因此它们之间是“或”的关系，即要筛选出至少有一门课程不及格的学生。

13	351046	张涵	女	70	92	93	86	84	80	505	84.2	良好
14	351043	刘民乐	男	60	50	60	69	60	58	357	59.5	不及格
15												
16				语文	数学	外语	物理	化学	生物			
17				<60								
18					<60							
19						<60						
20							<60					
21								<60				
22									<60			

图 8-28 创建条件区域

(12) 在“数据”选项卡的“排序和筛选”组中单击“高级”按钮，在打开的“高级筛选”对话框中设置选项，如图 8-29 所示。单击“确定”按钮，筛选出至少有一门课程不及格的学生。

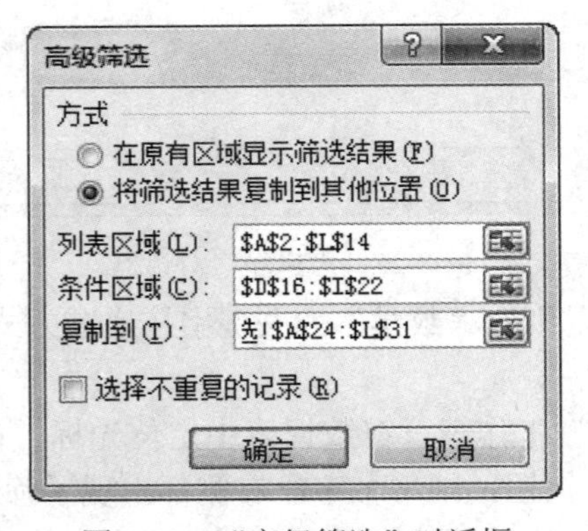

图 8-29 “高级筛选”对话框

(13) 按下 Ctrl+S 键保存对文件所做的修改。

8.5　案例五：对销售数据分类汇总

1. 任务目的

(1) 掌握数据表的排序操作。

(2) 学会数据表的分类汇总方法。

(3) 掌握图表的创建与编辑方法。

2. 任务内容和任务要求

任务内容：

(1) 按要求对销售数据进行分类汇总，结果如图 8-30 所示。

	A	B	C	D	E
1	某公司销售值统计表(万元)				
2	订单号	订单金额	销售人员	部门	
3	20090801	556.6	Jarry	销售1部	
4	20090802	498.3	Jarry	销售1部	
5	20090803	601.8	Tom	销售1部	
6	20090805	498.47	Jarry	销售1部	
7	20090808	623.9	Tom	销售1部	
8	20090810	734.23	Jarry	销售1部	
9	20090811	684	Tom	销售1部	
10	20090814	578.62	Tom	销售1部	
11	20090815	378.51	Tom	销售1部	
12	20090816	100.14	Jarry	销售1部	
13		5254.57		销售1部 汇总	
14	20090804	608.3	Mike	销售2部	
15	20090806	563.87	Helen	销售2部	
16	20090807	602.9	Helen	销售2部	
17	20090809	651.4	Mike	销售2部	
18	20090812	693.3	Helen	销售2部	
19	20090813	483.5	Mike	销售2部	
20	20090817	258.3	Mike	销售2部	
21	20090818	489.3	Helen	销售2部	
22	20090819	450.5	Mike	销售2部	
23	20090820	950.4	Helen	销售2部	
24		5751.77		销售2部 汇总	
25		11006.34		总计	

	A	B	C	D
1	某公司销售值统计表(万元)			
2	订单号	订单金额	销售人员	部门
3	20090806	563.87	Helen	销售2部
4	20090807	602.9	Helen	销售2部
5	20090812	693.3	Helen	销售2部
6	20090818	489.3	Helen	销售2部
7	20090820	950.4	Helen	销售2部
8		3299.77	Helen 汇总	
9	20090801	556.6	Jarry	销售1部
10	20090802	498.3	Jarry	销售1部
11	20090805	498.47	Jarry	销售1部
12	20090810	734.23	Jarry	销售1部
13	20090816	100.14	Jarry	销售1部
14		2387.74	Jarry 汇总	
15	20090804	608.3	Mike	销售2部
16	20090809	651.4	Mike	销售2部
17	20090813	483.5	Mike	销售2部
18	20090817	258.3	Mike	销售2部
19	20090819	450.5	Mike	销售2部
20		2452	Mike 汇总	
21	20090803	601.8	Tom	销售1部
22	20090808	623.9	Tom	销售1部
23	20090811	684	Tom	销售1部
24	20090814	578.62	Tom	销售1部
25	20090815	378.51	Tom	销售1部
26		2866.83	Tom 汇总	
27		11006.34	总计	

图 8-30　分类汇总结果

(2) 根据分类汇总后的数据创建图表。

按照任务内容完成以下任务要求：

(1) 打开“销售数据.xlsx”文件，然后将 Sheet1 工作表中的内容复制到 Sheet2 工作表中备用。

(2) 以“部门”为分类字段，对“订单金额”进行求和汇总。

(3) 根据分类汇总后的数据创建饼形图表，并进行编辑，效果如图 8-31 所示。

(4) 以“销售人员”为分类字段，对“订单金额”进行求和汇总。

(5) 根据分类汇总后的数据创建条形图表，并进行编辑，效果如图 8-32 所示。

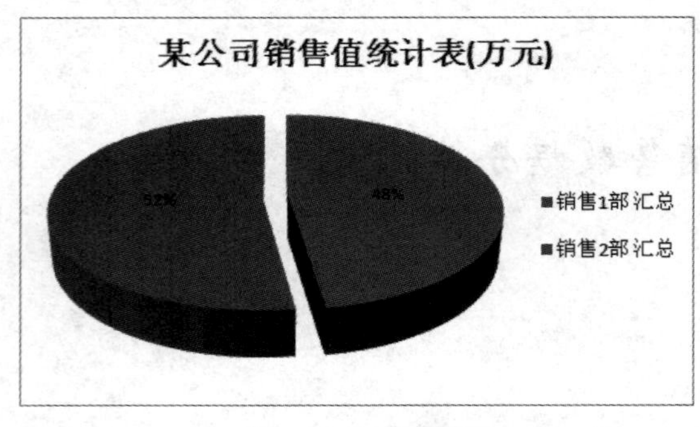

图 8-31　饼形图表

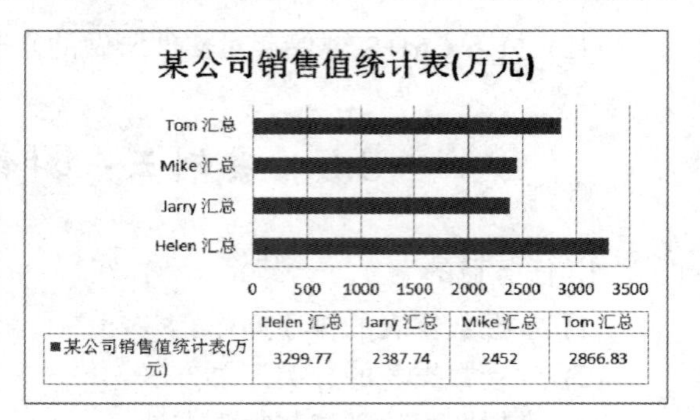

图 8-32　条形图表

3. 任务步骤

(1) 启动 Excel 2010，按下 Ctrl+O 键，打开“素材”文件夹中的“销售数据.xlsx”，如图 8-33 所示。

(2) 按下 Ctrl+A 键，全选 Sheet1 中的数据，再按下 Ctrl+C 键复制数据；切换到 Sheet2 工作表中，按下 Ctrl+V 键粘贴复制的数据。

(3) 切换到 Sheet1 中，在“部门”一列中单击鼠标，在“数据”选项卡的“排序和筛选”组中单击 按钮，对“部门”一列按升序排序，如图 8-34 所示。

	A	B	C	D
1	某公司销售值统计表(万元)			
2	订单号	订单金额	销售人员	部门
3	20090801	556.6	Jarry	销售1部
4	20090802	498.3	Jarry	销售1部
5	20090803	601.8	Tom	销售1部
6	20090804	608.3	Mike	销售2部
7	20090805	498.47	Jarry	销售1部
8	20090806	563.87	Helen	销售2部
9	20090807	602.9	Helen	销售2部
10	20090808	623.9	Tom	销售1部
11	20090809	651.4	Mike	销售2部
12	20090810	734.23	Jarry	销售1部
13	20090811	684	Tom	销售1部
14	20090812	693.3	Helen	销售2部
15	20090813	483.5	Mike	销售2部
16	20090814	578.62	Tom	销售1部
17	20090815	378.51	Tom	销售1部
18	20090816	100.14	Jarry	销售1部
19	20090817	258.3	Mike	销售2部
20	20090818	489.3	Helen	销售2部
21	20090819	450.5	Mike	销售2部
22	20090820	950.4	Helen	销售2部

图 8-33　打开的销售统计表

	A	B	C	D
1	某公司销售值统计表(万元)			
2	订单号	订单金额	销售人员	部门
3	20090801	556.6	Jarry	销售1部
4	20090802	498.3	Jarry	销售1部
5	20090803	601.8	Tom	销售1部
6	20090805	498.47	Jarry	销售1部
7	20090808	623.9	Tom	销售1部
8	20090810	734.23	Jarry	销售1部
9	20090811	684	Tom	销售1部
10	20090814	578.62	Tom	销售1部
11	20090815	378.51	Tom	销售1部
12	20090816	100.14	Jarry	销售1部
13	20090804	608.3	Mike	销售2部
14	20090806	563.87	Helen	销售2部
15	20090807	602.9	Helen	销售2部
16	20090809	651.4	Mike	销售2部
17	20090812	693.3	Helen	销售2部
18	20090813	483.5	Mike	销售2部
19	20090817	258.3	Mike	销售2部
20	20090818	489.3	Helen	销售2部
21	20090819	450.5	Mike	销售2部
22	20090820	950.4	Helen	销售2部

图 8-34　排序结果

(4) 在“数据”选项卡的“分级显示”组中单击“分类汇总”按钮，打开“分类汇总”对话框，在“分类字段”中选择“部门”，在“汇总方式”中选择“求和”，在“选定汇总项”中选择“订单金额”，如图 8-35 所示。

(5) 单击“确定”按钮，则以“部门”为分类字段，对“订单金额”进行求和汇总，单击 按钮，隐藏细节数据，只显示汇总结果，如图 8-36 所示。

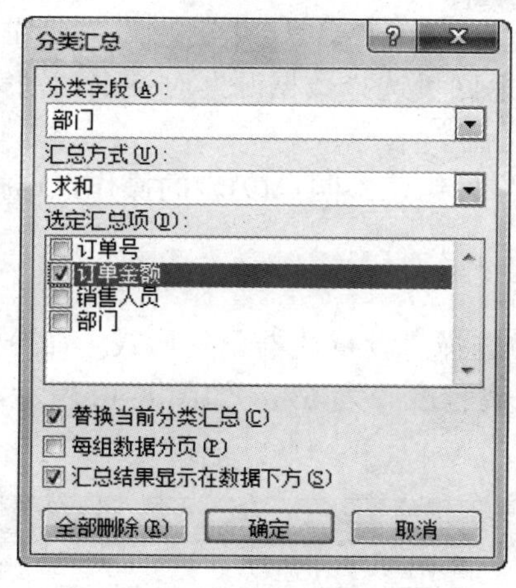

图 8-35　“分类汇总”对话框

	A	B	C	D	E
1	某公司销售值统计表(万元)				
2	订单号	订单金额	销售人员	部门	
13		5254.57		**销售1部 汇总**	
24		5751.77		**销售2部 汇总**	
25		11006.34		**总计**	
26					

图 8-36　汇总结果

(6) 同时选择两个销售部门的订单金额汇总数据(B13 和 B24 单元格)，在“插入”选项卡的“图表”组中单击“饼图”按钮，在下拉列表中选择“分离型三维饼图”，则生成了一个图表。

(7) 在“设计”选项卡的“图表布局”组中单击右下角的按钮，在打开的下拉列表中选择“布局 6”，则图表效果如图 8-37 所示。

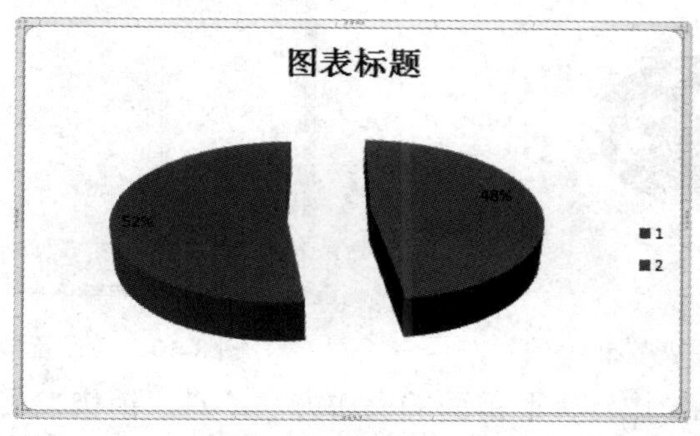

图 8-37　图表效果

(8) 在图表上单击鼠标右键，在弹出的快捷菜单中选择“选择数据”命令，则弹出“选择数据源”对话框，如图 8-38 所示。

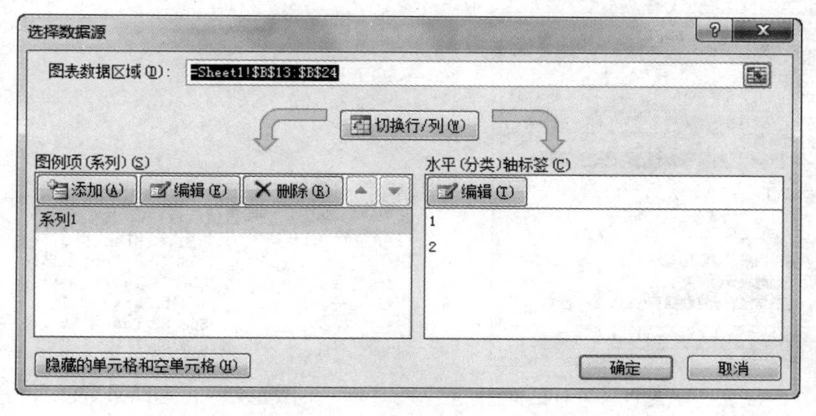

图 8-38　“选择数据源”对话框

(9) 单击“图例项(系列)”列表区中的“编辑”按钮，则弹出“编辑数据系列”对话框，选择汇总表中的 A1 单元格，然后单击“确定”按钮，返回“选择数据源”对话框，则完成了图表标题的编辑。

(10) 在“水平(分类)轴标签”列表区中单击“编辑”按钮，参照第(9)步的操作，选择汇总表中的 D13 和 D24 单元格，完成图表图例的设置。

(11) 单击“确定”按钮，则图表效果如图 8-39 所示。

(12) 在饼形上单击鼠标右键，在弹出的快捷菜单中选择“设置数据系列格式”命令，在弹出的“设置数据系列格式”对话框中设置“饼图分离程度”为 6%，如图 8-40 所示，单击“确定”按钮，降低饼图的分离程度。

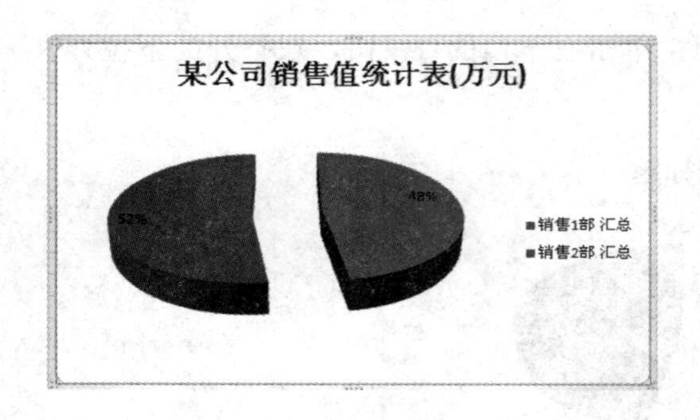

图 8-39　图表效果

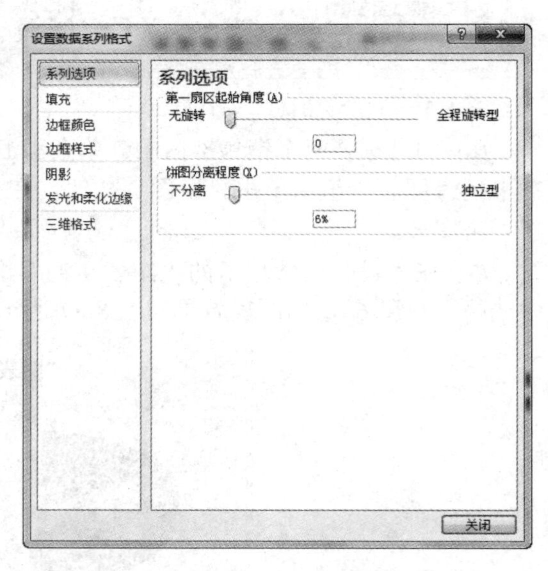

图 8-40　【设置数据系列格式】对话框

(13) 切换到 Sheet2 中，参照前面的操作方法，对“销售人员”一列进行升序排序，并对“订单金额”进行求和汇总，如图 8-41 所示；然后隐藏细节数据，只显示汇总结果，如图 8-42 所示。

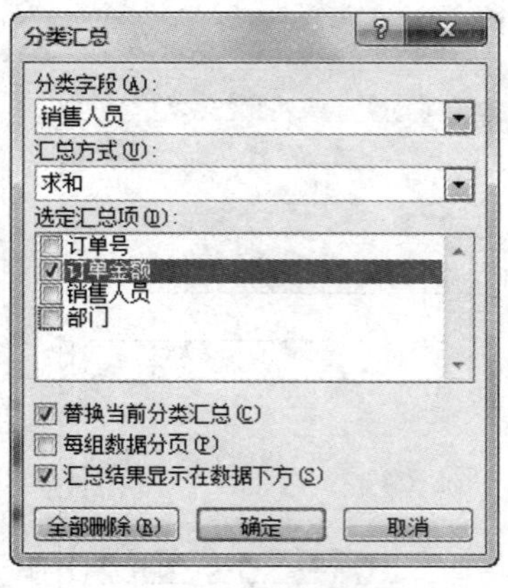

图 8-41　“分类汇总”对话框

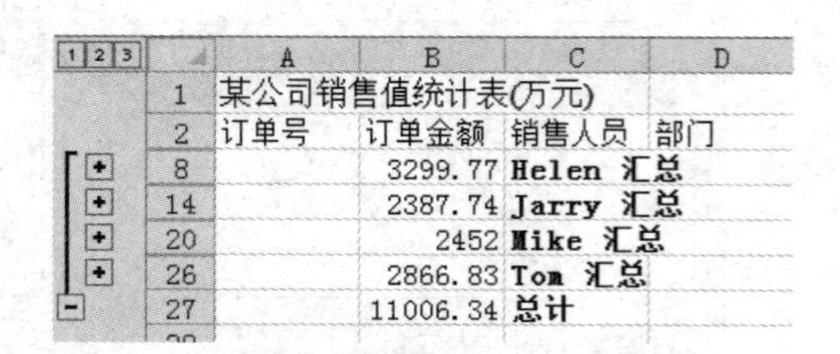

	A	B	C	D
1	某公司销售值统计表(万元)			
2	订单号	订单金额	销售人员	部门
8		3299.77	Helen 汇总	
14		2387.74	Jarry 汇总	
20		2452	Mike 汇总	
26		2866.83	Tom 汇总	
27		11006.34	总计	

图 8-42　汇总结果

(14) 同时选择 4 位销售人员的订单金额汇总数据(B8、B14、B20 和 B26 单元格)，在“插入”选项卡的“图表”组中单击“条形图”按钮，在下拉列表中选择第 1 个二维条形图，则生成了一个图表。

(15) 在“设计”选项卡的“图表布局”组中单击右下角的▫按钮，在打开的下拉列表中选择“布局 5”，则图表效果如图 8-43 所示。

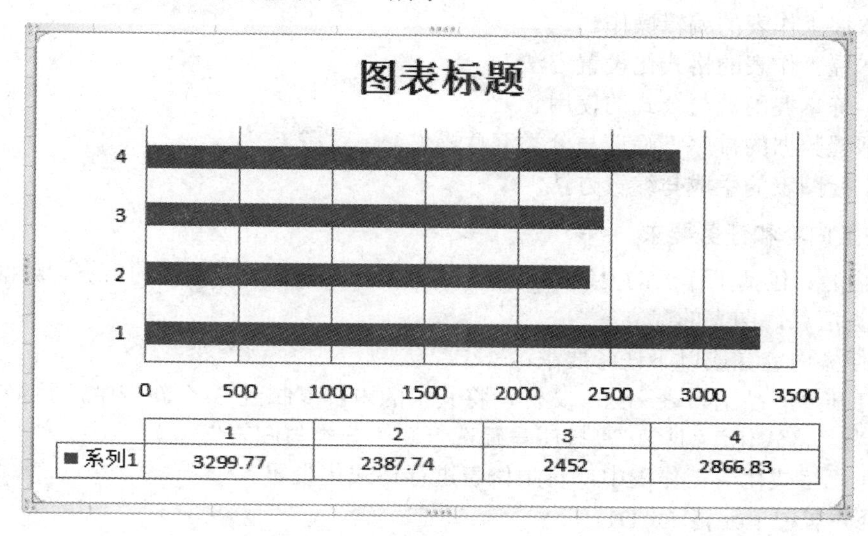

图 8-43　图表效果

(16) 在图表上单击鼠标右键，在弹出的快捷菜单中选择“选择数据”命令，则弹出“选择数据源”对话框，参照第(9)步的操作步骤，选择汇总表中的 A1 单元格作为图表标题，选择 4 位销售人员名字作为水平(分类)轴标签，如图 8-44 所示。单击“确定”按钮，完成图表的编辑。

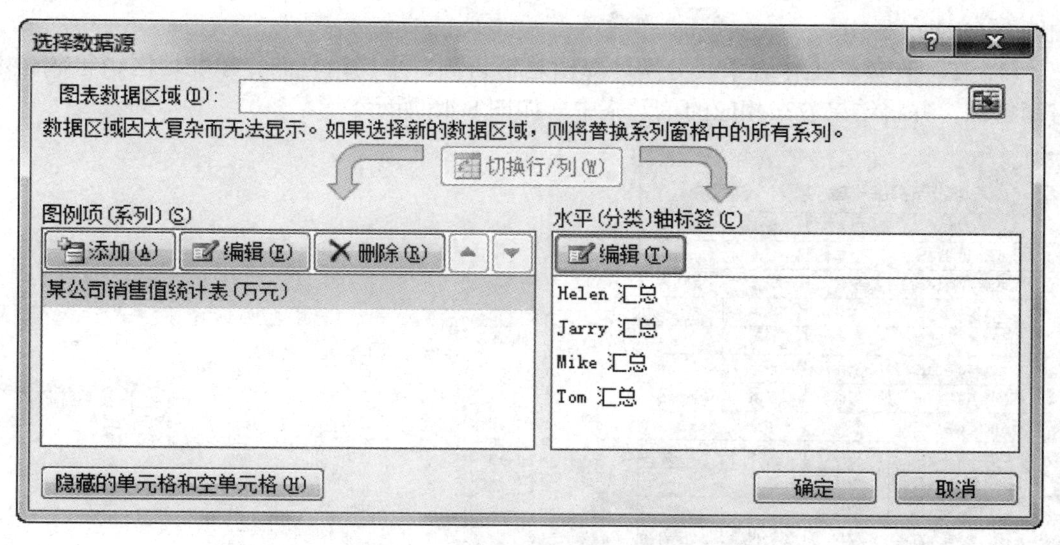

图 8-44　“选择数据源”对话框

(17) 将工作簿另存为“任务五：销售数据分类汇总.xlsx”。

8.6 案例六：工作表的综合处理

1. 任务目的

(1) 掌握工作表的编辑操作。

(2) 掌握工作表的格式化设置方法。

(3) 熟练掌握函数与公式的使用。

(4) 掌握数据的排序、筛选与分类汇总操作。

(5) 掌握图表的生成与编辑方法。

2. 任务内容和任务要求

任务内容：包括工作表的复制与重命名，工作表的格式化，数据的计算，数据的排序、筛选与分类汇总，图表的建立等。

按照任务内容完成以下任务要求：

(1) 打开“产品销售表.xlsx”文件，将其中的内容复制到 3 个新表中，并将工作表分别重命名为“格式化”“计算”“排序与筛选”和“分类与图表”。

(2) 在“格式化”工作表中，对工作表进行格式化设置。

① 合并居中单元格 A1:D1。

② 第一列中日期的格式含有年、月、日。

③ 行高：第一行为 35，其他行为 21.75。

④ 列宽：第一列为 18，其他列为 10。

⑤ 内容格式：标题为“隶书”，22 磅；内容为“宋体”，11 磅，居中(销售额一列居右)。

⑥ 工作表格式：统一的细边框，第一行填充为淡粉色，其他行填充为淡绿色，效果如图 8-45 所示。

(3) 在“计算”工作表中，分别计算出总销售额、平均销售额、东北地区销售额和木材销售额，并将结果放在相应的单元格中，如图 8-46 所示。

	A	B	C	D
1	建筑产品销售表（万元）			
2	日期	产品名称	销售地区	销售额
3	2012年6月12日	塑料	西北	2324
4	2012年6月14日	钢材	华南	1540.8
5	2012年6月25日	木材	华南	678
6	2012年6月18日	木材	西南	264.5
7	2012年6月23日	木材	华北	1200
8	2012年6月19日	钢材	西南	902
9	2012年6月15日	塑料	东北	2018.6
10	2012年6月22日	木材	华北	1355
11	2012年6月26日	钢材	东北	1024
12	2012年6月17日	塑料	东北	1452.2
13	2012年6月28日	钢材	西北	145

图 8-45　格式化后的效果图

	A	B	C	D	E	F	G
1	建筑产品销售表（万元）						
2	日期	产品名称	销售地区	销售额			
3	2012-6-12	塑料	西北	2324			
4	2012-6-14	钢材	华南	1540.8		总销售额	12904.1
5	2012-6-25	木材	华南	678		平均销售额	1173.1
6	2012-6-18	木材	西南	264.5		东北地区销售额	4494.8
7	2012-6-23	木材	华北	1200		木材销售额	3497.5
8	2012-6-19	钢材	西南	902			
9	2012-6-15	塑料	东北	2018.6			
10	2012-6-22	木材	华北	1355			
11	2012-6-26	钢材	东北	1024			
12	2012-6-17	塑料	东北	1452.2			
13	2012-6-28	钢材	西北	145			

图 8-46　计算结果

(4) 在“排序与筛选”工作表中进行以下操作。

① 以“日期”为关键字，升序排序。

② 用高级筛选的方法，筛选出销售额大于 1000 的记录，如图 8-47 所示。

(5) 在“分类与图表”工作表中，以销售地区为分类字段，对“销售额”进行求和分类汇总，如图 8-48 所示。

	A	B	C	D	E	F
1	建筑产品销售表（万元）					
2	日期	产品名称	销售地区	销售额		
3	2012-6-12	塑料	西北	2324		
4	2012-6-14	钢材	华南	1540.8		
5	2012-6-15	塑料	东北	2018.6		
6	2012-6-17	塑料	东北	1452.2		
7	2012-6-18	木材	西南	264.5		
8	2012-6-19	钢材	西南	902		
9	2012-6-22	木材	华北	1355		
10	2012-6-23	木材	华北	1200		
11	2012-6-25	木材	华南	678		
12	2012-6-26	钢材	东北	1024		销售额
13	2012-6-28	钢材	西北	145		>1000
14						
15						
16	日期	产品名称	销售地区	销售额		
17	2012-6-12	塑料	西北	2324		
18	2012-6-14	钢材	华南	1540.8		
19	2012-6-15	塑料	东北	2018.6		
20	2012-6-17	塑料	东北	1452.2		
21	2012-6-22	木材	华北	1355		
22	2012-6-23	木材	华北	1200		
23	2012-6-26	钢材	东北	1024		

图 8-47 筛选结果

	A	B	C	D
1	建筑产品销售表（万元）			
2	日期	产品名称	销售地区	销售额
3	2012-6-15	塑料	东北	2018.6
4	2012-6-26	钢材	东北	1024
5	2012-6-17	塑料	东北	1452.2
6			**东北 汇总**	4494.8
7	2012-6-23	木材	华北	1200
8	2012-6-22	木材	华北	1355
9			**华北 汇总**	2555
10	2012-6-14	钢材	华南	1540.8
11	2012-6-25	木材	华南	678
12			**华南 汇总**	2218.8
13	2012-6-12	塑料	西北	2324
14	2012-6-28	钢材	西北	145
15			**西北 汇总**	2469
16	2012-6-18	木材	西南	264.5
17	2012-6-19	钢材	西南	902
18			**西南 汇总**	1166.5
19			**总计**	12904.1

图 8-48 分类汇总结果

(6) 基于分类汇总后的数据创建环形图表，效果如图 8-49 所示。

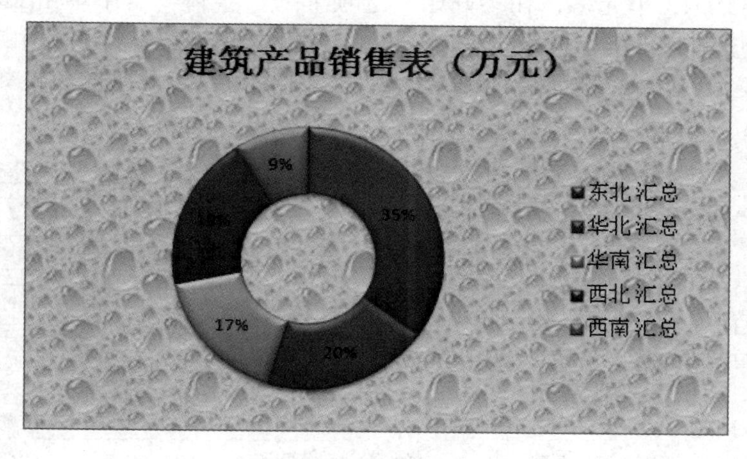

图 8-49 环形图表效果

3. 任务步骤

(1) 启动 Excel 2010，按下 Ctrl+O 键，打开“素材”文件夹中的“产品销售表.xlsx”。

(2) 将光标指向 Sheet1 工作表标签上，按住 Ctrl 键的同时向 Sheet1 的右侧拖动鼠标，这时光标变为形状，当出现一个小黑三角形时释放鼠标，则复制了 Sheet1，继续向右拖动鼠标复制 Sheet1 两次，则复制得到了三个工作表。

(3) 在 Sheet1 名称上双击鼠标，激活工作表名称，输入新名称“格式化”，然后按下回车键确认。用同样的方法，将复制的三个工作表分别命名为“计算”“排序与筛选”和

“分类与图表”，如图 8-50 所示。

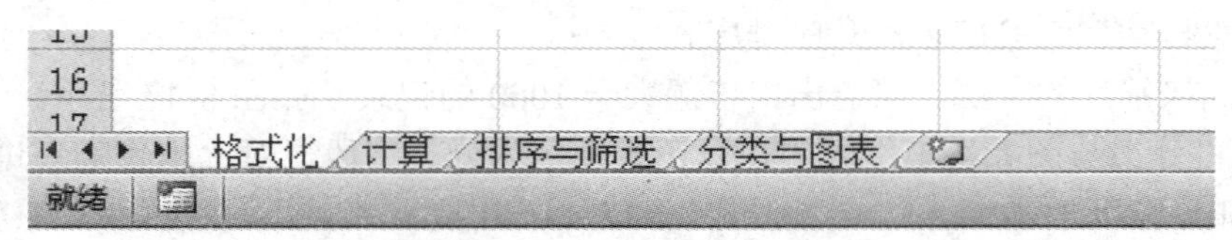

图 8-50　复制与重命名的工作表

(4) 切换到“格式化”工作表中，同时选择 A1:D1 单元格，在“开始”选项卡的“对齐方式”组中单击“合并后居中”按钮，将其合并为一个单元格，并使内容居中。

(5) 同时选择 A3:A13 单元格，在“开始”选项卡的“数字”组中打开“日期”下拉列表，选择“长日期”选项。

(6) 在行号 1 上单击鼠标右键，在弹出的快捷菜单中选择“行高”命令，在打开的“行高”对话框中设置行高为 35；用同样的方法，设置其他行的行高为 21.75。

(7) 在列标 A 上单击鼠标右键，在弹出的快捷菜单中选择“列宽”命令，在打开的“列宽”对话框中设置列宽为 18；用同样的方法，设置其他列的列宽为 10。

(8) 选择 A1 单元格，在“开始”选项卡的“字体”组中设置字体为隶书、字号为 22 磅；选择其他内容单元格，设置字体为宋体、字号为 11 磅；在“对齐方式”组中单击按钮，将文字居中显示；重新选择销售额一列数据单元格(D3:D13)，设置为居右显示，此时的表格效果如图 8-51 所示。

(9) 选择 A1:D13 单元格，在“开始”选项卡的“字体”组中单击按钮，在打开的下拉列表中选择“所有框线”选项；再单击按钮，在下拉列表中选择淡绿色作为填充色；重新选择 A1 单元格，更改其填充色为淡粉色，此时的表格效果如图 8-52 所示。

	A	B	C	D
1	建筑产品销售表（万元）			
2	日期	产品名称	销售地区	销售额
3	2012年6月12日	塑料	西北	2324
4	2012年6月14日	钢材	华南	1540.8
5	2012年6月25日	木材	华南	678
6	2012年6月18日	木材	西南	264.5
7	2012年6月23日	木材	华北	1200
8	2012年6月19日	钢材	西南	902
9	2012年6月15日	塑料	东北	2018.6
10	2012年6月22日	木材	华北	1355
11	2012年6月26日	钢材	东北	1024
12	2012年6月17日	塑料	东北	1452.2
13	2012年6月28日	钢材	西北	145

图 8-51　表格效果

	A	B	C	D
1	建筑产品销售表（万元）			
2	日期	产品名称	销售地区	销售额
3	2012年6月12日	塑料	西北	2324
4	2012年6月14日	钢材	华南	1540.8
5	2012年6月25日	木材	华南	678
6	2012年6月18日	木材	西南	264.5
7	2012年6月23日	木材	华北	1200
8	2012年6月19日	钢材	西南	902
9	2012年6月15日	塑料	东北	2018.6
10	2012年6月22日	木材	华北	1355
11	2012年6月26日	钢材	东北	1024
12	2012年6月17日	塑料	东北	1452.2
13	2012年6月28日	钢材	西北	145

图 8-52　表格效果

(10) 切换到“计算”工作表中，在数据表的右侧输入要计算的销售额，并填充一种颜色，以便观察，如图 8-53 所示。

	A	B	C	D	E	F	G
1	建筑产品销售表（万元）						
2	日期	产品名称	销售地区	销售额			
3	2012/6/12	塑料	西北	2324			
4	2012/6/14	钢材	华南	1540.8		总销售额	
5	2012/6/25	木材	华南	678		平均销售额	
6	2012/6/18	木材	西南	264.5		东北地区销售额	
7	2012/6/23	木材	华北	1200		木材销售额	
8	2012/6/19	钢材	西南	902			
9	2012/6/15	塑料	东北	2018.6			
10	2012/6/22	木材	华北	1355			
11	2012/6/26	钢材	东北	1024			
12	2012/6/17	塑料	东北	1452.2			
13	2012/6/28	钢材	西北	145			

图 8-53　输入的文字

(11) 在 G4 单元格中定位光标，在“公式”选项卡的“函数库”组中单击 Σ 按钮，选择 D3:D13 数据区域，按下回车键进行求和计算，得到总销售额的结果。

(12) 在 G5 单元格中定位光标，在“函数库”组中单击 Σ 按钮下方的小箭头，在打开的列表中选择“平均”选项，然后选择 D3:D13 数据区域，按下回车键得到平均销售额的结果。

(13) 在 G6 单元格中定位光标，输入公式“=SUMIF(C3:C13, "东北", D3:D13)”，按下回车键，则计算出东北地区销售额。

(14) 在 G7 单元格中定位光标，输入公式“= SUMIF(B3:B13, "木材", D3:D13)”，按下回车键，则计算出木材销售额。

(15) 切换到“排序与筛选”工作表中，在“日期”一列中单击鼠标，在“数据”选项卡的“排序和筛选”组中单击 A↓Z 按钮，对“日期”一列进行升序排序。

(16) 在数据表的右侧设置一个条件区域，如图 8-54 所示。

(17) 在数据表中定位光标，在“数据”选项卡的“排序和筛选”组中单击“高级”按钮，在打开的“高级筛选”对话框中设置选项如图 8-55 所示。单击“确定”按钮，则筛选出销售额大于 1000 的记录。

华北	1355	
华北	1200	
华南	678	
东北	1024	销售额
西北	145	>1000

图 8-54　设置的条件区域

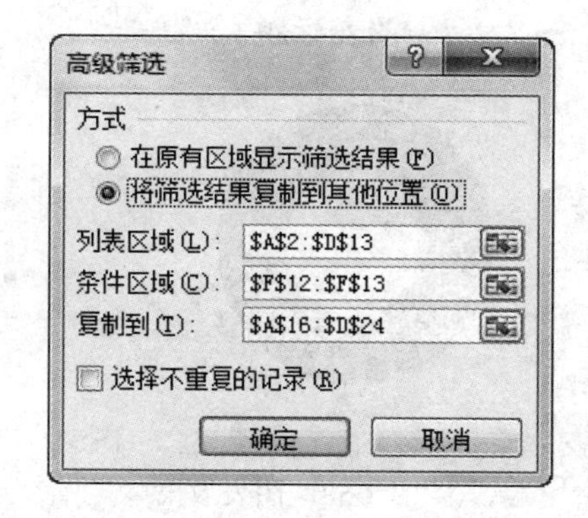

图 8-55　“高级筛选”对话框

(18) 切换到“分类与图表”工作表中，参照第(15)步的操作步骤，对“地区”一列进行升序排序，然后在“数据”选项卡的“分级显示”组中单击“分类汇总”按钮，打开“分类汇总”对话框，设置选项如图 8-56 所示。

(19) 单击“确定”按钮，则以“销售地区”为分类字段，对“销售额”进行求和汇总，单击□按钮，隐藏细节数据，只显示汇总结果，如图 8-57 所示。

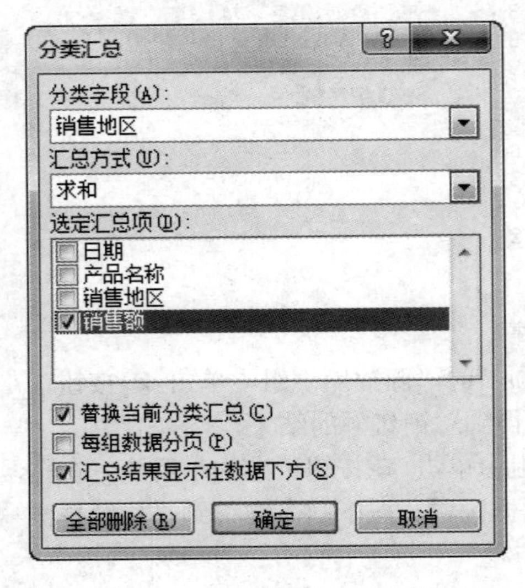

图 8-56　“分类汇总”对话框

	A	B	C	D
1	建筑产品销售表（万元）			
2	日期	产品名称	销售地区	销售额
6			东北 汇总	4494.8
9			华北 汇总	2555
12			华南 汇总	2218.8
15			西北 汇总	2469
18			西南 汇总	1166.5
19			总计	12904.1

图 8-57　汇总结果

(20) 同时选择五个地区的销售额数据，在“插入”选项卡的“图表”组中单击“其他图表”按钮，在下拉列表中选择“圆环图”，则生成了一个图表。

(21) 在“设计”选项卡的“图表布局”组中单击右下角的□按钮，在打开的下拉列表中选择“布局 6”，则图表效果如图 8-58 所示。

(22) 在图表上单击鼠标右键，在弹出的快捷菜单中选择“选择数据”命令，则弹出“选择数据源”对话框，参照本章案例五中第(9)、(10)步的操作方法，选择汇总表中的 A1 单元格作为图表标题，选择五个销售地区作为水平(分类)轴标签，确认操作后，图表效果如图 8-59 所示。

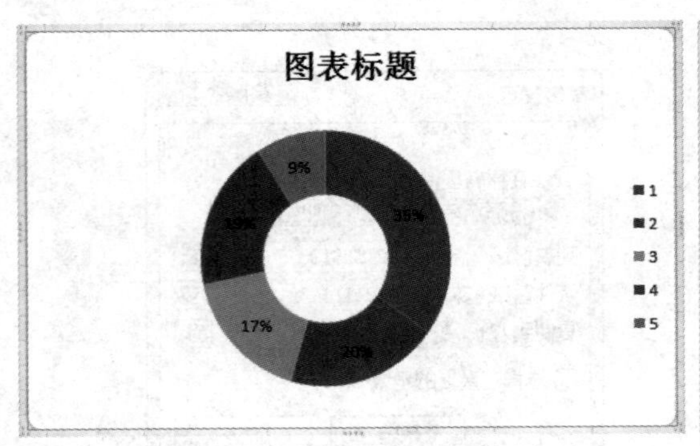

图 8-58　图表效果

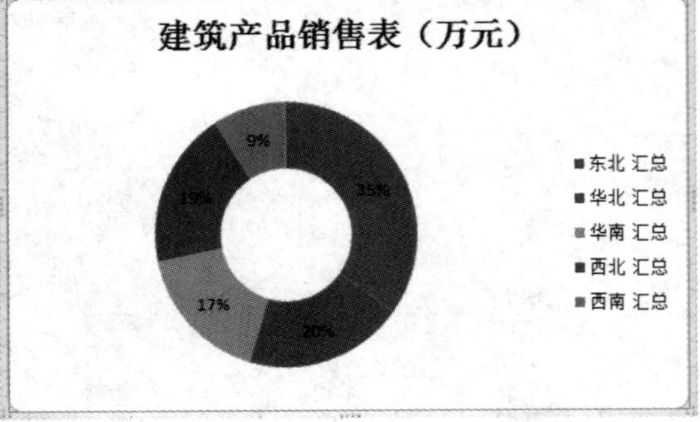

图 8-59　图表效果

(23) 在圆环上单击鼠标右键，从弹出的快捷菜单中选择“设置数据系列格式”命令，打开“设置数据系列格式”对话框，选择“阴影”选项，设置参数如图 8-60 所示；选择“三维格式”选项，设置参数如图 8-61 所示。